녹색도시 만들기

녹색도시 만들기

초판 1쇄 발행 2011년 8월 31일
초판 3쇄 발행 2021년 11월 20일

지은이 | 양병이

펴낸곳 | 서울대학교출판문화원
주소 | 08826 서울 관악구 관악로 1
도서주문 | 02-889-4424, 02-880-7995
홈페이지 | www.snupress.com
페이스북 | @snupress1947
인스타그램 | @snupress
이메일 | snubook@snu.ac.kr
출판등록 | 제15-3호

ISBN 978-89-521-1227-9 93530

green city

녹색도시 만들기

양병이 지음

서울대학교출판문화원

머리말

남태평양의 망망대해에 떠 있는 이스터섬은 '모아이(Moai)'라고 불리는 거대한 석상들과 아직 해독되지 않은 문자 등에 의해 '세계 7대 불가사의'의 하나로 꼽힌다. 태평양 전역에 흩어져 살던 폴리네시아인이 대이동을 한 5~6세기에 수십 명의 사람들이 이스터섬에 건너오면서 섬주민의 조상이 되어 고도의 문화를 이루었다. 그러나 16세기 중반에 150제곱킬로미터쯤 되는 이 섬의 인구가 7천 명 이상으로 크게 늘어나면서 식량에서 수목에 이르까지 모든 자원이 고갈될 지경이 되었다. 자원이 부족해지자 부족 간에 전쟁이 끊이지 않았고 서로 잡아먹는 상황에 이르렀다(이시 히로유끼 외, 2003: 7–8). 자원이 유한하다는 사실을 깨닫지 못한 채 무자비하게 소비한 결과 오늘날 이스터섬의 문명은 사라지고 거대한 석상만이 남아 있다. 현재와 같은 자원과 에너지 소비 패턴을 유지한다면 미래의 우리 도시도 이스터섬과 같은 전철을 밟지 않을까 하는 걱정이 앞선다. 그래서 이 책에서는 인류와 지구의 지속가능한 발전을 위한 대안으로 녹색도시에 주목하고자 한다.

녹색도시(green city)라고 할 때 '녹색(green)'은 다양한 의미를 함축하고 있다. 색채 개념에서 녹색은 건강하고 깨끗하다는 의미를 지니며, 따라서 녹색도시는 푸른 숲이 우거지고 맑은 물이 흐르는 도시, 오염이 없는 청정한 도시를 말한다. 심리적인 측면에서 녹색은 인간에게 안정감을 느끼게 하므로 녹색도시는 안정성을 갖는 도시라고 할 수 있다. 안정성 있는 도시가 되기 위해서는 도시민들에게 필요한 식량, 물, 에너지 등을 외부에서 조달해야 하는 도시생태계의 외부의존도를 낮추고 자립성을 확보해야 한다. 또 녹색은 생명과 건강함, 신선함을 의미한다. 우리의 신체가 건강하려면 혈액순환이 잘되어야 하듯이 녹색도시는 도시시스템의 순환이 잘 이루어지는 도시를 의미한다. 생태적인 의미에서 녹색도시는 '생태적 다양성을 갖는 도시'를 말한다.

녹색도시 만들기는 다른 말로 하면 녹색도시의 계획 혹은 설계라고 할 수 있다. 녹색도시계획은 지속가능성에 바탕을 두고 있으며, 지속가능한 계획의 철학을 내포하고 있다. 지속가능한 계획이란 우리 세대만 보는 단기적 관점에서 벗어나 후손세대까지 고려하는 장기적 관점에서 도시를 계획하는 철학이다. 지속가능한 계획은 미래의 환경에 악영향을 주지 않거나 최소화하는 도시를 계획하기 위한 철학이다. McLennan(2009: 29–31)은 건축에 적용할 수 있는 지속가능한 설계를 건축환경의 기능과 효용은 극대화하면서 건축환경이 자연환경에 미치는 악영향은 전혀 없거나 최소화하는 설계철학이라고 정의하고, 이 철학에는 가깝게는 환경에 대한 책임이, 멀리는 자연과 자원, 사람, 생명의 생활사에 대한 존중이 깃들어 있다고 주장한다.

이 책은 자립성의 원칙, 다양성의 원칙, 순환성의 원칙, 안정성의 원칙에 따라 녹색도시를 만드는 20가지 방법을 제시한다. 우선 '1. 녹색도시의 필요성 알아보기'와 '2. 도시생태계 이해하기'는 녹색도시에 대한 오리엔테이션에 해당하는 부분이며, '3. 도시 진단하기'에서는 녹색도시를 만들기 위해 도시의 상태를 진단하는 방법을 제시한다.

녹색도시를 만들기 위해 지켜야 할 원칙으로는 자립성의 원칙, 다양성의 원칙, 순환성의 원칙, 안정성의 원칙 등을 꼽는다. 자립성이란 도시생태계를 유지하기 위해서 필요한 식량, 에너지, 물 등의 자원을 자급하여 외부의존도를 낮추는 것을 말한다. 도시생태계가 취약한 것은 도시에서 필요한 모든 자원을 외부에 의존하고 있기 때문이다. 따라서 도시생태계가 건전하고 안정적으로 유지되기 위해서는 자립성을 갖추는 것이 필요하다. '4. 탄소중립도시 만들기', '11. 물을 절약하고 빗물을 활용하는 도시 만들기', '14. 먹거리를 생산하는 도시 만들기'는 자립성의 원칙과 관련되어 있다.

다양성은 도시사회의 구조뿐만 아니라 도시생태계가 다양성을 갖는 것을 의미한다. 도시의 구성원이 남녀노소가 균형 있게 골고루 있어야 하는 것처럼 도시 내의 자연생태계도 다양성을 갖추어야 바람직한 도시생태계를 유지할 수 있다. 예를 들어, 도시 내의 공원에 단일 종으로만 수천 그루를 심는 것보다 가능한 한 다양한 수종을 식재하는 것이 다양성을 갖추는 방법이다. 다양성의 원칙에 입각한 방법은 '8. 야생동물이 함께 잘 살아가는 도시 만들기', '13. 훼손된 생태계를 치유하는 도시 만들기', '18. 생태적으로 다양한 도시 만들기'에서 제시되고 있다.

순환성은 도시의 모든 물질이나 자원을 한 번 사용하고 버리는 것이 아니라 재활용과 재사용을 통해 물질순환이 이루어지도록 하는 것을 말한다. 예를 들면, 물을 한 번 쓰고 버리는 것이 아니라 두 번, 세 번 재사용하는 것이다. 쓰레기도 폐기하지 않고 재사용하거나 처리과정을 거쳐 재활용함으로써 쓰레기 배출을 제로화하는 것이다. 순환성의 원칙에 관련된 방법은 '7. 쓰레기가 배출되지 않는 도시 만들기', '9. 물의 순환이 원활하게 이루어지는 도시 만들기', '10. 자연의 섭리를 잘 활용하는 도시 만들기', '12. 오수를 재활용하는 도시 만들기'에 나와 있다.

안정성은 도시가 외부로부터 충격이 주어졌을 때 충격을 흡수하여 사회와 생태계를 안정적으로 유지하는 것을 의미한다. 예를 들어, 물이나 전기의 공급이 끊어졌을 때에도 도시민들의 생활이 가능하고 도시가 안정적으로 유지되는 것을 말한다. '6. 자연상태의 물길이 흐르는 도시 만들기', '16. 오염 없는 도시 만들기', '19. 자전거와 보행네트워크를 갖춘 대중교통 중심의 도시 만들기', '20. 기후변화에 적절히 대응하는 도시 만들기'는 안정성의 원칙과 관련된 내용이다.

이 외에 녹색도시의 네 가지 원칙과 간접적으로 연관을 갖는 방법은 '5. 그린인프라를 갖춘 도시 만들기', '15. 자연생태계와 통합되는 건물 만들기', '17. 아름다운 산수를 즐길 수 있는 도시 만들기'에서 추가로 제시하고 있다.

그동안 필자는 우리나라에 건설되는 신도시들의 생태환경계획을 수립한 경험이 있고, 국토해양부의 신도시 자문위원으로서 2기 신도시의 계획 과정에서 자문을 해왔다. 또한 화성시 동탄1신도시의 총괄계획가(master planner)로서 신도시 설계 과정에 깊이 관여했고, 위례신도시의 총괄계획가로서 계획작업에 참여했으며, 현재는 인천 검단신도시의 총괄계획가로 일하고 있다. 이렇게 신도시를 계획하는 과정에서 신도시가 녹색도시로 만들어지기를 희망하며 녹색도시의 계획요소를 가능하면 많이 포함시키려고 노력해왔다. 그러나 한편으로는 우리의 현실은 녹색도시를 만드는 데 여러 가지 제약조건이 많다는 것을 절감했다.

한 가지 예를 들면 화성 동탄1신도시의 경우 도시설계안에서는 도시 전체의 녹지축과 그린네트워크를 조성하자는 좋은 아이디어를 제시해놓았다. 그러나 실제로 도시를 조성하는 과정에서는 택지를 필지별로 건설회사에 분양하고 건설회사들은 분양받은 자기 필지의 땅을 독자적으로 설계하고 아파트를 지어 분양하는 방식으로 도시건설공사가 이루어지고 있었다. 각 건설회사가 주변 필지는 고려하지 않고 자기 땅만 보고 설계를 하니 녹지가 서로 연결되지 않아 당초 계획된 녹지축이나 그린네트워크가 조성되기 어려운 상황이었다. 그래서 총괄계획가가 개입해서 하는 일 중의 하나가 건설회사가 만든 모든 필지의 설계를 검토하여 재설계를 통해 녹지축이나 그린네트워크가 연결되도록 하는 것이다. 그 외에도 보행축이나 조망축을 확보하고 스카이라인을 조절하는 등 신도시 환경의 질을 높일 수 있는 다양한 방안들을 모색한다. 총괄계획가가 개입되는 신도시의 경우는 그나마 다행인데 그렇지 못한 도시는 좋은 계획이나 설계가 현실에서는 반영되지 못하는 경우가 많다.

이 책에서는 녹색도시를 만들기 위한 다양한 방법 중에서 그동안 신도시를 계획해온 경험을 바탕으로 필자가 가장 중요하다고 생각되는 방법들을 중점적으로 다루었다. 이 책에서 제시한 20가지의 방법을 잘 적용해 도시를 만든다면 녹색도시에 보다 근접한 도시를 만들 수 있다고 자부한다. 도시계획을 수립하거나 신도시를 설계하는 도시전문가, 도시공원과 녹지를 계획하는 조경전문가, 도시의 생태환경계획을 수립하는 환경전문가, 그리고 미래의 '녹색도시' 전문가가 될 도시와 조경, 환경 등의 분야를 전공하는 대학생과 대학원생에게 이 책이 '녹색도시 만들기'에 대한 폭넓고 깊이 있는 지식을 갖추는 것뿐만 아니라 통합적인 계획과 조성을 실현하는 데 도움이 되길 바란다.

이 책을 감사하는 마음으로 하나님께 바친다.

책이 나오기까지 도면작업과 자료수집을 도와준 서울대학교 환경대학원 박사과정의 박종훈과 박윤정, 석사과정의 정승윤, 이민수, 조위래, 김진호, 노희승, 노희영, 이상은, 이윤지 씨에게 고마운 마음을 전한다. 이 책을 출판할 수 있도록 도와주신 김기호 교수와 김광중 교수, 그림과 사진을 인용하도록 허락해주신 서울대학교 환경대학원의 이도원 교수, 독일에 있는 김원현 선생, 그리고 오구균 교수, 조용현

교수와 한승호 박사, 이승은 박사께도 감사드린다. 또한 3쇄를 발간할 때 좋은 의견을 주신 엄정희 교수와 서울대학교출판문화원에도 감사드린다.

2021년 5월 관악산 자락에서

양병이

차 례

표 차례

그림 차례

1 녹색도시의 필요성 알아보기

도시화로 인한 환경악화는 자연파괴에만 국한되는 것이 아니라 도시에 살고 있는 인간의 생존에도 크나큰 위험요인이 되고 있다. 가중되는 지구온난화, 기후변화, 물순환의 단절, 오염 증가, 자원 고갈 등은 이제 위험요소가 아니라 적절하고 계획된 관리를 통하여 극복할 수 있는 기회요소가 되어야 한다. 녹색도시는 이러한 기회요소의 발생 배경과 폐해, 관리방안을 이해하고, 자연과의 공생을 통하여 보다 지속가능한 도시로 변모해 나갈 수 있는 방법을 찾는 데서 시작한다. 이 장에서는 지구온난화, 기후변화, 지구생태계와 자원의 한계, 도시화의 문제점을 살펴봄으로써 녹색도시가 왜 필요한지를 알아보고, 외국에서 최근에 계획된 녹색도시는 어떤 특징을 가지고 있는지를 살펴봄으로써 녹색도시에 대한 이해를 돕고자 한다.

가중되는 지구온난화에 대한 대응

* IPCC
정부 간 기후변화 협의체. 1988년 유엔 산하 세계기상기구(WMO)와 유엔환경계획(UNEP)이 기후변화와 관련된 전 지구적인 환경 문제에 대처하기 위해 각국의 기상학자, 해양학자, 빙하 전문가, 경제학자 등 3천여 명의 전문가로 구성하였다. 기후변화 문제 해결을 위한 노력이 인정되어 2007년 노벨 평화상을 수상하였다.

IPCC(Intergovernmental Panel on Climate Change)*가 지구기후변화를 네 가지 RCP(Representative Concentration Pathways, 대표농도경로) 시나리오를 설정해 예측한 바에 의하면 2100년까지 지구의 기온이 1986~2005년 기준으로 1.7~4.8℃ 상승하고 이로 인해 해수면이 55~82센티미터까지 상승할 것으로 예측하고 있다(IPCC, 2014). 우리나라 기상청 자료에 의하면 1904년부터 2000년까지 우리나라의 평균기온은 1.5℃ 상승한 것으로 나타났는데, 이는 지구 평균기온 상승분의 2배가 넘는 수치이다. 각 절기의 최저기온은 100년간(1908~2007년) 3~4℃씩 상승했으며, 최근 30년간(1978~2007년) 입동(11월 18일 전후)의 평균최저기온은 100년 전(1908~1937년 평균)에 비해 3.8℃ 상승한 것으로 나타났다. 이와 같은 자료로 볼 때 우리나라에도 지구온난화 현상이 나타나고 있음을 부인할 수 없다.

지구온난화의 주범으로 대기 중 이산화탄소(CO_2)의 증가를 들 수 있는데, 화석연료의 연소와 숲의 파괴로 지구온난화가 가중되고 있다. 화석연료의 사용으로 매년 60억 톤 이상의 탄소가 대기 중으로 배출되고 있으며, 숲의 파괴로 인한 탄소배출량 추정치는 (개별 추정치 간의 변동 폭이 크기는 하지만) 연간 15억 톤에 달한다. 숲은 농경지보다 1ha당 20배 많은 탄소를 저장할 수 있으나(브라운, 2003: 50–51), 최근 전 세계적으로 매년 900만 ha의 숲이 사라지고 있다는 사실은 지구온난화의 위험을 경고하고 있다. 이처럼 탄소를 저장하는 기능 외에 토양침식 방지, 기후조절, 휴양 등 숲이 인류에게 제공하는 주요 서비스 기능을 금액으로 환산하면 표 1–1에서 보는 바와 같이 1ha당 연간 969달러로 나타났다.

지구온난화로 히말라야 산맥의 거대한 눈과 얼음으로 된 빙관(氷冠)

서비스	연간 가치 (달러/ha)
기후 조절	141
토양침식 방지	96
영양소 저장과 순환	361
휴 양	66
기 타	305
합 계	969

출처: Costanza et al.(1997), pp.253-259; 브라운(2003), p.215에서 재인용.

표 1-1. 숲의 주요 서비스 기능과 가치

이 계속해서 녹아내린다면 히말라야 산맥의 눈과 얼음으로부터 물을 공급받는 아시아의 많은 지역에서 물 공급에 차질을 빚을 것이다. 인더스강, 갠지스강, 메콩강, 양쯔강, 황하강 등 이 지역의 주요 강들이 모두 히말라야에서 발원하고 있기 때문에 해빙은 파키스탄, 인도, 방글라데시, 태국, 베트남, 중국 등 아시아 국가들의 수문학(水文學)을 바꾸어놓을 것으로 예상된다(브라운, 2003).

Brown(2003: 231)은 도시 삶의 질을 측정하는 가장 좋은 지표로 주차장 면적에 대한 공원 면적의 비율을 제시하면서, 이를 통해 도시가 사람과 자동차 중 어느 쪽을 위해 디자인되었는지를 알 수 있다고 말한다. 월드워치연구소(Worldwatch Institute)*의 O'Meara(1999)에 따르면 도시면적이 지구 표면의 2% 정도에 불과하고 도시인구가 세계인구의 절반에도 못 미치지만, 전체 이산화탄소 배출량의 78%와 물소비량의 60%, 공업용 목재 사용량의 76%가 도시지역에 집중되어 있다(브라운, 2003: 232에서 재인용). 도시가 많은 양의 이산화탄소를 배출하고 있다는 사실은 지구온난화를 완화시키기 위해서 우리가 살고 있는 도시가 녹색도시로 바뀌어야 함을 의미한다.

* 월드워치연구소
환경운동가인 L. R. Brown이 록펠러재단의 후원으로 1974년 설립한 민간환경연구기관. 지구 환경이 해마다 얼마나 더 악화되었는지 각종 지표를 종합·분석하고 그 대응책을 제시하는 〈지구환경보고서〉는 매년 30여 개 언어로 번역될 만큼 영향력이 크다.

기후변화에 대한 대응

지구온난화로 인한 이상기후는 앞으로 더욱 심각해져 해일이나 태풍, 폭우와 폭설 등이 빈발하고 해수면이 상승하여 해변의 주거지나 토양, 생태계에 영향을 주게 될 것이다. 최근 〈네이처(Nature)〉에 게재된 논문 세 편은 세계 곳곳에서 잇따라 발생하고 있는 기상이변에 지구온난화가 결정적인 영향을 미치고 있다는 연구결과를 제시하고 있다(Schiermeier, 2011: 316).

한 논문에서는 기온이 상승하면 대기 중 포화수증기압이 커지고 수증기를 잔뜩 머금은 기단이 상승해 구름을 생성하면 강수량이 증가한다는 사실을 밝히고 있다(Min et al., 2011: 378). 또 다른 논문은 2000년 지구 곳곳에서 발생한 홍수가 지구의 기온상승으로 북대서양 제트기류의 경로가 바뀌면서 발생했다는 사실을 밝혀냈다. 이 논문에서는 시뮬레이션을 수천 번 반복한 결과를 종합하여 제트기류의 변화가 초래하는 기상변화는 미국 텍사스의 사막지역에도 눈이 내릴 정도로 강력하다고 경고하였다(Pall et al., 2011: 382).

IPCC의 보고서에 의하면 21세기에 온난화가 진행됨에 따라 물 부족과 주요 하천 범람에 영향을 받을 전 세계 인구 비율은 증가할 것으로 예상된다. 해수면이 상승함에 따라 연안시스템 및 저지대는 침수, 연안홍수 및 연안침식과 같은 악영향을 더욱 심하게 겪을 것이다(IPCC, 2014: 67). 해수면 상승은 해안지역의 도시에 침수피해를 줄 가능성이 높고 해안지역의 토양이 약해져 붕괴나 침하 등이 발생하고 토사유출이 일어날 가능성이 높다. 기후변화의 영향으로 해안침수에 취약한 도시들은 아시아의 델타지역에 많은데, 인도의 뭄바이와 콜카타, 중국의 광저우, 상하이, 톈진, 미국의 뉴욕과 마이애미, 베트남 호치민과 하이퐁, 일본의 도쿄, 오사카-고베, 태국의 방콕, 알렉산드리아, 다카 등이 있다(IPCC, 2014: 555).

근래에 들어 IPCC 보고서에 약간의 오류가 있음을 들어 기후변화가 사실보다 과장되었다는 주장을 하면서 기후변화를 부정하는 그룹이 나타나고 있다. Thomas X. Friedman 등은 기후변화를 부정하는 사람들을 다음과 같이 세 가지 유형으로 구분한다(프리드먼, 2008: 169). 첫째 유형은 화석연료 기업체로부터 후원을 받고 지구온난화가 인간이 유발한 심각한 문제임을 부정하는 사람들이고, 둘째 유형은 자료검토를 거쳤음에도 산업혁명 이후 세계 곳곳에서 빠른 속도로 증가하는 온실가스 배출량이 지구환경을 위협하는 주요인이 아니라는 상이한 결론에 다다른 소수의 과학자들이며, 셋째 유형은 단순히 정부의 간섭과 규제강화라는 해결책을 혐오하기 때문에 기후변화의 현실을 받아들이지 않으려는 집단이라고 지적한다. 지구의 기상이변과 관련해 지구온난화 연구에 참여한 하버드대학교의 John Holdren은 급격한 기후변화는 현실로 다가와 이미 우리에게 상당한 해를 끼치고 있을 뿐 아니라 그 대부분의 책임이 인간 활동에 있음을 언급한 바 있다. 이러한 결론은 세계 일류 과학저널에 발표된 논문들의 방대한 지적 체계에 기초하고 있다고 주장한다(프리드먼, 2008: 82에서 재인용).

이처럼 지구의 기후변화에 의해 지구환경과 생태계가 심각한 영향을 받고 있기 때문에 기후변화의 완화를 위해서만이 아니라 기후변화에 대응하기 위해서 녹색도시의 필요성이 대두되고 있다.

지구생태계와 자원의 유한성에 대한 대응

지구생태계는 인간을 포함해 모든 생물체와 무생물체, 환경이 서로 연관을 가지고 상호 교류하는 살아 있는 시스템이다. 지구생태계는 상호 의존적이어서 생태계의 일부분에 변화가 생기면 생태계 전체에 영향을 주게 된다. 인간의 행위는 주변환경에 영향을 줄 뿐 아니라 지구생태계 내의 다른 생태계에도 영향을 준다(Yeang, 1995: 12-14).

현재 지구상의 자원과 생태계는 인간의 이용을 충족시키기에는 한계가 있다. 이렇듯 지구상의 생태적 수용능력에 비해 인간의 자원소비가 월등히 많기 때문에 지구환경문제가 발생하게 된다. 지구생태발자국네트워크(Global Footprint Network)에서 발표한 최근 자료에 의하면 2016년 현재 전 세계의 생태적 수용능력은 1.63gha(global hectares per capita)인 데 반해 생태발자국은 2.75gha로 산출되어 인류의 삶이 생태적 수용능력을 훨씬 초과하고 있음을 알 수 있다(Global Footprint Network 홈페이지).

IPCC 보고서는 2100년까지 지구의 기온이 2~3℃ 상승하면 지구상의 생물종 가운데 20~30%가 멸종될 위험이 매우 높다고 예측했다(IPCC, 2014: 300). 화석연료인 석유 생산이 최고조에 이르는 시기를 낙관론의 입장에서 2037년경으로 보고 있으며, 앞으로 홍수나 가뭄으로 물과 식량이 부족해져 환경난민이 발생할 것으로 예측하고 있다. 기후변화로 자원이 고갈되어 자원을 둘러싸고 전쟁이 발생할 가능성도 높다. 지구생태계의 한계와 자원 고갈을 염두에 둔다면 인류의 대부분이 거주하게 될 도시가 생태계의 수용능력 범위 내에서 재생불가능한 자원의 사용을 최소화하는 녹색도시로 탈바꿈할 필요가 있다.

도시화에 대한 대응

도시화로 인해 1950년에 7억 5,000만 명이던 도시인구가 2000년에는 29억 명으로 4배 가까이 증가하였다. UN은 2050년에 이르면 인류의 3분의 2 이상이 도시에서 살게 될 것이라고 예측하고 있다(UN, 2001; 브라운, 2003: 233). 현재 도시의 에너지소비량은 전 세계 에너지소비량의 75%를 차지하고 있고, 도시의 온실가스 배출량도 전 세계 온실가스 배출량의 80%에 달한다.

도시에서 물을 확보하는 것도 중요한 문제로 부각되고 있다. 로스앤젤레스에서 사용되는 물은 970킬로미터 떨어진 콜로라도강에서 공급된다. 해발 3천 미터에 위치한 멕시코시티는 급증하는 인구 때문에 부족해진 물을 확보하기 위해 150킬로미터나 떨어져 있고 고도상으로도 1킬로미터 이상 차이가 나는 저지대에서 많은 돈을 들여 물을 끌어와야 한다. 물 부족에 시달리는 베이징은 1,500킬로미터나 떨어진 양쯔강 유역에서 물을 끌어오는 계획을 구상하고 있다(브라운, 2003: 234). 이처럼 세계가 물 부족에 직면하게 되면 물 확보 가능성 여부와 장거리 수송에 따른 비용문제가 도시의 성장을 가로막는 요인으로 작용할 수 있다.

미국의 대도시 지역에서 한 사람이 연간 교통정체로 허비하는 시간이 1982년에 11시간에서 1999년에는 36시간으로 증가한 것으로 나타났으며, 교통체증이 극심한 방콕에서는 운전자들이 1999년 한 해 동안 평균 44일에 해당하는 시간을 정지된 자동차 안에 앉아서 허비하였다는 보고도 있다(브라운, 2003: 238-239).

대도시 교통문제의 심각성 때문에도 자전거와 보행 위주의 녹색교통 개념을 도입한 녹색도시가 필요한 실정이다. 자전거 마스터플랜을 가지고 자전거의 역할에 대한 비전을 규정하고 있는 네덜란드는 도시

운송량의 30%를 자전거가 담당하고 있다. 브라질의 쿠리치바(Curitiba)에서는 시민의 3분의 1이 자동차를 소유하고 있음에도 불구하고 이동의 3분의 2가 버스에 의해 이루어져 1974년 이후 인구가 2배로 증가했지만 자동차통행량은 30%나 줄어드는 놀라운 성과를 거두었다(브라운, 2003: 247-251).

Edward O. Wilson을 필두로 한 생태학자들이 제시한 바이오필리아(Biophilia) 가설은 인간이 자연의 복잡함에 깊이 얽혀 있는 생물체로 진화하여 유전자형 깊은 곳에 자연과의 친화성을 가지고 있다는 가설이다. 따라서 자연과의 접촉이 차단될 경우 심리적인 문제를 겪고 이로 인해 삶의 질에 심각한 부정적인 영향을 받게 된다는 것이다(Kellert and Wilson, 1993: 브라운, 2003: 249에서 재인용). 이 가설은 도시에서 점차 녹지가 사라짐으로써 도시인들에게 심리적인 문제와 정신적인 질환의 발생가능성이 높아질 것이라는 주장을 뒷받침해준다.

도시화가 전 세계적으로 지속되어 2050년에 이르면 전 세계 인구의 3분의 2 이상이 도시에 살게 될 것이라는 UN의 예측과 전 세계의 탄소배출량과 물소비량, 자원의 사용량 중에서 도시의 비중이 매우 높다는 사실에 비추어 본다면 지구온난화를 비롯한 지구환경문제에서 도시의 비중이 점점 늘고 있음을 알 수 있다.

Paul과 Anne Ehrlich(1991)는 인간이 지구환경에 미치는 영향(I)은 인구(P)와 풍요(A)와 기술(T)을 곱한 것과 같다(I=PAT)고 주장한 바 있다. 그 후 Register(2006: 12)는 이를 수정하여 인간이 지구환경에 미치는 영향(I)은 인구(P), 토지이용 및 인프라(L), 풍요(A)와 기술(T)을 곱한 것과 같다(I=PLAT)고 주장하였다. 이러한 주장에 비추어 보면 도시화가 이루어질수록 지구환경에 미치는 인간의 영향이 커짐을 알 수 있다. Register는 인구(P), 토지이용 및 인프라(L), 풍요(A), 기술(T)이 건강한 상호관계를 갖게 되면 지구환경에 이익을 가져올 수도 있다고 주장한다. 따라서 도시환경, 나아가 지구환경문제를 해결하기 위해서 도시의 발전 방향이 녹색도시에 맞춰져야 한다는 것이 분명해졌다.

이미 많은 선진국들은 지구온난화에 따른 지구환경문제를 해결하고 기후변화협약에 따른 온실가스 감축 의무를 이행하는 차원에서 저탄소녹색성장을 위한 국가정책을 오래전부터 시행해왔다. EU 국가는 신·재생에너지 비중을 2020년까지 20%로 늘린다는 목표를 설정했으며, 중국도 2030년까지 전체 에너지의 20%를 재생가능한 에너지로 확보한다는 계획을 수립한 바 있다.

우리나라도 저탄소녹색성장을 새로운 국가경제비전으로 제시하고 2010년 '저탄소녹색성장기본법'을 제정하는 한편, 저탄소녹색성장의 최상위계획인 '저탄소녹색성장국가전략'과 실행계획인 '녹색성장 5개년 계획'을 수립하였다. 우리 정부는 2009년 11월 온실가스를 2020년 예상 배출량의 30%(2005년 배출량 기준으로 4%)를 감축하겠다는 목표를 천명하였다. 저탄소녹색성장국가전략에서 신·재생에너지 보급률을 2009년의 2.7%에서 2020년에 6.08%로, 2050년에는 30%로 확대한다는 목표를 제시하였다.

저탄소녹색성장은 기후변화에 대응해 온실가스를 감축하도록 에너지 이용 및 공급구조를 개편할 뿐 아니라 환경에 악영향을 주지 않는 산업을 육성하고, 환경적으로 건전하고 지속가능한 발전을 달성하는 것을 목표로 하고 있다. 신기후체제 파리협정이 체결되고 우리나라도 비준국이 됨에 따라 새로운 온실가스 감축의무를 시행해야 하기 때문에 화석에너지 소비의 대폭 감축이 절실히 요구되고 있다.

저탄소녹색성장을 위해서는 우리나라의 산업구조가 에너지절약형 탈화석연료형 산업으로 개편되어야 한다. 그러나 에너지와 자원 소비의 많은 부분을 차지하고 있는 환경오염의 주요 배출원인 도시가 친환경적으로 변화하지 않으면 이를 달성하기 어려운 게 사실이다. 우리나라 에너지 소비의 24%를 점하고 있는 건물 부문의 에너지 소비 증가율은 상승추이를 보이고 있다. 따라서 건물 부문의 에너지 절약과 신·재생에너지의 활용이 절실히 필요한 시점에 와 있다.

우리나라 국민의 90%가 거주하는 도시가 녹색도시로 바뀌어야 화석에너지 소비를 줄이고 신·재생 에너지를 활용하여 온실가스와 각종 환경오염물질의 발생을 억제할 수 있다. 저탄소녹색성장의 비전을 달성하기 위해서는 우리나라 도시의 에너지 수요와 공급, 산업, 교통, 주택, 건축, 토지이용, 공원녹지 등의 모든 도시계획과 정책을 친환경적으로 전환할 필요가 있다. 또한 전국의 도시가 각각 녹색도시계획과 전략을 구체적으로 수립하고 이를 실천해 나가는 노력이 절실히 요청된다. 이미 우리나라 '녹색성장 국가전략'에서도 한국형 저탄소 녹색도시 모델을 정립하고 저탄소 에너지절약형 신도시 개발을 위한 정책을 제시하고 있다.

외국의 녹색도시계획 사례

1) 독일의 프라이부르크

녹색도시를 만들기 위해 오래전부터 노력해온 해외 도시 가운데 우리나라에 많이 알려진 독일 프라이부르크(Freiburg) 시의 녹색도시계획 사례를 살펴보면 다음과 같다(박희경, 2009: 53).

(1) 자동차 이용 억제

- 1989년 시의회에서 채택
- 자동차 이용을 어렵게 해서 자동차 이용 수요를 줄이려는 목적

- 속도제한을 통해 배기가스와 소음을 줄이고 보행자의 안전을 고려
- 자전거와 전차의 연계를 촉진하고 기업체나 직장에서 자전거 지도를 제작, 배포
- 시내 공·민영 전철과 버스를 싼값에 자유롭게 이용할 수 있도록 환경정기권제도를 시행하여 대중교통 이용을 장려함

(2) 기존 도시 인프라의 슬기로운 변용

- 13세기에 만들어진 시내의 수로인 '베히레(Behire)'를 관광상품뿐 아니라 도시의 열섬현상 저감과 미기후 관리를 위해서 사용
- 베히레는 휴식처를 제공하고 자연과 인간을 하나로 묶어주는 역할을 함

(3) 보봉(Vauban) 생태지구 조성

- 2000년부터 조성되기 시작해 2006년 현재 총 2천 가구, 5천 명이 거주
- 친환경자재, 에너지 저감 시스템, 재생에너지와 빗물을 이용하는 등 친환경기술 사용
- '자가용 없이 살기' 캠페인, 전체의 40%가 자가용을 소유하지 않음
- 자동차 공동소유 조합을 통해 공동으로 자동차 이용

(4) 태양에너지 이용, 에너지 손실의 최소화

- **헬리오트롭**(Heliotrop): 독일 건축가 Rolf Disch가 설계한 회전형 태양열주택으로 건물 전면은 단열유리, 뒷면은 단열재 사용하여 태양의 움직임에 따라 360도 회전하며 실내온도 유지(그림 1-1 참조)
- **태양광 연립주택**: 150가구의 주택단지로서 지붕에 설치된 태양광 전지를 통해 사용량보다 많은 에너지 생성
- **태양 에어컨**: 여름철 태양에너지를 이용해 건물의 에어컨을 작동

그림 1-1.
프라이부르크의
헬리오트롭

건축가 Rolf Disch가 설계한 이 주택은 콘트리트를 전혀 사용하지 않고, 목재와 유리로만 지은 3층짜리 집이다. 계절별로 컴퓨터로 각도를 조절하면 집이 회전하는데 여름철에는 태양을 피하고 겨울철에는 태양을 최대한 따라가게 할 수 있다.

시킴

- **벽면:** 30센티미터의 암면으로 덮고 아르곤 등의 기체로 채운 3층 단열유리를 사용하여 에너지 손실을 최소화함

2) 아랍에미리트의 마스다르

우리가 주목해야 할 또 다른 사례는 아랍에미리트(UAE)의 신도시인 마스다르(Masdar)이다(그림 1-2 참조). 아랍어로 '원천(source)'이라는 의미인 마스다르는 2008년 2월 9일 착공되었으며, 세계야생동물기금(WWF)의 'One Planet Living' 원칙을 초과달성한다는 계획을 수립하여 신도시조성사업을 진행하고 있다. 마스다르 시는 2007년 6월 Transatlantic21 Association으로부터 최초로 'World Clean Energy상'을 수상하고, 9월에는 마스다르 시의 도시설계가 유로머니(Euromoney)의 'Sustainable Region/City of the Year'에 선정되었으며, 'Ernst & Young's Global Renewable Energy상'을 수상하였다. 지속가능한 도시, 탄소 제로 도시, 청정기술산업, 청정기술교육과 연구·개발을 목표로 하는 마스다르의 저탄소녹색도시 계획의 세부내용은 다음과 같다.

출처: 마스다르 시 홈페이지(http://www.masdarcity.ae).

그림 1-2.
마스다르의 조감도

세계 최초의 탄소 제로, 쓰레기 제로, 자동차 없는 도시를 표방하는 마스다르는 우리의 녹색도시 계획에 참조할 만한 사례이다.

(1) 개요

- **위치**: 아랍에미리트의 아부다비 공항 옆
- **규모**: 개발면적 6제곱킬로미터(부지는 700ha)
- **계획인구**: 주민 4만 명, 통근자 5만 명, 기업 1,500개소, 주거밀도 ha당 140인
- **투자액**: 7년간 220억 달러
- **토지이용**: 주거 30%, 업무·연구지구 24%, 상업(경공업 포함) 13%, MIST 캠퍼스 부지 6%, 서비스·교통 19%, 공공·문화 8%

(2) 'One Planet Living' 원칙이 추구하는 지속가능성

- 탄소 제로(carbon zero)
- 쓰레기 제로(waste zero)
- 지속가능한 교통(sustainable transport)
- 지속가능한 지역의 재료(local and sustainable materials)
- 지속가능한 지역의 음식(local and sustainable food)
- 지속가능한 물(sustainable water)

- 자연서식처와 야생동물(natural habitats and wildlife)
- 문화와 유산(culture and heritage)
- 형평과 공정무역(equity and fair trade)
- 건강과 행복(health and happiness)

(3) 도시설계원칙

- 'One Planet Living' 원칙 달성
- 아랍 전통의 도시설계 구현
- 최고수준의 자원효율성 실현
- 도시의 삶의 질 향상(자동차가 없고 편리하고 압축된 안전한 도시)
- 통합된 계획과 설계를 통해 지속가능한 기술의 이익을 최대화

(4) 연차별 계획

- 2008~2010년: 에너지 발전과 인프라 구축, 태양광발전단지(PV farm)
- 2009년: MIST대학교와 주변 개발
- 2010년: 공공건물
- 2012년: 커뮤니티 센터(community center)
- 2013년: 과학공원(science park)
- 2015년: 주거단지(residential plantation)
- 2030년: 완공 예정

(5) 마스다르 녹색도시계획의 특징

- 직장과 주거, 교육시설을 통합한 복합개발
- 교통은 PRT(Personal Rapid Transit)와 LRT(Light Rail Transit)가 담당한다. 도시 외곽에 주차장을 설치하고 마스다르 내부교통수단인 PRT로 갈아타도록 한다. 2,500대의 PRT를 운행하고 PRT역을 83

개소에 설치할 계획이다. PRT역에서 최대보행거리는 150미터로, PRT 네트워크는 보행로 지하에 설치한다. 모든 인프라와 쓰레기 수집 등은 보행로 지하에 설치해 보행을 최우선시한다.

- 교육은 미국 MIT와 MIST(Masdar Institute of Science & Technology)가 협력하여 담당한다.
- 그린핑거(green finger)형 녹지(손가락 모양으로 연결된 녹지)체계를 갖추고 녹지와 수로가 연결되도록 한다.
- 에너지공급원은 PV farm 52%, 태양열발전(solar power generation)* 26%, 폐기물 에너지(waste energy) 7%, 풍력 1%이다. 냉방은 집중 태양열발전에 의해 공급하고 바이오연료와 기타 청정재생에너지원은 평가 중이다.
- 물은 태양열 해수담수화공장에서 공급하고, 1일 물소비량을 1인당 80리터로 줄이기 위해 물소비 감소기술(고효율장치, 중수도, 이슬 모으기, 빗물 모으기 등)을 활용한다.
- 도시 내 조경과 성곽도시 바깥의 농작물은 중수도와 도시하수처리장의 처리수를 이용해 관수한다.
- 마스다르를 저탄소녹색도시로 개발하기 위한 개발 키워드를 요약하면 표 1-2와 같다.

* 태양열발전
거울을 통해 태양열을 한 점으로 집중시켜 발생한 열로 물을 끓여서 생기는 증기로 터빈을 돌려 전기를 생산하는 발전 방식이다.

마스다르는 탄소 제로를 달성하기 위해 도시 내부에서 휘발유로 가는 자동차를 전혀 사용할 수 없도록 계획되었으며 모든 차량은 전기를 동력으로 한다. 경전철로 아부다비 중심가와 마스다르를 직접 연결할 계획이며, 승용차나 버스를 타고 온 사람들도 모두 도시 주변 주차장에 차를 세우고 마스다르 내부교통수단을 이용해야 한다. 내부교통수단은 최고시속 40킬로미터의 PRT로서 전기로 움직이는 자기부상형 '온-디맨드(on-demand)' 교통수단이다.

표 1-2.
마스다르의 개발 키워드

그린에너지	• 태양 및 수소에너지를 중심으로 하는 재생에너지의 발생, 저장 및 공급기술, 시스템의 개발
그린교통시스템	• 석유를 사용하지 않고 재생에너지나 전기에너지만을 사용하는 새로운 교통시스템 구축 • PRT(Personal Rapid Transit), MRT(Massive Rapid Transit), 경량철도(Light Rail) 등으로 구성
그린건설	• 새로운 절연재 등을 개발하여 건물 전체의 에너지효율을 높이고, 자연냉난방을 이용해 에어컨을 사용하지 않는 건물을 건설함으로써 도시 전체의 에너지효율을 증가시킴
그린자원 (자원 재이용)	• 물, 폐기물 등의 재이용기술 및 시스템 개발을 통해 도시의 물질순환구조를 확립하여 재이용 및 물질사용 효율 극대화 • 생물다양성 보존 및 환경보전 도모
그린금융	• 보다 친환경적인 기술 및 시스템의 개발만을 지원하는 전담펀드와 투자체계를 구축하여 개발을 촉진 • 예: 마스다르 클린테크(Masdar Cleantech) 펀드를 설립하여 이산화탄소 저감 등을 포함한 그린기술에 전적으로 투자
그린정책	• 그린화 사업을 적극적으로 지원하기 위해 지속성 원칙에 준거한 법적이고 정책적인 근거를 마련하여 모든 관련 사업을 보다 적극적으로 지원하기 위한 정책 시행

출처: 박희경(2009), p. 57.

현재 완공된 연구동 건물은 신기술과 단열을 적용하여 건물의 에너지효율은 50% 이상 높이고 여름철 온도는 30% 정도 낮추는 효과를 가져왔다. 지붕에 설치한 태양광패널을 이용해 소비전력의 130%를 생산해 남는 전기를 외부에 판매하고 있다. 마스다르 내부를 특징짓는 또 하나의 구조물은 중심 광장에 세워진 40미터 높이의 거대한 송풍탑이다. 송풍탑을 통해 상대적으로 온도가 낮은 고공의 공기를 끌어들여 물로 식힌 다음 도시에 공급하는데, 이렇게 도시 안으로 들어온 바람은 좁고 긴 골목길을 따라 빠르게 순환하며 도시의 온도를 낮춘다(그림 1-3 참조).

현재 가장 규모가 큰 실험장은 2009년 4월부터 8만 개의 발전 모

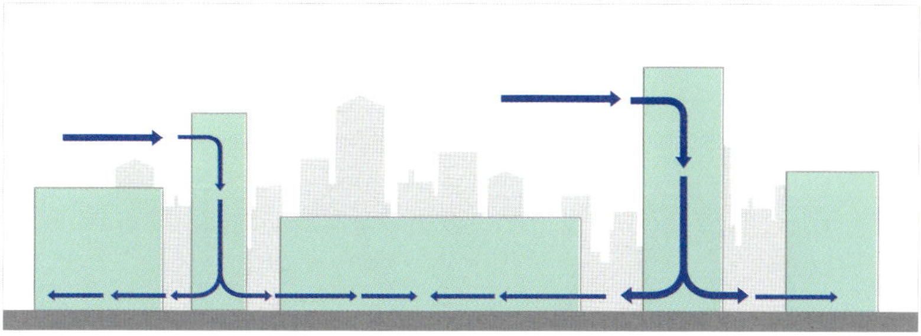

그림 1-3.
마스다르의 도시단면도

송풍탑을 통해 온도가 낮은 고공의 공기를 끌어들여 물로 식힌 다음 도시에 공급하여 도시의 온도를 낮추도록 설계되어 있다.

듈이 설치되어 운영 중인 22만 제곱미터 면적의 태양광발전단지이다. 그러나 태양광발전(solar photovoltaic)* 으로 90%, 폐기물 소각열 발전으로 나머지 10%의 에너지 소비량을 감당하겠다는 당초의 계획이 너무 야심찼다는 것을 인정하고, 화력발전 요소를 덧붙이는 설계 변경을 고려하고 있다(주간조선, 2011. 1. 24).

* **태양광발전**
태양의 빛에너지를 태양전지라는 광전변환기를 사용해 에너지로 변환시켜 이용하는 기술이다. 부분적으로 빛을 이용하는 것이기 때문에 흐린 날에도 가동할 수 있어 태양에너지의 이용 효율이 열발전보다 높다.

지금까지 살펴본 것처럼, 도시에 산업과 거주가 편중되어 있어 인구집중이 심화되고, 이를 지탱하기 위해 건조환경(built environment)은 주변으로부터 끊임없이 대량의 에너지를 흡수하고 그에 상응하는 폐기물을 배출하고 있다는 데 도시화의 문제점이 있다. 순환성을 가진 자립형 도시, 즉 녹색도시로의 전환을 통하여 에너지 자원의 다양화와 순환성을 극대화함으로써 화석연료에만 의존하는 고갈 일변도의 산업과 경제구조를 변화시키는 것이 필요하다.

마스다르 사례에서와 같이 녹색도시계획은 공간구조의 개혁에만 국한되는 것이 아니라 정책기조와 경제구조에도 변혁을 요구하고 있다. '친환경도시', '생태도시', '저탄소녹색도시' 등 이름만 양산되고 있는 가운데 녹색도시로 전환하려는 한국의 입장에서 볼 때 마스다르의 사례는 시사하는 바가 크다고 하겠다.

2

도시생태계 이해하기

도시는 아파트, 도로, 철도, 지하철 같은 인공시설물로 이루어진 인공환경이라고 생각하기 쉽다. 그러나 도시에는 인공시설물 외에도 인간과 자연상태의 동식물이 있기 때문에 도시를 만들 때는 인간과 동식물의 필요도 고려해야 한다. 인간이 도시에서 살아가기 위해서는 깨끗한 공기와 물, 햇빛 같은 자연환경과 더불어 식량, 연료 등이 필요하다. 식량과 자원은 도시에서 생산할 수 없기 때문에 도시 외부, 즉 농촌이나 자연지역에서 조달하며, 이들을 소비하고 나면 오수, 쓰레기 같은 오염물질이 배출된다. 오늘날 도시민들이 소비하고 배출한 오염물질로 인해 도시의 환경이 열악해졌다. 이 장에서는 인공시설물과 자연환경으로 이루어진 생태계라는 관점에서 도시를 파악하고 생태적 관점에서 도시의 틀을 만드는 방법을 살펴본다.

생태계의 개념

생태계는 '열린계(open system)'이다. 즉 생태계의 일반적인 외양과 기본기능은 오랜 기간 동안 변화가 없는 것처럼 보이지만 물, 공기, 영양소 등이 끊임없이 생태계로 들어오고 또 외부로 배출되고 있다. 생태계에서 에너지의 입력은 필수적이다. 태양은 생물권의 근본적인 에너지원이며 생물권 안에 있는 대부분의 자연생태계를 직접적으로 유지시킨다. 하지만 생태계에는 바람, 비, 물의 흐름, 연료 같은 중요한 다른 에너지원도 있다. 이러한 에너지는 열이나 유기물, 오염물질 등으로 변환되거나 가공된 형태로 계로부터 흘러나간다(오덤, 2009: 60–61).

생태계에는 두 가지 주요한 생물구성요소가 있다. 첫째가 독립영양 구성요소로서 광합성 과정을 통해 태양에너지를 고정하고 단순한 무기물(예를 들어 물, 이산화탄소, 질산염)로부터 식량을 생산한다. 일반적으로 녹색식물이 독립영양요소를 구성한다. 또 다른 생물구성요소는 종속영양 구성요소로서 이들은 독립영양 생물들에 의해 합성된 복잡한 물질들을 활용하고, 재배열하고, 분해한다. 곰팡이, 비광합성 세균, 기타 미생물, 사람을 포함한 동물들이 종속영양생물이 된다. 독립영양 구성요소와 종속영양 구성요소들은 먹이그물이라 불리는 에너지 이동의 얼개에서 서로 연관되어 있다(오덤, 2009: 63-63).

생태계는 단순하게 말하면 '생물체와 무생물환경 간에 상호작용하는 집합체(interacting assemblage)'라고 할 수 있다. 많은 생태학자들이 인간을 제외하고 생태계를 연구하지만, 모든 수준에서 인간도 생태계의 주요한 통합적인 요소이며 교호적 요소이다. 생태계를 만드는 데에는 규모, 설계과정, 질서라는 세 가지 구성개념이 가장 중요하다. '규모'는 보다 큰 생태계나 작은 생태계와의 연관성이 주요한 요소이며, '설계과정'은 준거기준을 다룰 때 우리가 따라야 할 사고의 패턴이다. 그리고 '질서'는 생태계를 함께 묶어주고 작동하게 하는 것으로, 생태계에는 구조, 기능, 위치라는 세 가지 형태의 질서가 존재한다. 구조는 종을 포함한 생물군집의 구성이며, 기능은 구조와 밀접히 얽혀 있는 에너지와 물질의 흐름을 말한다. 위치의 패턴은 설계에서 중요한 부분이다(Lyle, 1985: 17–19).

도시생태계의 특징

도시생태계는 생물체인 숲·야생동식물·인간과 무생물체인 건물, 도로 같은 구조물로 이루어져 있다. 도시생태계에서 인간은 생태적 요소(공기, 토양, 물, 동식물)에 영향을 주는 반면에 집, 공원, 도로, 학교 등을 어디에 지을까 하는 인간의 결정은 생태적 요소의 영향을 받는다. 도시를 생태계로 파악하고 생태계 접근방법을 적용한 개념이 '도시생태계'이다. 즉 도시생태계는 자연생태계와 유사한 교호작용과 행태를 갖는 동태적인 생태계이다. 그러나 자연생태계와는 달리 자연적 요소와 인공적 요소의 하이브리드이며, 그 내부의 교호작용은 자연환경뿐 아니라 문화, 개인적 행동, 정치, 경제, 사회조직에 의해 영향을 받는다.

도시화는 생태적 기능에 막대한 영향을 미친다. 우선 도시화는 자연 서식처를 파편화하고 고립시키며 악화시킨다. 일본의 경우 수도권에서 지난 40년(1965~2005년) 동안 농지와 임지는 약 22.1만 ha가 감소하고 도시공원이 약 1.7만 ha 증가했으나 전체 녹지로 보면 약 22%가 감소하였다. 우리나라도 개발로 인해 도시의 농지와 임지가 점차 감소하고 있는 실정이다. 또한 도시화는 종의 구성을 단순화하고 동질화시키며, 수문학적 체계를 무너뜨리고, 에너지 흐름과 영양물의 순환에 변화를 초래한다.

도시생태계의 특징으로 자연시스템의 100~300배에 달하는 높은 에너지 소비, 서식처 패치의 통합 결여, 외래종의 침입, 따뜻한 미기후(微氣候), 강우와 빗물 유출의 증가, 고농도의 중금속과 유기물이 함유된 토양, 자연교란체제의 변경 등을 들 수 있다. Trepl(1995)은 농촌경관과 구별되는 도시경관의 세 가지 속성으로 ① 도시생태계의 조각난 정도(patchiness)와 이들 조각 간의 빈약한 연결성, ② 외래종의 천이 현상, ③ 외래종의 침입을 제시하고 있다.

도시환경에서는 인간이 경관을 지배하고 있다. 생물이 서식하는 물리적 환경과 결합한 생물체의 개체군을 '생태계'라고 정의한다면, 도시생태계는 생태구조와 기능을 통제하는 핵심종으로 인간이 나타나는 특수한 경우라고 할 수 있다. 인간 외에도 도시생태계의 생물개체군은 다양한 토착종과 외래종을 포함하고 있으며, 물리적 환경은 강이나 산과 같은 자연형상뿐 아니라 인공구조물과 인프라를 포함한다. 생물환경과 물리적 환경에 미치는 인간의 영향이 클수록 도시생태계는 자연생태계와 더 큰 차이를 보이게 된다(Walbridge, 1997: 1–2).

생태적 관점에서 보면 도시화는 생물군집에 유리한 영향과 악영향을 모두 가지고 있다. 도시에서 인간이 끼치는 영향의 다양성은 서식처의 다양성을 만들고 유지하며, 이렇게 서식처 유형이 풍부하면 멸종위기종을 포함하여 종의 다양성이 지원된다. 영국에서는 인공적인 서식처가 희귀한 딱정벌레(carabid beetle) 종을 35%나 더 많이 서식하게 하는 것으로 보고된 바 있다(Eversham et al., 1996). 반면에 도시화는 많은 자연 서식처와 종에 위협이 되고 있다. 예를 들면, 독일 뮌헨에서는 지난 100년 동안 180종 이상의 식물종이 사라진 것으로 밝혀졌다(Duhme and Pauleit, 2000). 도시생태계의 특징으로는 도시의 새로운 환경 특성에 맞게 새롭게 이주한 여러 동식물을 들 수 있다. 외래종의 침입도 농촌보다 도시에서 보다 일반적이다. 국내 생태계교란생물(2020년 3월 30일 기준)은 포유류 1종, 양서·파충류 4종, 어류 2종, 갑각류 1종, 곤충류 5종, 식물 16종이 있다(환경부, 2020).

도시생태계는 기반이 되는 생산자가 없기 때문에 외부에 크게 의존할 수밖에 없다. 농경생태계와 비교할 때 가장 큰 차이점은 도시생태계가 종속영양적이며 자연경관과 농촌경관을 기반으로 존재하는 기생자라는 점이다. 도시생태계가 외부의 다른 생태계에 의존하는 시스템이지만 도시 안에서는 자연생태계와 마찬가지로 생물종과 비오톱(biotop) 간의 상관관계가 나타나고 있다(송인주, 2006: 186).

도시는 열섬현상과 물순환 등 환경에 큰 영향을 준다. 포장된 도시가로와 건물은 물의 침투를 막기 때문에 곧바로 유출된 빗물이 우수관 시스템으로 몰려 홍수피해를 가중시킨다. 도시개발은 도시의 토양과 물의 흐름, 수질과 대기의 질에 변화를 가져온다. 도시열섬현상은 높은 오존농도를 유발시키는 화학반응을 촉진하여 결과적으로 대기오염을 증가시킨다(Botkin, 1997). 일부 도시지역은 주변지역보다 강우량이 5~10% 정도 많고 구름과 안개도 더 많다(Botkin and Keller, 1995).

도시생태계는 불완전한 체계이다. 도시생태계는 자급자족을 하지 못해 외부로부터 에너지, 자원 등이 투입되어야 유지될 수 있고, 투입된 에너지와 자원 등이 소비된 후에는 대부분 환경오염물질로 배출된다. 예를 들면, (오래된 자료이기 때문에 최근의 소비패턴과는 다르기는 하지만) 인구 100만 명인 도시를 가상했을 때 그림 2-1에서 보는 바와 같이 자동차연료 1,000톤, 석유 2,800톤, 음식물 2,000톤, 물 62만 5,000톤 등이 투입되어야 하며 부산물로는 질소산화물(NOx) 100톤, 입자상 물질 150톤, 탄화수소 100톤, 폐기물 2,000톤, 폐수 50만 톤이 배출되는 것으로 나타났다(Spirn, 1984: 231-232).

그림 2-1.
가상도시생태계의 유입과 유출

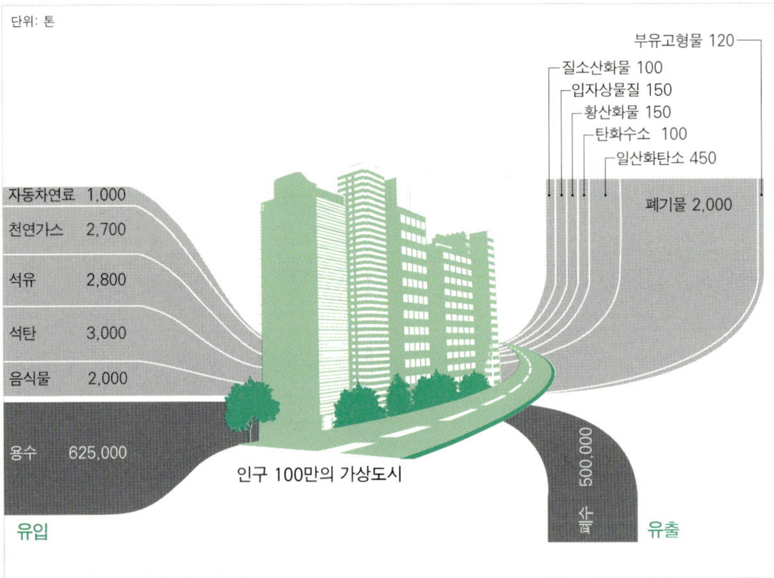

도시의 기후환경은 여러 요인에 의해 변화를 겪게 된다. 첫째, 지표면의 변화를 들 수 있다. 토양, 초화류, 수목 등 자연상태의 지표가 벽돌, 콘크리트, 유리, 금속 같은 인공재료로 대체되고 있으며, 이러한 인공재료는 지표의 반사와 방사 특성, 지표 근처의 열교환을 변화시킨다. 둘째, 연소와 물질대사과정을 통해 도시 대기시스템에 막대한 양의 열이 인공적으로 투입된다. 셋째, 막대한 양의 기체상 오염물과 고형 오염물이 방출되어 도시 상공의 대기 구성을 크게 변화시킨다(Berry and Horton, 1974: 39). 넷째, 도시에는 고층건물에 의해 돌풍이 생기는 경우가 많고, 이렇게 형성된 바람은 도시 내의 미기후와 식물, 특히 나무의 수관 형성에 많은 영향을 미치게 된다.

도시는 에너지와 물질을 특정 지역에 집중되지 않고 도시인구의 필요를 충족시킬 수 있는 양으로 적절하게 배분하는 데 문제가 있다(Lyle, 1985: 229). 도시생태계의 문제로는 ① 생태계 상위에 위치하는 고차 포식자의 멸종, ② 자연환경 변화에 약한 종이나 자연생태계의 구성요소 감소, ③ 도시환경 특유의 귀화생물종 출현, ④ 도시환경에 적응한 생물종의 증가 등을 들 수 있다.

자연지역의 생태계와 비교할 때 도시생태계는 생물종과 그 개체수가 극히 적고, 구조가 단순하며, 생태적으로도 매우 빈약하다. 이는 대규모의 자연환경 개변으로 특히 고차 소비자나 이동성이 작은 동식물이 큰 영향을 받아왔기 때문이라고 알려져 있다. 또한 도시생태계에 결여되어 있는 생물종은 본래 생태계의 중핵을 이루는 구성요소인 경우가 많은데, 이러한 생물종이 도시에서 멸종되면 도시 주변지역의 생태계에도 막대한 영향을 끼친다. 그리고 귀화생물이나 인위적 영향에 내성이 강한 종이 증가하는 등 도시환경에 적응한 독자적 생태계가 발달하면서 도시 주변 생태계와의 균형이 깨져 주변의 자연생태계까지도 파괴된다(일본도시녹화개발기구, 2002: 47).

일반 생태계보다 도시 지역에서 외래 식물종의 식재가 빈번하게 일어난다. 도입된 식물종이 기존 식물과 별다른 경쟁 없이 도시 지역에 광범위하게 확대되기 때문에 도시 지역에서 새로운 종이 유입, 확대될 수 있는 기회가 훨씬 많아지게 되는 것이다. 서울시의 경우 외래 도입종 가운데 서양등골나무, 미국자리공, 돼지풀, 단풍잎돼지풀 등이 특히 황폐지나 식물 생육조건이 불리한 입지에 널리 분포하고 있다. 도시생태계에서는 가파른 경사지 조성, 불도저나 여러 가지 교통수단, 인간의 답압, 각종 관리작업 등으로 교란이 더 심하게 일어나 서식지가 파괴되면 자생종에 비해 적응력이 높은 도입종이 광범위하게 확산되는 경우가 많다.

도시생태계는 주로 인간과 자연으로 구성된다. 인간은 특이한 사회구조를 형성하고 경제활동을 하며 자연(생물군집과 지형)을 변형시키고 외부로부터 다량의 물질과 에너지를 도입하여 생산품과 폐기물을 생산해 배출하는 등 왕성한 대사활동을 하는 인공생태계이다. 생태계의 대사를 살펴보면, 자연생태계는 태양에너지만으로 자기유지를 하는 독립영양계이며 해양이나 산림과 같이 각각 독립해서 존재할 수 있다. 반면에 도시생태계는 태양에너지 이외에 화석에너지와 원자력 에너지를 도입해야 유지되는 종속영양계이기 때문에 독립적으로 존재하지 못한다. 자연생태계는 모든 구성원 사이에 자연스러운 상호관계가 일어나지만, 도시생태계는 상호관계가 매우 적게 일어나 상호관계로 파악하기가 대단히 어렵다. Wang 등(1990)은 도시생태계를 '인간의 사회구조와 경제활동이 주축을 이루며 인간활동에 의해 조정되고 자연환경이 기반이 되는 인공생태계'라고 정의하고 이를 '사회·경제·자연의 복합생태계'라고 불렀다(김준호, 1997: 219에서 재인용).

또한 도시지역의 토양에 많이 함유되어 있는 구리, 납, 아연, 붕소 같은 중금속 물질은 인간의 활동으로 발생하는 경우가 대부분이다. 도시생태계에 있는 식물이 높은 중금속 농도 때문에 직접적인 피해를 입는 경우는 드물지만, 미생물은 크게 영향을 받기 때문에 미생물에 의하여 일어나는 에너지와 양분의 순환 과정이 변화되어 생태계의 구조나 기능이 달라질 수 있다.

도시지역의 토양은 공극(air gap)의 발달이 매우 부진하다. 이는 사람이나 기계에 의한 답압(踏壓)뿐 아니라 토양의 이동과 사용 때문에 발생하기도 한다. 교란이 없고 유기물이 충분한 산림의 토양은 보통 가비중(假比重)이 세제곱센티미터당 1그램이지만 도심의 토양은 세제곱센티미터당 1.5그램 이상인 경우가 대부분이다. 공극이 부족하면 통기성과 배수성이 불량해져 식물의 활력을 감소시킨다. 따라서 이러한 환경에 적응할 수 있는 일부 종의 생장에만 유리하게 되고, 심지어는 공기 부족으로 공중의 질소를 고정하는 식물의 생장을 저해하게 된다.

도시가 개발됨에 따라 건물과 포장면이 증가하면서 도시 표면에 많

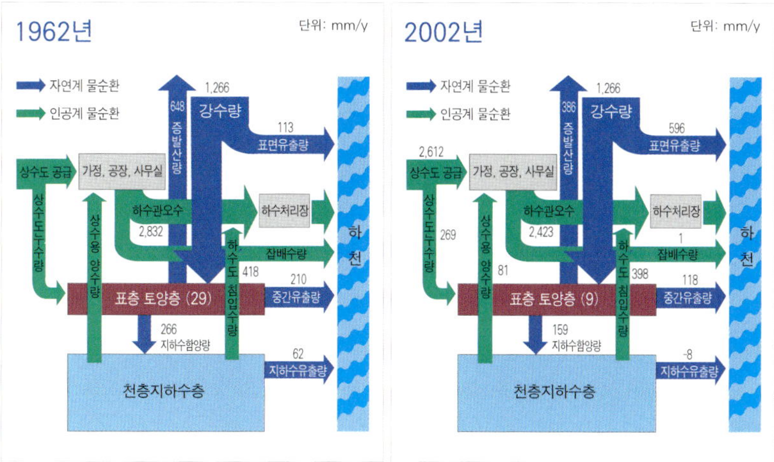

그림 2-2.
서울시 물순환 모식도

출처: 서울시정개발연구원(2004).

은 열을 축적하게 되고 기후의 영향을 받게 된다. 도시의 기후변화는 토지이용이 변화하고 인간 활동이 증가한 결과이다. 즉 포장면의 증가는 빗물의 지하 침투를 방해하고 증발산량의 감소로 이어지며, 증발산량의 감소는 기온을 높이고 습도를 감소시켜 도시를 건조하게 만든다.

물을 이용해 도시의 활력을 높이는 방법에는 도시의 공간구조, 토지이용계획 등과 맞물리는 물순환계획이 있다. 물순환 복원에 의한 증발산이나 바람통로는 열에너지 변화로 이어져 도시의 쾌적성을 높이기 때문에 도시에 활력을 줄 수 있다. 불투수면의 증가는 증발산의 변화로 이어져 자연상태와는 다른 에너지 수지가 생기고, 증발산 작용으로 증발냉각(evaporation cooling) 효과가 발생하여 미기후에 영향을 주게 된다. 그림 2-2에서 보듯이, 불투수면이 증가하면 증발산량이 감소하고, 지표수 유출량은 급증하는 반면 토양으로 침투되는 양은 급격히 줄어들어 물순환에 변화가 생긴다. 2002년 서울시의 표면유출량은 40년 전에 비해 483밀리미터가 증가한 반면(1962년의 5.3배), 지하수함양량은 107밀리미터가 줄어들고(1962년의 59.8%) 하천으로 유출되는 지하수유출량은 70밀리미터가 감소했다.

도시의 물순환계획은 기본적으로 자연적인 물순환의 복원에 초점을 두어야 한다. 물을 통한 도시의 활력 증진은 도시 열순환과 관계되는 개발 이전 수준의 빗물 순환의 복원에 달려 있기 때문이다. 도시에서의 물순환은 빗물 순환, 상하수도 순환, 하천·지하수와 인위적인 수로나 하천과 호소(湖沼) 조성 등으로 이루어진다.

또한 도시에서는 비점오염원(빗물과 같이 광범위한 배출경로를 갖는 오염원)의 증가가 수질 악화로 연결된다. 증발산량의 감소는 건물에너지, 불투수면의 열에너지 집적 등 도시의 열에너지 순환에 영향을 미친다. 이러한 문제를 해결하기 위해서는 도시에서 빗물 순환을 복원하는 것이 필요하다. 자연스런 물순환의 복원을 시도하는 것이다. 빗물 순환은 비가 내리는 지점에서 최대한 저류, 침투시키고 이용하여 유출과 주변환경에 미치는 영향을 최소화하는 분산식 빗물관리(decentralized rainwater management), 발생원관리(source control)와 저영향개발(low impact development) 기법으로 시도되고 있다. 이러한 빗물관리는 자연지형과 토양의 자연정화능을 최대한 이용하고, 개발계획 과정에서부터 적용하는 방법이다(현경학 외, 2008).

도시 같은 인조환경은 에너지 사용의 관점에서 연료-에너지동력계(fuel-powered system)로 볼 수 있다. 석탄, 석유, 천연가스 같은 화석연료를 이용하는 인조환경은 전체 경관 중 적은 부분을 차지하지만 에너지 사용은 집약적이다. 따라서 도시 지역은 많은 양의 에너지를 요구하며 아주 많은 폐열과 오염을 야기한다(오덤, 2009: 23-24).

이상에서 살펴보았듯이 도시는 식량을 생산하거나 공기를 정화시키지 못하고, 물을 재사용할 수 있는 상태로 정화하지 못한다. 따라서 전 세계적으로 도시의 면적이 증가하는 시점에서 도시가 자연환경과 논밭으로 구성되는 순치환경의 침입자임을 인식하는 것이 중요하다.

3

도시 진단하기

신도시를 녹색도시로 설계할 때는 대상지의 자연환경을 정확히 파악하고 분석하여 자연환경에 미치는 악영향을 최소화해야 한다. 기존 도시를 녹색도시로 전환할 경우에는 도시의 자연환경을 조사·분석하여 훼손되지 않은 자연지역을 보존하고 훼손된 자연생태계를 복원하도록 대책을 세워야 한다. 도시를 진단할 때 환경정보는 개발을 제한하거나 위협할 수 있는 환경적 제약조건을 구명하고, 특정 활동에 적합한 환경적 기회를 발견하며, 제안된 개발이나 행위의 결과로 나타날 환경조건의 변화 혹은 환경영향을 예측하는 용도로 사용된다. 이 장에서는 도시의 자연생태계를 진단하는 방법으로 비오톱(biotop)을 조사하거나 비오톱지도(도시생태현황지도)를 이용해 도시의 자연생태계 현황을 정확히 파악하는 방법, 토지적성평가를 통해 토지의 잠재력을 평가하는 방법, 생태발자국과 탄소발자국의 개념을 이용한 생태적 수용능력 측정방법, 지도중첩법과 GIS를 활용한 방법에 대해 알아본다.

비오톱과 비오톱지도

1) 비오톱의 개념

* 서식지와 비오톱
흔히 '서식지(habitat)'와 '비오톱'은 동일한 의미로 사용되고 있으나 대부분의 독일 학자들은 서식지란 개념을 '한 종 또는 한 개체군의 서식공간'이라는 의미로 제한하고 비오톱은 생물군집과 연결시켜 정의하고 있다.

'비오톱(biotop)'*은 그리스어원의 '생활·생명'이란 뜻의 'bios'와 '장소·공간'을 의미하는 'topos'의 합성어이다. Leser(1991)는 비오톱을 '식물과 동물로 구성된 생물군집의 3차원 공간서식지'라고 정의하고(서울시, 2000a: 9에서 재인용), Blab(1999: 26)는 비오톱을 '유기적으로 결합되어 있는 생물군의 서식공간으로 최소한의 면적을 가지며 주변공간과 명확히 구별할 수 있도록 종합된 것'이라고 정의한다. 즉 비오톱은 '공간적 경계를 갖는 특정 생물군집의 서식지'라고 할 수 있으며, 각각의 비오톱은 다른 환경과 구분되는 고유한 환경속성을 지닌다(Schaefer, 1992; 서울시, 2000a: 9에서 재인용).

모든 생물군집은 비오톱이라고 불리는 적당한 서식장소를 필요로 하며, 따라서 비오톱은 생물군집과 함께 생태계를 구성한다. 하나의 경관은 다양한 비오톱의 모자이크로 구성된다. 비오톱은 가치중립적인 개념으로, 특별히 가치가 있고 보호할 필요가 있는 서식공간만을 의미하는 것은 아니다. 종의 보호는 그들의 자연적 서식지에서 가장 이상적으로 이루어질 수 있기 때문에 서식공간, 즉 비오톱의 보호와 유지는 자연보호를 위한 최상의 방법이라고 할 수 있다(서울시, 2000a: 9-10).

2) 비오톱지도화

비오톱지도화는 ① 자연보호와 경관관리를 위한 도구로 사용하고, ② 도시에서의 자연보호를 도모하며, ③ 생태적 도시계획의 기초자료로 사용하고, ④ 정주지에서 환경보호와 지속가능한 개발을 위한 기초 마련을 그 목적으로 한다.

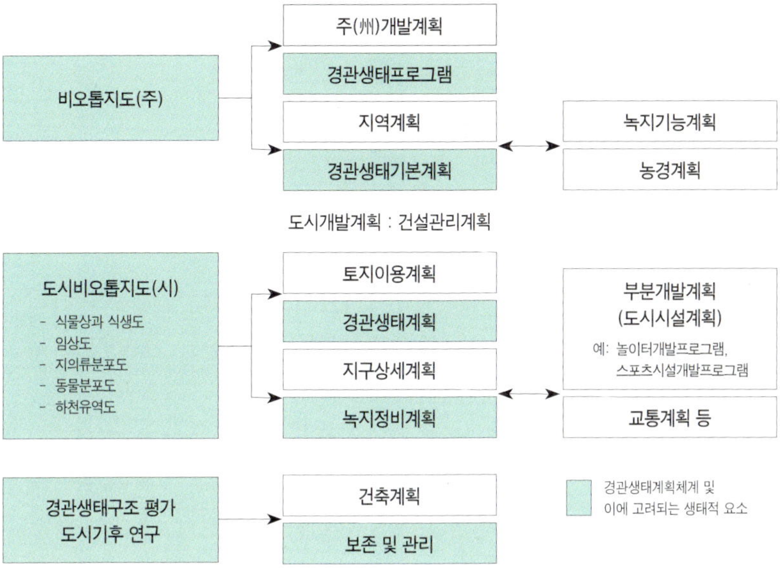

출처: 서울시(2000a), p.172.

그림 3-1.
도시비오톱지도와
도시개발계획
(독일 아우크스부르크)

독일에서는 자연관리, 자연자원의 이용, 동식물, 자연과 경관의 다양성, 고유성 등이 지속가능하게 유지될 수 있도록 비오톱지도를 도시개발계획에 적용하고 있다.

독일에서는 건축법에 정주지에서 비오톱지도화의 필요성을 명확히 제시하고 있기 때문에 모든 지방자치단체는 계획하고자 하는 지역의 포괄적인 현황자료를 수집하고 비오톱의 생태적 평가를 실시해야 한다. 도시의 비오톱지도화는 독일 연방자연보호법에 의한 경관생태계획의 가장 중요한 기초이며, 경관생태계획은 건설관리계획의 핵심적인 부분이기도 하다(그림 3-1 참조). 독일에서는 비오톱지도화 작업을 실시하여 1993년 현재 비오톱지도화가 이루어진 도시는 160곳에 달한다(서울시, 2000a: 12). 우리나라 자연환경보전법은 비오톱지도(도시생태현황지도) 작성을 지방자치단체에게 의무화하고 있으며 서울시와 성남시, 광양시 등이 비오톱지

출처: 서울시 홈페이지.

그림 3-2.
서울시의 비오톱지도
(비오톱유형평가도)

서울시의 비오톱지도는 토지이용현황도, 불투수토양포장도, 현존식생도, 비오톱유형도, 비오톱유형평가도, 개별비오톱평가도 등으로 구성되어 있다.

도화 작업을 수행한 바 있다(그림 3-2 참조).

생태 · 자연도

*** 자연환경보전법**
자연환경의 보호와 생태계의 보전 및 야생동식물의 멸종 방지 등을 위하여 필요한 사항을 규정한 법률(1991. 12. 31 제정).
최근 유네스코가 지정한 생물권보전지역에 대한 재정적 지원과 전국의 자연환경조사 주기를 10년에서 5년으로 조정하는 내용을 담은 자연환경보전법 개정안이 의결되었다.

생태·자연도는 '자연환경보전법'*에 근거하여 지역의 자연성 관리를 위해 전국의 자연환경을 도면으로 작성한 것으로, 2000~2004년간 구축되었다. 생태·자연도는 개발사업을 시행할 때 사전환경성평가나 환경영향평가에 많이 활용되며 개발사업의 허가 여부를 결정하는 주요한 기준이 된다. 생태·자연도를 작성하거나 등급을 평가하기 위해서는 면적이 최소 2,500제곱미터가 되어야 하며, 평가 결과에 따라 1~3등급과 별도관리지역의 네 등급으로 구분한다. 일반적으로 생태·자연도 1등급 권역은 생태적 가치가 높아 보전이 필요한 지역이고 3등급 권역은 개발이나 이용의 대상이 되는 지역이다.

생태·자연도는 전국 자연환경조사 결과에 기초하여 3년마다 작성하며, 필요한 경우 정밀조사·보완조사나 변화관찰 결과를 매년 반영할 수 있다. 생태·자연도를 작성할 때 구체적인 평가항목은 다음과 같다(환경부, 2009b).

- **식생**: 현존식생도, 식생보전등급, 임상도 등 식생의 현황을 파악할 수 있는 자료
- **멸종위기 야생생물**: 자연환경조사보고서, 겨울철 조류 동시센서스보고서, 야생동물실태조사보고서, 멸종위기 야생생물 전국분포조사보고서, 철새도래지, 국제협약보호지역 관련 자료 등 야생생물의 현황을 파악할 수 있는 자료

- **습지**: 전국자연환경조사보고서, 겨울철 조류 동시센서스보고서, 야생동물실태조사보고서, 습지조사보고서 등 습지의 생태적 상태를 파악할 수 있는 자료
- **지형**: 전국자연환경조사보고서, 관련 조사연구보고서 등의 자료

토지적성평가

1) 토지적성평가의 개념

토지적성평가란 토지이용계획을 수립하기 전에 대상토지가 어떤 상태인가, 즉 숲이나 지하수가 있는지, 경사는 어느 정도이며 토질은 어떤지 등 토지 특성에 대한 정보를 수집하고 분석하여 그 특성에 가장 적합한 용도를 찾아내 토지이용을 계획하기 위한 기법이다. 선진국에서는 '토지평가와 지역평가(Land Evaluation and Site Assessment)', '토지적합성분석(Land Suitability Analysis)'이라 해서 토지이용계획을 수립하는 과정에서 토지적성평가를 오래전부터 시행해왔다. 우리나라에서는 국토 난개발에 대한 대책의 일환으로 제정된 '국토의 계획 및 이용에 관한 법률'(약칭 국토계획법) 제27조 제3항(도시관리계획의 입안을 위한 기초조사 등)과 동법 시행령 제21조에 의해 제도화되어 토지적성평가지침에 의거해 전국 지방자치단체별로 실시하고 있다.

2) 토지적성평가의 도입배경

우리나라에서는 1990년대부터 토지이용 규제가 완화되면서 보존가치가 높은 지역이 훼손되거나, 기반시설이 부족한 상태에서 개발이 이루어지는 등 난개발의 부작용이 발생하였다. 이에 대응하기 위해

2000년 5월 정부가 '난개발 방지종합대책'을 발표했는데, 난개발의 주요 원인인 준농림지역의 관리를 강화하고 국토이용관리법과 도시계획법을 통합하여 국토이용체계를 일원화하는 것을 주된 개선방향으로 제시하였다. 특히 준농림지역에서의 토지 난개발이 사회문제화되면서, 토지의 난개발을 방지하고 국토를 계획적으로 관리하기 위해 토지적성평가제도를 도입하였다.

과거에 국토이용계획이나 국토종합개발계획을 수립하는 과정에서 토지적성평가의 필요성이 전문가들에 의해 제기되어왔으나, 토지적성평가에 대한 이해가 부족한 데다 국토의 특성을 조사한 자료가 거의 없어 토지적성평가를 도입하지 못했다. 그동안 국토정보의 자료가 축적되고 전산화되면서 토지적성평가의 가능성이 보이게 되었으며, 아직도 충분한 자료가 축적된 것은 아니지만 최소한의 자료는 활용이 가능하기 때문에 토지적성평가를 시행하게 된 것이다.

국토를 적절히 활용하기 위해서는 무엇보다 개발 대상 토지의 특성을 제대로 알고 그에 가장 적합한 용도로 이용하는 것이 바람직하다. 그동안 우리의 국토이용계획과 국토종합개발계획, 도시계획 등 토지를 이용하는 각종 계획을 수립하는 과정에서 토지적성평가를 수행하지 않았다는 것은 기존 토지이용계획에 불합리한 부분이 있었으며 난개발의 소지를 안고 있었음을 의미한다.

3) 토지적성평가의 기능

'국토의 계획 및 이용에 관한 법률'에서 2014년까지는 토지적성평가가 국토이용계획의 용도지역 중의 하나인 관리지역*을 세분화하여 구분하는 데 이용하도록 하거나(평가체계 I) 각종 사업목적 도시관리계획의 입안을 위한 경우(평가체계 II)로 구분해 사용하도록 규정하고 있었다. 관리지역의 세분화가 2015년에 완료되면서 현재는 도시·군

* 관리지역
용도지역(用途地域) 가운데 준농림지역과 준도시지역을 하나로 묶은 새로운 용도지역 개념을 '관리지역'이라고 한다. 관리지역의 세분화는 2008년 말 현재 서산, 태안과 제주도를 제외하고 대부분 완료된 상태이다.

기본계획을 수립·변경하거나 도시·군관리계획을 입안하는 경우에 행하는 기초조사로서 토지적성평가가 의무화되어 있다. 2009년 8월 제정된 토지적성평가지침에 의하면 토지적성평가는 관리지역 세분을 위한 '평가체계 Ⅰ'과 특정한 도시계획시설설치 및 개발사업을 위한 '평가체계Ⅱ'의 두 가지로 구분되어 있었다. '평가체계Ⅰ'은 '국토의 계획 및 이용에 관한 법률'상의 관리지역을 세분할 때 실시하는 토지적성평가이고 '평가체계Ⅱ'는 도시관리계획지역이 수립되기 전에 개별적인 용도지역 변경이나 도시계획시설 설치 등의 개발사업을 할 때 실시하는 방법이다. '평가체계Ⅰ'에서는 보전, 농업, 개발 적성별로 물리적 특성, 지역 특성, 공간적 입지 특성에 해당하는 지표별 평가기준에 따라 평가점수 값을 산정하고 평가점수를 합계하여 종합적성 값을 산정한다. 종합적성 값은 평균과 표준편차를 이용하여 표준화 값(Zi)에 따라 토지를 5개 등급으로 구분하여 이를 기초로 관리지역을 세분하는 도시관리계획을 수립한다. 개발이 완료된 필지는 우선적으로 우선개발등급(5등급)을, 절대적인 보전이 필요한 필지는 우선보전등급(1등급)을 부여한다. 1·2등급인 경우 보전 및 농업 적성이 강하고, 4·5등급인 경우 개발적성이 강한 것으로 판단한다.

토지적성평가 결과 1·2등급 토지는 주로 보전관리지역 또는 생산관리지역으로, 4·5등급 토지는 계획관리지역으로 편입되고, 3등급 토지는 도시기본계획이나 지역별 개발수요 등을 고려해 보전관리지역, 생산관리지역, 계획관리지역으로 편입된다. 토지적성평가는 기초정보를 제공하는 것으로서 토지적성등급이 관리지역을 세분하는 절대적인 기준은 아니다.

'평가체계Ⅱ'에서는 물리적 특성, 지역 특성, 공간적 입지 특성에 해당하는 평가지표에 따라 개발적성에 해당하는 점수를 산정하여 토지를 A등급(보전적성등급), B등급(중간적성등급), C등급(개발적성등급)의 3개

표 3-1.
토지적성평가의 평가지표

적성구분	평가지표군	
	필수지표	선택지표
개발적성	경사도, 표고, 기개발지와의 거리, 공공편익시설과의 거리	도시용지비율, 용도전용비율, 도시용지인접비율, 지가수준, 도로와의 거리
보전적성	경지정리면적비율, 생태 · 자연도 상위등급비율, 공적규제지역면적비율, 공적규제지역과의 거리	전 · 답 · 과수원면적비율, 농업진흥지역비율, 임상도 상위등급비율, 보전산지비율, 경지정리지역과의 거리, 하천 · 호소 · 농업용 저수지와의 거리, 바닷가와의 거리

출처: 국토해양부(2018a).

등급으로 구분하여 도시관리계획의 입안 여부를 결정한다. 2015년 이후 관리지역 세분이 완료됨에 따라 평가체계 Ⅰ, Ⅱ를 통합하고 용도지역, 용도지구, 도시 · 군계획시설, 지구단위계획구역 등의 도시·군관리계획을 입안하는 경우에 적용하도록 토지적성평가지침을 개정하였다. 신규 평가지표는 표 3-1과 같이 필수지표와 선택지표로 구분하고 필요시 선택지표 대신 대체지표를 사용할 수 있도록 했다.

4) 토지적성평가의 방법과 절차

토지적성평가의 수행절차는 그림 3-3과 같다. (1) 평가지표의 선정은 표 3-1의 선택지표군에서 지역특성에 맞는 개발적성 지표 및 보전적성 지표를 각각 2개씩 선정하는 과정이다. (2) 평가지표별 평가기준의 설정은 평가지표별로 지역상황에 따라 평가기준을 조정 · 확정하는 과정이다. (3) 지표별 평가점수 산정은 필지별 특성값(격자단위로 실시하는 경우에는 격자별 특성값)을 평가기준에 따른 점수값으로 환산하는 과정이다. (4) 특성별 적성값 산정은 토지의 종합적성에 영향을 미치는 개발 및 보전 특성별로 개발 적성값과 보전 적성값을 산출하는 과정이다. (5) 종합 적성값 산정은 개발적성값에서 보전 적성값을 차감하여 필지별 종합 적성값을 산출하는 과정이다. (6) 표준화값 산정은 필지별 종합 적성값을 해당 시·군 전체의 평가대상토지의 적성값 평

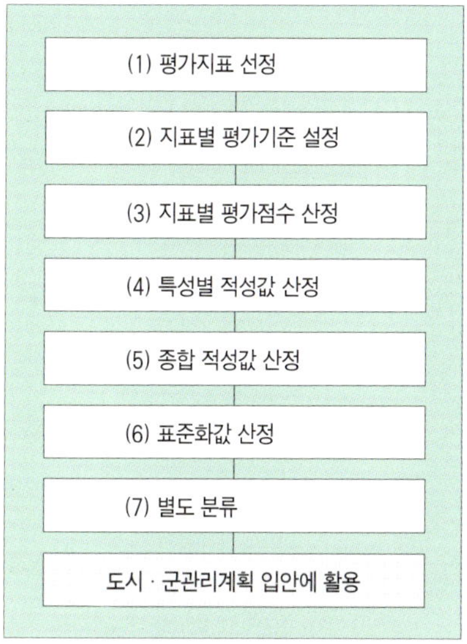

출처: 국토교통부(2018a).

그림 3-3. 토지적성평가 절차의 개요

균과 표준편차를 이용하여 표준정규분포곡선상의 표준화값(Zi)으로 변환하는 과정이다. (7) 별도 분류 절차는 평가대상토지의 객관적 상황에 비추어 보전 적성의 판별이 명백한 경우 필지별 종합 적성값에 관계없이 그 지역을 별도로 분류하는 과정이다(국토교통부, 2018a).

2015년 이후 토지적성평가는 평가체계 Ⅰ, Ⅱ를 통합해 토지적성평가 절차를 수정하고, 종전의 선분류·후평가(선분류하여 평가대상에서 제외)에서 선평가·후분류 체계로 전환하였다. 종전의 개발, 보전, 농업의 3개 적성구분 중 보전, 농업 적성은 보전 적성으로 통합하고, 경사도·표고 지표를 적성 부문 간 중복적으로 평가함에 따라 개발 부문에만 사용하는 등 평가지표를 단순화하였다. 토지적성평가 결과에 따른 도시·군관리계획 입안구역의 적성등급은 가등급부터 마등급까지의 5개 등급으로 구분하고, 도시·군관리계획 입안 시 입안 여부를 판단하거나 토지이용에 관한 계획 수립을 위한 기초자료로 활용하도록 하고 있다.

5) 토지적성평가의 과제

토지적성평가를 위해서 중앙정부에서 제시한 지표 가운데 지방도시계획위원회가 당해 지역에 적합한 토지적성평가지표를 선정한다. 또한 지방도시계획위원회는 토지적성평가 기준의 적정성을 검토·보완하며 지역별 토지적성등급 분포 등을 검토해 개발대상등급과 보전대상등급을 결정한다. 따라서 지방도시계획위원회의 역할과 시·군의 토지적성평가 담당자의 평가능력이 매우 중요하다.

토지적성평가는 전산화된 도면 정보에 의존하기 때문에 현재 토지적성평가 관련 법규는 한국토지정보시스템(KLIS) 자료를 활용하도록 규정하고 있다. 그러나 전국적으로 전산화가 이루어지지 않은 도면 정보가 많고 국토이용계획 등이 GIS 분석이 가능한 전산 도면으로 구축되어 있지 않은 우리 실정에서는 한계가 있다. 또한 토지적성평가의 자료로 활용되는 도면 정보의 축척이 다양하고 작성 시점이 상이해 오차가 발생할 우려도 있다. 현재 토지적성평가는 전문기관에서 개발하여 제공하는 표준프로그램만 사용하도록 하고 있으나, 전문기관 외의 자가 토지적성평가 프로그램을 개발하여 전문기관의 인증을 받은 경우에도 이를 사용할 수 있도록 허용하고 있다.

여홍구와 임종훈(2004: 109-110)의 연구에 의하면 토지적성평가의 평가체계Ⅱ를 시행한 사례를 분석해본 결과 기초자료의 문제, 분석기법의 문제, 제도적 문제, 공간계획적 문제 등이 나타난 것으로 밝혀졌다. 토지적성평가는 처음 시행되는 제도이기 때문에 전국의 시·군에서 토지적성평가에 대한 교육이 필요하며, 토지적성평가의 한계를 보완하기 위한 방안이 시급히 강구되어야 할 것이다.

생태발자국

1) 생태발자국의 개념

생태발자국(ecological footprint)은 도시의 환경용량과 대비하여 도시의 지속가능성과 생태적 수용능력을 평가하는 지표이다. Rees 등에 의해서 1990년 초에 개발된 생태발자국은 한 사람이 살아가는 데 필요한 자연자원의 양을 토지의 개념으로 전환하여 그 면적을 측정하는 것이다. 즉 현행 기술과 자원관리 관행을 이용해 개인이나 인구가 필요로 하는 자원을 생산하고 그것을 소비함으로써 생기는 쓰레기를 흡수하기 위해 생물학적으로 생산적인 토지와 물이 얼마나 필요한지를 측정한 것을 말한다. 이는 자연에 의한 에너지와 물질 생산, 쓰레기의 동화흡수(assimilation)를 위해서는 일정 면적의 토지와 수(水)생태계의 서비스가 필요하다는 전제에서 출발한다. 따라서 어떤 주어진 인구의 생태발자국은 그 인구가 소비할 자원을 지속적으로 생산하고, 발생하는 모든 쓰레기를 동화흡수하기 위해 필요한 생산적인 토지와 물의 총면적으로 정의할 수 있다(Walker and Rees, 1997: 96–112). 생태발자국은 환경생태계획을 수립하는 과정에서 도시환경생태계획의 목표인 지속가능성과 계획 대상 도시의 생태적 수용능력을 측정하는 데 유용

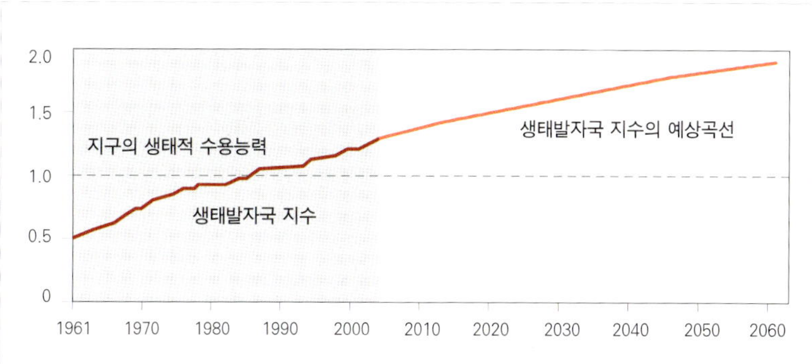

출처: Miller and Spoolman(2009), p.15에서 재작성.

그림 3-4.
생태발자국과 생태적 수용능력의 변화추이

2003년에 인류의 생태발자국 지수는 지구의 생태적 수용능력에 비해 약 25% 정도 높은 것으로 나타났고, 2050년경에는 2배 이상으로 증가할 것으로 예상된다.

하게 사용된다.

생태발자국은 일반적으로 global hectares(gha)로 측정한다. 1gha는 세계평균생산성 수준에서 토지 1ha의 생산능력을 표시한다. 세계 각국의 생태발자국 지수를 살펴보면 국가별로 현저한 차이가 있고 지구의 생태발자국 지수는 계속 상승하여 이미 지구의 생태적 수용능력을 초과하고 있다(그림 3-4 참조).

2) 생태발자국 지수의 산출방법

생태발자국 분석(ecological footprint analysis)은 일반적으로 화석연료(에너지), 건조환경, 음식, 산림 부문으로 나누어 각 범주에 포함되어 있는 여러 가지 소비품목을 생산해내기 위해 필요한 토지면적을 계산한다.

에너지의 환산방법에는 매년 생산적인 토지 1ha에서 생산되는 상업적 에너지를 측정하는 세 가지 방법이 있다. 첫째는 액화연료의 대체물이 갖는 생산능력을 환산하는 것으로, 재생가능한 에너지인 에탄올을 이용하여 환산하면 1년에 1ha당 80기가줄(jules)이 된다. 둘째는 화석연료를 태우는 과정에서 발생하는 이산화탄소를 없애는 데 필요한 토지면적을 측정하는 것이다. 산림은 평균적으로 1년에 1ha당 약 1.8톤의 탄소를 축적할 수 있고, 이는 화석연료 100기가줄을 소비할 때 발생하는 이산화탄소를 없앨 수 있다. 셋째는 화석연료가 소비되는 것과 같은 비율로 자원을 다시 만들어내기 위해 필요한 토지면적을 측정하는 것이다. 1ha의 삼림은 재생가능한 생체량 에너지(biomass energy)를 1년 동안 80기가줄 정도 축적할 수 있다. 즉 토지 1ha는 1년에 80기가줄의 생체량 에너지에 해당한다.

건조환경(built environment)의 환산방법에 따르면 포장된 길, 운동장, 주택용지, 공업용지 등 건물이 들어선 땅이나 심하게 훼손된 땅은 더 이상 생산적인 기능을 하지 않기 때문에 소비된 것으로 간주한다. 음식의 환산방법은 인간이 일상생활을 유지하기 위해 섭취하는 여러 음식물을 생산하기 위해 필요한 토지면적을 계산하는 것이다. 산림의 환산 방법은 지류, 펄프, 포플러 제품 등 다양한 용도로 사용되는 목재를 생산하는 산림이 훼손된 부분을 토지면적으로 환산하는 것이다.

생태발자국 지수는 절대적 지수가 아니라 상대적 지수이다. 생태발자국 지수가 높은 지역이 낮은 지역보다 절대적인 소비량이 많은 것이 아니라 그 지역의 토지산출률에 비해 상대적으로 높은 소비수준임을 의미한다. 예를 들면, 다른 지역에 비해 1인당 소비량이 많다고 하더라도 토지산출률이 다른 지역에 비해 높다면 그 지역의 생태발자국 지수는 오히려 다른 지역보다 낮을 수 있다.

3) 생태발자국 지수의 비교

1993년 지구 전체의 생산가능한 토지면적을 인구수로 나누었을 때 1인당 생산적인 토지면적은 1.51ha인데 생태발자국 지수는 1.78gha여서 인류는 주어진 자원보다 1인당 0.27ha를 더 소비하는 것으로 나타났다. 2016년에는 지구 전체의 1인당 생태발자국 지수는 2.8gha인데 지구의 생태적 수용력은 1인당 1.6gha로 나타났다. 다른 말로 하면 지구상의 인구가 살아가기 위해서는 지구의 1.75배가 필요하다는 얘기이다. 1993년과 2016년을 비교하면 생태발자국 지수가 급격히 증가했음을 알 수 있다. 세계 대도시의 생태발자국 지수를 살펴보면 런던은 6.63gha(2000), 홍콩은 4.9gha(2007), 베를린은 4.06gha(2000), 베이징은 3.9gha(2008), 상하이는 3.8gha(2007), 싱가포르는 5.4gha(2007), 서울은 5.15gha(2003)로 나타났다(WWF and GFN, 2010; City Limits London, 2002). Wackernagel 등(2002)은 지구의 생산적 토지면적이 1인당 1.9ha인데, 현재의 소비 수준을 유지하기 위해서는 1인당 평균 2.3ha 정도의 생산적 토지가 필요한 것으로 나타나 우리의 소비생활

단위: gha/명

표 3-2. 한국과 일본의 생태발자국 지수 비교 (2007)

구분	인구 (천 명)	농지의 생태 발자국	초지의 생태 발자국	산림의 생태 발자국	어장의 생태 발자국	탄소 발자국	건조 지역의 생태 발자국	전체 생태 발자국 (a)	현재의 생물학적 능력 (b)	국가의 생태적 부족분 (b-a)
한국	47,960	0.75	0.08	0.26	0.54	3.17	0.07	4.87	0.33	-4.54
일본	127,400	0.57	0.07	0.27	0.62	3.13	0.06	4.73	0.60	-4.13

자료: Global Footprint Network(2010), pp. 50-51의 통계에서 재작성.

이 지구의 환경용량을 크게 초과하고 있다고 지적하였다.

2007년 한국과 일본을 비교할 때 1인당 생태발자국 지수는 한국 4.87gha, 일본 4.73gha이며, 1인당 생태적 수용능력은 한국 0.33gha, 일본 0.60gha로 나타났다. 즉 한국이 일본보다 생태발자국 지수는 높지만 생태적 수용능력은 오히려 더 낮아서 우리나라의 생태적 부족분이 훨씬 많은 것으로 나타났다(표 3-2 참조).

생태발자국 분석은 유럽 도시에서도 적용되어 Folke 등은 발틱 지역의 29개 대도시를 대상으로 도시면적의 565~1,130배의 생태발자국을 산출했는데, 이는 시민 1인당 음식, 에너지와 쓰레기 흡수 수요를 위해서는 6만 제곱미터에서 11만 5,000제곱미터의 토지가 필요함을 의미한다. 서스테이너블 런던 트러스트(Sustainable London Trust)가 런던 시에 생태발자국 분석을 적용한 사례도 있다(Beatley, 2000: 18-19).

4) 도시밀도와 생태발자국의 연관성

주거유형과 밀도는 소비패턴에 영향을 미친다. 주거유형에 따라 에너지 소비의 64%(캐나다의 브리티시 콜롬비아 시 주택의 경우)를 차지하는 냉난방 에너지 소요량이 달라진다. 도시형태와 교통에너지 소비의 연관성에서 중요한 요소는 밀도와 토지이용의 혼합도이다. 예를 들면, 주거지역 밀도가 1ha당 15~30호일 경우 비용효율적인 버스나 고속수송(rapid transit) 서비스를 제공할 수 있는 한계점이라고 제시한 바 있다. 건물은 도로, 보도, 가로등, 상하수도 같은 기반시설을 필요로 한다. 밀도와 대지면적, 개발의 연접성, 주거의 특성, 중심시설과의 거리, 주거지의 규모 등이 기반시설비용과 자원소비에 영향을 미치는 주요 변수이다.

캐나다에서 기존 주거지를 가정하여 단독주택, 연립주택, 저층아파트, 고층아파트 등의 네 가지 주거유형별로 생태발자국을 추계한 연구에서 1인당 생태발자국은 표준 단독주택의 경우 약 1.5gha인데, 단독주택 대비 연립주택은 78%, 저층아파트는 64%, 고층아파트는 60%로 나타났다. 밀도와 생태발자국의 관계를 그래프로 그려보면 주민 1인당 생태발자국은 저밀 단독주택과 중밀 연립주택과 저층아파트로 갈수록 급격히 하락하고, 중밀 아파트와 고밀 고층아파트 사이에서는 서서히 하락한다(Walker and Rees, 1997: 96–112).

김경태 등(2006)이 우리나라 35개 도시를 대상으로 생태발자국을 분석한 결과에 따르면, 제주시가 1인당 소비수준이 가장 높고(7.741ha), 제천시의 소비수준이 가장 낮은 것으로(2.007ha) 나타났다.* 생태발자국 지수(EF)만으로 도시의 환경용량의 수준과 적정규모가 어느 정도인지 절대적인 수치로 계산하기에는 한계가 있기 때문에 생태적자(生態赤字) 분석을 통해 환경용량의 초과 여부를 상대적으로 평가할 수 있다. '생태적자'란 소비를 위해 사용된 토지면적이 그 지역의 생태적 생산토지(ecological productive land, EPL)에 비해서 얼마나 높은 비율을 차지하는지를 나타내는 개념으로, 산정식은 다음과 같다.

* 필자에 따라 'ha'로 쓰고 있으나, 엄격하게 말하면 'gha'가 정확한 단위임.

$$\text{생태적자} = \frac{\text{1인당 EF} - \text{1인당 EPL}}{\text{1인당 EPL}} \times 100$$

1인당 생태적자는 서울이 2.935ha, 광주가 7.668ha, 인천은

7,309ha로 나타났다. 서울특별시는 생태적으로 생산적인 토지면적의 16만 1,690%를 초과하고 있어 생태계에 많은 빚을 지고 있는 것으로 나타났다. 서울시가 자급자족한다고 할 때 현재의 소비수준을 유지하기 위해서는 서울시 면적의 501배인 약 30만 제곱킬로미터가 필요한 것으로 분석되었다.

탄소발자국

탄소발자국(carbon footprint)은 인간활동이 환경에 미치는 영향을 이산화탄소 단위로 측정한 것이다. 즉 탄소발자국이란 생산품의 생애 단계별로 축적되거나 활동에 의해 직간접적으로 야기된 이산화탄소의 배출 총량을 측정한 값이라고 할 수 있다. 이때 '활동'에는 개인, 기업, 정부, 기구, 산업, 인구 등의 부문이 포함되고, '생산품'에는 재화와 서비스가 포함된다(Widemann and Minx, 2007). 영국의 카본 트러스트(Carbon Trust)에서는 탄소발자국을 '개인이나 조직, 이벤트와 상품에 의해 직접 혹은 간접적으로 야기된 온실가스의 총량을 측정한 값'이라고 정의하고 있다.

온실가스는 교토의정서에서 정한 이산화탄소(CO_2) 메탄(CH_4), 아산화질소(N_2O), 수소불화탄소(HFCs), 과불화탄소(PFCs), 육불화황(SF_6) 등 6종을 대상으로 측정하며, 탄소발자국은 tCO_2e(tonnes of carbon dioxide equivalent)로 표시한다.* 지구생태발자국네트워크(Global Footprint Network)에서는 배출된 이산화탄소를 흡수하기 위해 필요한 생산적인 토지와 바다의 면적으로 환산해 탄소발자국을 측정하고 있다.

탄소발자국은 생태발자국의 부분집합으로, 개인이나 단체가 지구

*carbon dioxide equivalent(CO_2e)는 다른 온실가스를 이산화탄소 1단위에 대비해 동일한 기준으로 환산한 값으로, 6종의 온실가스 각각의 배출량에 100년의 지구온난화잠재력(GWP)을 곱하여 산출한다(Carbon Trust 홈페이지).

온난화에 미치는 영향을 개념화하는 데 유용하다. 탄소발자국에 대응되는 개념으로는 '탄소상쇄(carbon offsets)' 혹은 태양열, 바람에너지, 조림사업과 같은 대안적 프로젝트 개발을 통한 '탄소배출 완화'를 들 수 있다.

탄소발자국은 1차 탄소발자국과 2차 탄소발자국으로 나뉜다. 1차 탄소발자국은 에너지 소비와 교통을 포함한 화석연료의 연소로부터 배출되는 이산화탄소를 측정한 것으로 이는 직접 통제가 된다. 2차 탄소발자국은 우리가 사용하는 생산품의 전 생애과정에서 배출되는 간접적인 이산화탄소 측정치이다. 단순히 본다면 우리가 더 많이 구입하면 이산화탄소의 배출이 더 많이 일어나게 된다. 예를 들면, 워커스(Walkers)사의 '치즈와 양파 감자칩(Cheese and Onion Crisps)' 한 봉지를 생산하는 데 소모되는 탄소의 양은 75그램(3온스)으로 측정되는데, 그림 3-5에는 탄소발자국 개념에 의거해 각각의 공정에 소모되는 탄소의 양이 백분율로 표시되어 있다.

탄소발자국은 인류의 전체 생태발자국의 54%를 차지하고 있으며 1961년 이후 11배나 증가했다(Global Footprint Network 홈페이지). 지구생태발자국네트워크에서 생태발자국의 일환으로 산출한 탄소발자국은 2007년 현재 지구 전체로는 1인당 1.44gha이고 일본은 3.13gha,

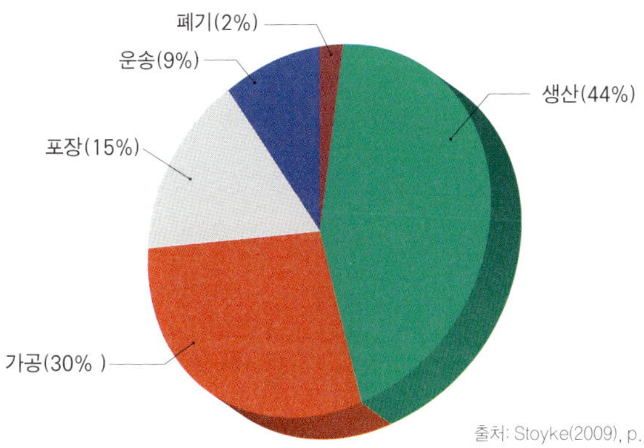

출처: Stoyke(2009), p. 41에서 재작성.

그림 3-5.
탄소발자국 개념의 예

카본 트러스트는 '치즈와 양파 감자칩(Cheese and Onion Crisps)' 한 봉지를 생산하는 각각의 공정에 소모되는 탄소의 양을 백분율로 표시하였다.

우리나라는 3.17gha로 나타났다.

지도중첩법과 GIS

지도중첩법은 도시의 계획대상지의 공간 자료와 환경분석 자료를 수집하고 수집된 각각의 자료별로 지도상에 표현한 후 개별 지도를 중첩시켜 공간과 환경분석 정보를 종합하는 방법이다. 지도중첩법은 Charles Elliot에 의해 시작되어 Lou Hopkins, Phil Lewis, Angus Hill에 의해 1960년대에 발전하다가, 1970년대 Ian McHarg에 의해 조경계획과 설계 분야에서 활용되었다. 1980년대에 들어 지도중첩법은 방대한 자료를 처리하기 위해 공간 자료 운영도구로 GIS(geographic information system)를 활용하게 되었다(Motloch, 2001: 320). 오늘날에는 ArcGIS, ArcView, ArcInfo 등의 데스크톱 PC용 GIS 프로그램이 개발되어 도시 내 계획대상지의 공간 자료를 지도화하는 작업을 손쉽게 처리하고 있다. ArcInfo는 ArcView와 ArcEditor의 기능을 모두 포함하여, 완전한 데스크톱 GIS 기능을 지원한다.

GIS의 중요한 기능 중의 하나는 시각화(visualization)이다. GIS의 지도제작능력은 토지이용, 환경자원, 토지이용 변화, 토지이용의 기회를 시각적으로 표현하는 것을 크게 향상시켜주었다(그림 3-6 참조). 또한 계획대상지의 공간 자료를 전달하며 인터넷을 통해 쌍방향의 지도제작이 가능하게 되었다. 공간 자료를 분석하고 관리하는 데 도움을 줄 수 있는 무한한 잠재력으로 인해 GIS는 토지이용계획, 환경정보의 파악과 모니터링, 위기관리, 시민참여뿐 아니라 경제개발, 주택, 공공사업, 교통, 법률의 집행, 공중보건 등의 공공정책이나 정부의 정책결

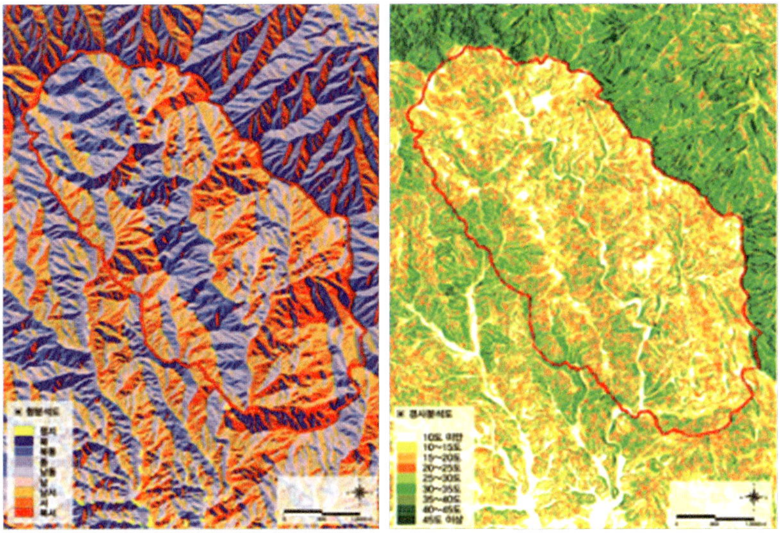

그림 3-6.

GIS 분석 사례

왼쪽은 향분석도이고 오른쪽은 경사분석도이다. 녹색도시를 설계할 때 자연환경에 대한 GIS 분석을 적용하면 토지이용별 적지를 찾아낼 수 있다.

정에 광범위하게 활용될 수 있다(Randolph, 2004: 302–306). 특히 녹색도시를 계획하는 과정에서는 도시개발 대상지의 지형, 식생, 수문 등의 자연환경 자료에 대해 GIS 분석을 실시하여 개발적지와 보전적지를 찾아내고, 구체적으로는 녹지축과 생태주거단지, 주거지, 공업용지 등 토지이용별 적지를 찾아낼 수 있다.

4

탄소중립도시 만들기

지구온난화를 유발하는 주된 요인은 과다한 온실가스이며 그중 대표적인 것이 이산화탄소(CO_2)로 알려져 있다. 이산화탄소는 자동차, 냉방과 난방 등 우리가 도시에서 편리한 삶을 영위하기 위해 필요한 시설들을 운영하는 과정에서 발생한다. 녹색도시를 만들기 위해서는 이산화탄소의 배출량을 최소화하고 흡수량을 최대화해서 결과적으로 이산화탄소의 배출을 '0'으로 만드는 '탄소중립'을 실현하는 것이 중요한 과제다. 이 장에서는 탄소중립도시를 만들기 위해서 화석에너지 사용을 줄이는 방법과 함께 새로운 자연에너지를 활용하는 방법을 살펴본다. 특히 기존에 고려가 부족했던 에너지절약형 조경설계기법을 제시하여 화석에너지 사용을 줄이는 설비 외에도 바람, 식생 등 자연환경을 보다 적극적으로 활용함으로써 탄소중립이 실현될 수 있음을 보여준다. 또한 탄소중립을 위해서 기존 화석연료를 대체할 수 있는 신·재생 에너지로 태양광발전, 바이오매스 등의 특징과 동향을 제시한다.

탄소중립도시

탄소중립(Net-zero)은 대기중 온실가스 제거량이 나머지 배출원의 배출량을 상쇄해서 순배출량을 제로(0)로 만드는 것을 말한다. 최근에는 일상생활에서 발생하는 온실가스를 산정하고 감축목표를 수립한 후 자체 활동과 표준상쇄방안을 통해 온실가스 배출량을 제로(0)로 만드는 자발적 온실가스 감축 실천운동을 말하기도 한다. 탄소중립도시(carbon neutral city)란 지구온난화의 주범인 온실가스 배출을 최대한 줄이고 발생한 온실가스를 흡수하여 온실가스 순배출량을 궁극적으로 제로화하는 도시를 말한다.

가정, 사업장, 수송, 공장 등 우리 생활의 모든 부문에서 온실가스가 배출되기 때문에 개인과 기업, 정부가 공동으로 노력해야 탄소중립을 달성할 수 있다. 표 4-1은 일상생활에서 생활방식을 바꾸면 온실가스를 감축할 수 있음을 잘 보여준다.

에너지관리공단에서는 탄소중립 프로그램에 참여하는 개인과 기업이 이산화탄소 감축 효과를 측정하는 데 도움을 주기 위해 주요 에

표 4-1. 온실가스 감축을 위한 10대 실천방안

실천방안	연간 온실가스 감축량
다림질은 모아서 한꺼번에 하기	5만 7,000 tCO_2
승용차 요일제에 참여하기	297만 4,000 tCO_2
차 트렁크에 불필요한 짐 싣지 않기	1만 9,000 tCO_2
불필요한 자동차 공회전 하지 않기	60만 7,000 tCO_2
가까운 거리는 걸어가고 대중교통 이용하기	68만 8,000 tCO_2
겨울철 건강온도 18~20℃ 유지하기	664만 2,000 tCO_2
여름철 건강온도 26~28℃ 유지하기	284만 3,000 tCO_2
사용하지 않을 때는 컴퓨터 꺼두기	24만 8,000 tCO_2
사용하지 않는 조명 끄기	41만 8,000 tCO_2
압력밥솥 사용하기	34만 8,000 tCO_2

출처: 지식경제부 · 에너지관리공단(2008a).

표 4-2. 탄소중립 프로그램의 배출계수

항목	구분				배출계수
건물	전기사용량	전기			0.469 kgCO_2/kWh
	난방사용량	실내등유			2.452 kgCO_2/L
		보일러등유			2.502 kgCO_2/L
		도시가스(LNG)			2.258 kgCO_2/m^3
		연탄			7.719 kgCO_2/장
		지역난방			0.186 kgCO_2/Mcal
	건물(면적)	업무용			0.008 kgCO_2/m^2 · 시간
		상업용			0.012 kgCO_2/m^2 · 시간
		교육용			0.006 kgCO_2/m^2 · 시간
		호텔			0.015 kgCO_2/m^2 · 시간
		병원			0.015 kgCO_2/m^2 · 시간
		아파트			0.005 kgCO_2/m^2 · 시간
수송	자가용	승용차	1,000cc 이하	휘발유	0.131 kgCO_2/km
			1,000~1,600cc	휘발유	0.163 kgCO_2/km
				경유	0.141 kgCO_2/km
			1,600~2,000cc	휘발유	0.200 kgCO_2/km
				경유	0.203 kgCO_2/km
				LPG	0.190 kgCO_2/km
			2,000~3,000cc	휘발유	0.232 kgCO_2/km
				경유	0.229 kgCO_2/km
			3,000cc 초과	휘발유	0.252 kgCO_2/km
				경유	0.304 kgCO_2/km
		승합차	1,000cc 이하	LPG	0.149 kgCO_2/km
			2,000~3,000cc	경유	0.242 kgCO_2/km
				LPG	0.252 kgCO_2/km
		화물차	1,000cc 이하	LPG	0.141 kgCO_2/km
			1,600~2,000cc	경유	0.221 kgCO_2/km
			2,000~3,000cc	경유	0.233 kgCO_2/km
				LPG	0.214 kgCO_2/km
			3,000cc 초과	휘발유	0.390 kgCO_2/km
	대중교통	철도			0.700 kgCO_2/인
		지하철			0.127 kgCO_2/인
		시외(고속)버스			4.647 kgCO_2/인
		시내버스			1.145 kgCO_2/인
		택시			1.750 kgCO_2/인

출처: 지식경제부(2008b), 에너지기본법, IPCC 가이드라인, 에너지관리공단(2010).

너지 소비행위별로 배출계수를 산출해 공지하고 있다(표 4-2 참조). 이를 통해 개인과 기업은 기울인 노력에 대한 탄소감축량을 스스로 측정해볼 수 있다.

탄소중립도시를 위한 도시계획 요소와 기법

탄소중립도시를 조성하기 위해서는 새로운 차원의 도시계획기법이 요구되는데, 반영운·이재준 등(2008)은 한국 상황에 적합한 탄소중립도시 계획요소 27개(탄소저감 요소 12개, 탄소흡수 요소 15개)를 표 4-3과 같이 제시한 바 있다. 탄소저감 요소로는 에너지 저감을 위해 신·재생에너지 요소(액티브 솔라시스템, 패시브 솔라시스템, 풍력에너지, 지열에너지 등)와 에너지절약 요소(고단열·고기밀 자재, 자연채광과 차양, 자전거도로, 보행자도로 등)를 들고 있다. 자원저감을 위해서는 자원순환 요소(중수, 빗물저장탱크, 천연재료 등)와 폐기물 저감 요소(음식쓰레기 퇴비화)를 제시하였다. 탄소흡수 요소로는 단지녹화 요소(생태공원, 텃밭 등)와 입체녹화 요소(지붕녹화, 벽면녹화, 친환경 방음벽 등), 그린네트워크 요소(그린웨이, 경관림, 생물이동통로, 바람통로 조성 등)와 수자원 요소(빗물저류지, 투수성 포장, 잔디 도랑, 실개천 조성, 자연지반 보존, 서식처 연못 등)를 탄소중립도시 계획요소로 제시하였다.

에너지나 산업, 자동차에 못지않게 도시 형태, 토지이용, 공간구조와 배치, 지형 등의 요소가 이산화탄소 배출에 영향을 미친다. 도시 형태, 토지이용, 공간구조 등은 도시를 계획하고 설계하는 단계에서 결정되기 때문에 이산화탄소 배출을 억제하기 위해서는 도시를 계획하고 설계하는 단계에서의 계획기법이 필요하다.

이산화탄소 배출을 억제하는 도시계획을 위해서는 첫째, 공간구조에서 분산적 집중화(decentralized concentration)가 이루어진 도시를 계획해야 한다. 도시 기능이나 기반시설이 집중되면 이동거리가 단축되지만 지나치게 집중되면 인구 과밀과 교통체증을 유발하여 불필요한 에너지 소비가 일어나게 된다. 따라서 어느 정도 분산시키면서 집중화를 이루는 '분산적 집중화'가 필요한 것이다. 압축도시(compact city),

표 4-3.
탄소중립도시의 계획요소

구분	계획요소			도시	단지	건축
탄소 저감	에너지 저감 (8개)	신·재생에너지	액티브 솔라시스템			○
			패시브 솔라시스템			○
			풍력에너지		○	
			지열에너지		○	
		에너지 절약	고단열·고기밀 자재			○
			자연채광과 차양			○
			자전거도로	○		
			보행자도로	○		
	자원 저감 (4개)	자원순환	중수		○	
			빗물저장탱크		○	
			천연재료			○
		폐기물 저감	음식쓰레기 퇴비화		○	
탄소 흡수	녹지 (9개)	단지녹화	생태공원		○	
			텃밭		○	
		입체녹화	지붕녹화			○
			벽면녹화			○
			친환경 방음벽	○		
		그린네트워크	그린웨이	○		
			경관림	○		
			생물이동통로	○		
			바람통로	○		
	수자원 (6개)	수자원 절약	빗물저류지	○		
		수순환체계	투수성 포장		○	
			잔디도랑		○	
			실개천	○		
			자연지반 보존		○	
		수생비오톱	서식처 연못		○	

출처: 반영운·이재준 외(2008), p. 8.

네트워크시티 등은 이러한 맥락의 도시 형태이다.

둘째, 대중교통 중심의 교통구조를 갖춘 도시계획이 이루어져야 한다. 자가용은 에너지 측면에서 보면 가장 비효율적이고 온실가스를 많이 배출하는 교통수단이다. 자가용을 많이 이용할수록 교통체증이 유발되고 교통체증은 불필요한 에너지 소비를 발생시킨다. 표 4-2에서 보는 바와 같이 탄소배출계수로 보아도 자가용 승용차가 대중교통수단보다 몇 배나 많은 이산화탄소를 배출함을 알 수 있다. 따라서 탄소중립도시를 위해서는 반드시 대중교통·자전거·보행 위주의 교통구조로 도시를 계획해야 한다.

셋째, 에너지를 절약하고 신·재생에너지를 활용하는 도시로 계획해야 한다. 에너지 절약을 위해 단열과 자연형(passive-mode) 시스템을 활용한 건축을 적극적으로 도입하고 태양열과 태양광 같은 태양에너지, 지열, 풍력, 바이오에너지 등의 신·재생에너지를 적극적으로 활용하는 도시계획을 수립해야 한다. 독일의 프라이부르크 시는 2030년까지 공공기관과 민간부문 모두 전력사용량의 10%를 신·재생에너지로 공급하는 것과 이산화탄소 발생량을 25% 감축하는 목표를 설정하고 도시계획 관련 제도를 함께 마련하였다. 스웨덴의 말뫼(Malmö) 시도 필요한 에너지의 100%를 신·재생에너지로 충당하고 있다.

넷째, 녹지는 탄소를 흡수하는 능력이 있기 때문에 도시 내에 녹지를 적극적으로 보전하고 조성해야 한다. 수종과 임령(나무의 나이)별로 탄소흡수량이 다른데, 국립산림과학원의 자료에 의하면 30년생 신갈나무 한 그루가 연간 이산화탄소 10킬로그램을 흡수하는 것으로 나타났다. 따라서 탄소중립도시를 위해서는 도시계획 단계에서부터 도로, 상하수도 같은 도시인프라와 마찬가지로 녹지축과 같은 그린인프라(green infrastructure)를 도시의 필수요소로 계획해 조성해야 한다.

열섬현상에 대한 대책

열섬현상(heat island effect)은 그림 4-1에서 보는 바와 같이 도시 내부의 기온이 교외 주거지역이나 농촌지역보다 급격히 높아지고 도심부로 갈수록 기온이 점차 높아지는 현상을 말한다. 도시의 열섬현상을 일으키는 요인을 살펴보면 다음과 같다(Yeang, 2006: 161-164). 첫째, 지표면의 변화를 들 수 있다. 지면에 빌딩의 밀도가 높아지면 햇빛이 여러 면으로부터 반복하여 반사됨으로써 대기의 온도가 높아진다. 일반적으로 고밀도의 환경에서는 풍속이 느려지고 투수성 지표면이 줄어들어 물이 지면에 저장되는 능력이 감소함으로써 지면으로부터 열의 방사량이 증가한다. 또한 열성능이 높은 재료(아스팔트나 콘크리트)로 지면이 덮여 있어 낮에 흡수된 태양열이 밤에 방출되어 열대야현상이 생긴다. 둘째, 높은 에너지 소비를 들 수 있다. 에어컨, 조명, 자동차, 공장 등에서 에너지를 소비할 때 발생하는 인공열이 열섬현상을 일으키는 것이다. 셋째, 대기오염을 원인으로 들 수 있다. 대기오염이 스모그를 생산하고 스모그가 열을 가두어둠으로써 도시 전체가 오염된 공기로 둘러싸인 온실로 변한다.

도시의 녹지가 열섬현상을 완화시킨다는 연구결과가 나와 있다. 일본의 와카야마 시에서 녹지인 와카야마공원 안과 주변의 기온 차이는 1.5~2.0℃에 달하고 녹지 주변 50~80미터의 범위에서 기온이 낮아지는 것으로 밝혀졌다. 큰 녹지는 섬 모양으로 냉기가 모이는 냉섬(cool island)을 형성하고, 냉섬에서 주변지역으로 냉기가 퍼져 나간다. 도쿄 도심의 녹지율을 27.3%에서 39.5%로 증가시킬 경우를 도시기후예측

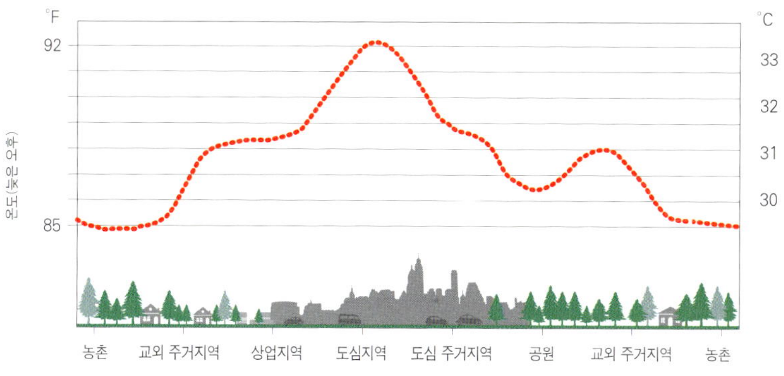

그림 4-1. 농촌에서 도시지역에 이르기까지의 온도변화 양상

농촌과 도시의 경계에서 급격한 온도 변화에 의해 열섬현상이 발생하며, 도시 중심부로 가면서 온도가 다시 서서히 증가하는 양상을 보인다.

출처: Heat Island Group Lawrence Berkeley National Laboratory(http://eetd.lbl.gov/HeatIsland/).

시스템을 사용해 예측해본 결과 일평균 최고기온과 최저기온이 0.3℃ 낮아지는 것으로 나타났다(梛野良明, 2011: 19–20).

녹지가 도시의 열섬현상을 완화시키는 효과를 토지이용정책에 반영한 도시로는 독일의 슈투트가르트, 프라이부르크, 만하임을 들 수 있다. 열섬효과 감소를 목표로 한 이들 도시의 토지이용정책은 최소 500미터 폭의 '녹색통로(green corridor)'와 최소 250미터 폭의 '녹색휴식(green breaks)' 등 오픈스페이스를 위한 최소한의 기준을 제시하고 있고, 만하임에서는 충전식 개발(infill development)을 할 때 나타나는 열 효과를 고려하고 있다(Beatley, 2000). 또한 열섬현상의 감소와 이산화탄소(CO_2)의 흡수, 온실가스 배출감소를 위해 녹지 조성을 기후계획에 포함시키는 도시도 있다. 뉴욕 시의 PlaNYC 기후계획은 2030년까지 추가로 10만 그루의 나무를 심어 가능한 모든 공간을 녹화하려는 목표를 세웠다(City of New York, 2007).

도시의 열섬현상을 감소시키기 위해서는 다음과 같은 다양한 대책이 필요하다(Yeang, 2006: 161–164).

① 식생지역이나 옥상녹화지역을 최대한 확대하고 식생패턴과 도시경관의 유형을 선별적으로 배분함으로써 식생면적을 증가시킨다.
② 열을 흡수하는 지표면(아스팔트, 콘크리트 포장)을 감소시킨다.
③ 태양열을 적게 흡수하는 재료와 지표면, 배치 패턴을 가진 도시형태로 바꾼다.
④ 건물의 크기와 모양, 건물 집합 같은 개별 건물 형태가 열섬효과를 조장하지 않도록 한다.
⑤ 열섬현상을 감소시키도록 지붕, 지표, 건물 색채를 선택한다(예: 검은색과 어두운 색을 피하고 흰색과 밝은 색을 채택).
⑥ 열섬효과를 감소시키는 속성(예: 반사도, 열흡수 등)이 있는 표면 재

료를 사용한다.

⑦ 노출된 표면에는 옥상녹화와 같이 조경을 증대하여 그늘을 제공할 수 있도록 한다. 수목은 그늘을 제공할 뿐 아니라 대기 중에 산소를 공급하고 먼지와 오염을 감소시키는 장점이 있다.

⑧ 설계된 시스템을 둘러싼 보다 넓은 지역의 기후에 열섬현상이 영향을 미치지 않도록 건물 형태를 지역의 지형에 맞추어 설계한다.

⑨ 공기의 흐름, 태양과 하늘의 조망, 노출된 표면에 영향을 주도록 건물의 형태, 매스, 밀도, 이격거리를 설계한다.

⑩ 기온의 상승과 냉각, 시각적 쾌적조건, 대기오염의 확산을 통제하기 위해 도로의 폭과 건물 높이의 비율과 향을 설계한다.

⑪ 건물의 열 획득과 손실, 외벽면의 알베도(albedo)와 열성능에 영향을 주도록 건물 형태를 설계한다.

⑫ 열 흡수, 열량 매스의 저장과 방사율을 통제하도록 재료와 외벽 마감재를 채택한다.

⑬ 건물 표면에 식생의 증발산과 증발산 냉각 과정을 이용하고 녹지 공간과 통합한다.

⑭ 대기오염과 소음 발생, 열 발산을 줄이기 위해 교통량을 줄이고 교통시스템을 분산, 우회하도록 설계한다.

⑮ 미기후와 인간과 야생동물의 서식처에 미치는 영향을 최소화하기 위해 지붕 이외의 다른 지표면의 열섬현상을 감소시킨다.

⑯ 조경을 통해 건축물의 표면에 그늘을 만들고 건설로 인해 남겨지는 발자국(footprint)을 최소화한다.

⑰ 열 흡수를 감소시키기 위해 옥상정원, 격자형 잔디블록포장(open-grid paving)과 같은 식생면으로 기존의 표면(지붕, 도로, 포장 등)을 대체하거나 알베도가 높은 재료를 사용한다.

⑱ 부지의 불투수성 표면에는 그늘을 주고 격자형 블록포장과 알베

도가 높은 밝은 색채의 재료를 사용한다. 주차장, 보도, 광장 등에 캐노피나 그늘시렁으로 그늘을 제공한다.

⑲ 주차장을 지하에 두거나 주차건물을 사용한다. 주차장 지역은 격자형 잔디블록포장시스템을 사용한다.

⑳ 열 흡수를 줄이기 위해 알베도가 높은 지붕이나 식생지붕을 설치한다.

㉑ 건물의 기계적, 전기적 시스템에 프레온가스(CFC)를 기반으로 한 냉각재를 절대 사용하지 않는다.

건물의 에너지성능 개선

1) 건물유형별 에너지성능 개선 요소

탄소중립도시를 만들기 위해서는 주요 에너지 소비원인 건물의 에너지성능을 개선하는 것이 중요하다. 건물의 유형별로 에너지성능을 개선하기 위한 요소기술을 살펴보면 우리나라에서는 표 4-4에서 보는 바와 같이 주거용 건물의 경우 주로 건축 부분에서 벽체의 단열 개선과 창문의 효율 개선이 매우 중요하고, 다른 건물에 비해 단독주택의 옥상녹화 효과가 가장 큰 것으로 나타났다. 비주거용 건물의 경우 설비 부분에서 공조 시스템 용량 최적화와 에너지관리시스템 도입이 우선되어야 하고, 창문 효율의 개선이 필요하다. 학교의 경우에는 벽체의 단열 강화와 창문 효율의 개선이 매우 중요하다.

2) 자연형 건물 설계

건축에서의 외피시스템의 디자인, 건물 형태, 설계시스템의 계획은

에너지성능 개선요소		주거용 건물				비주거용 건물					역사적 건물
		공동주택	단독주택	다세대	주상복합	사무소	백화점	학교	호텔	병원	
건축	지붕단열 강화	△	⊙	⊙	△						⊙
	옥상녹화	○	●	⊙	○	⊙	○	⊙	○	⊙	
	지붕반사율 조절	△	△	△	△						
	벽체단열 강화	●	●	●	●	⊙	○	●	△	○	○
	벽면녹화	○	○	○							
	창문 효율 개선	●	●	●	●	●		●	⊙	⊙	○
	창틀단열 강화	●	⊙	●	⊙	○		○			⊙
	창틀기밀성 개선	⊙	⊙	○	△			○			⊙
	공간구성		○	○				⊙	○	⊙	
설비	개별 온도 제어	⊙		○	⊙	○			○	○	
	보일러 효율 개선	△	○	△	△					△	●
	공조(용량 최적화)				⊙	●	●		●	●	
	환풍기 설치						⊙				
	배기열 회수						○			○	
	자연환기(창문 활용)				○	○					
	환기(용량 최적화)				○		⊙		⊙		
	자연채광(조광 제어)	⊙	○	⊙	●	⊙		●	⊙	●	△
	재실 감지센서					△	△	△	●	△	△
	조명 효율 개선					○	●	○	○		△
	에너지관리시스템				○	●	●	○	●	●	△
대지	수목 식재	○					○	⊙		○	△
	수변공간 조성	○									
	절수형 기구						⊙				△

출처: 조항문 외(2009), p. 121.

표 4-4.
건물유형별 적용되어야 할 에너지성능 개선요소

● 매우 중요
⊙ 중요
○ 보통
△ 선택

내부에 쾌적한 조건을 조성하기 위해 설계에 적용한 자연형(passive-mode) 시스템과 연관되어 있다(Yeang, 2006: 191). 자연형 건물의 설계 방법은 그림 4-2와 같이 태양열을 난방에 직간접적으로 활용하는 자연형 난방시스템과 차양, 통풍, 축열체 등을 냉방용으로 활용하는 자연형 냉방시스템으로 나눌 수 있다. 시각적 쾌적성(안락성)에 대한 부정적 영향을 최소화하기 위해 유입되는 직사광선을 통제하고 열의 획득을 줄여 건물의 냉방 부담을 감소시키도록 작동한다. 최신 시스템으로는 광선반(articulated light shelves)과 광파이프(light pipe)가 있다(그림 4-3과 4-4 참조).

그림 4-2.
자연형 태양열 설계의 기본원칙

겨울철에는 열의 형태로 태양 에너지를 수집·저장하며 분배하고 여름철에는 태양열을 배제하도록 건물을 설계한다. 자연형 태양열 건물설계의 핵심은 지역의 기후를 최대한 활용하는 것이다.

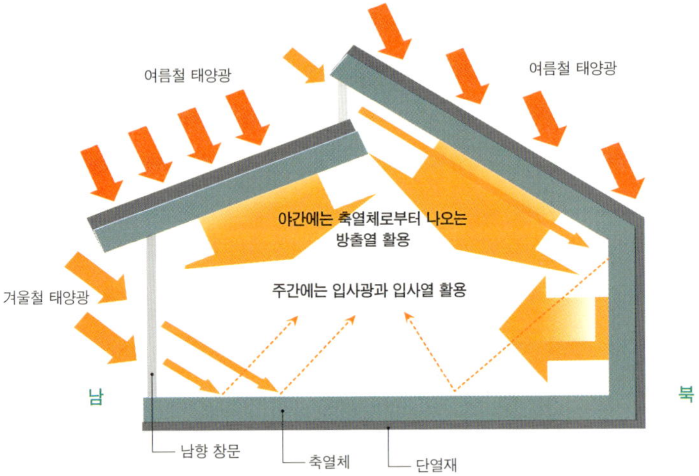

그림 4-3.
광선반

광선반은 창문 근처의 눈부심을 방지하되, 빛을 방안 깊숙이 반사시키는 기능을 한다.

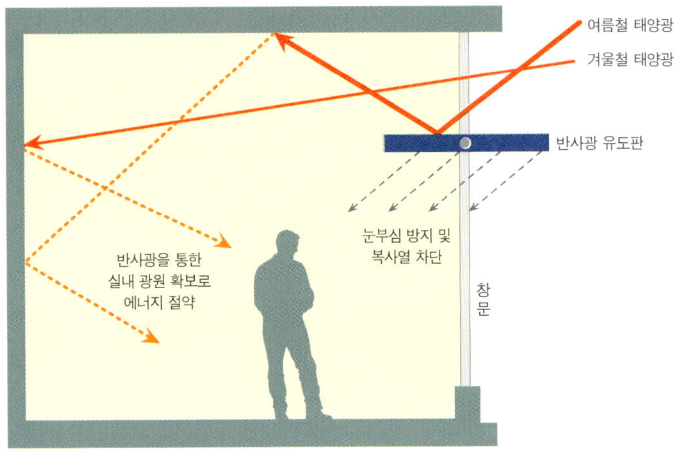

그림 4-4.
광파이프

투명한 유리로 된 광파이프(왼쪽)는 다양한 각도의 입사광이 파이프 내부로 들어오면서 여러 번 반사되어 은은해진다. LCP로 구성된 광파이프(오른쪽)는 입사광을 일직선으로 투과시켜 반사 횟수와 그에 따른 빛의 강도 손실을 줄인다.

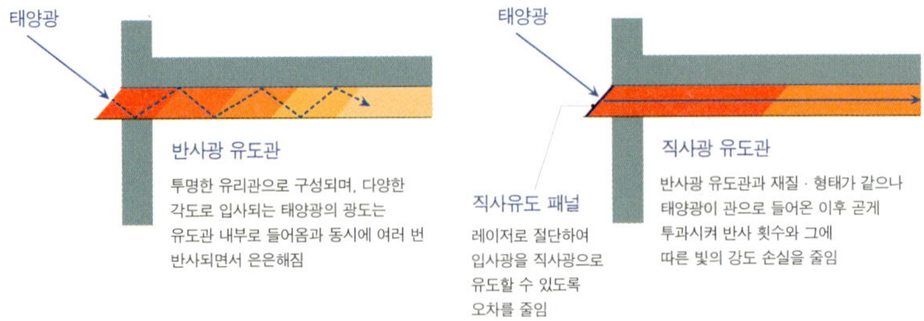

자연형 건물을 설계할 때 고려해야 할 요소는 다음과 같다(Yeang, 2006: 196).

① **건물의 형태와 단지배치계획**: 건물이 들어설 지역의 기상자료와 주변환경을 고려해 에너지를 절약할 수 있는 건물의 형태와 배치를 계획해야 한다. 난방에너지 수요를 줄이기 위해서는 건물의 형태뿐 아니라 건물용적에 대한 외피의 비율도 고려해야 한다.

② **건물의 향**: 태양의 일조와 풍향과 관련해서는 건물의 향이 중요하다. 겨울철에는 태양의 일조를 최대한 받고 바람은 최대한 막고, 여름철에는 일조가 차단되고 바람은 최대한 들어올 수 있도록 건물의 향을 결정해야 한다.

③ **외피 디자인**: 창문 개구부의 크기, 위치, 태양 차폐장치 같은 디자인을 말한다. 건물 외피는 단열, 태양열의 침투, 자연환기 등을 조절하는 등 환경에 반응하는 필터 같은 역할을 해야 한다.

④ **태양열 통제 도구**: 여름철에는 루버(louver), 반사유리, 착색유리 등을 이용해 건물 안으로 들어오는 빛이나 섬광을 조절해야 한다. 이를 통해 냉난방 수요를 줄일 수 있다.

⑤ **바람과 자연환기**: 건물 주변의 바람의 흐름을 파악해 여름철에는 건물 안으로 유입되도록 유도한다. 특히 건물의 서비스 코어(core) 공간은 자연환기와 자연채광이 되도록 해야 한다.

⑥ **옥상녹화**: 건물의 옥상은 건물의 제5면이라고 생각해야 한다. 건물의 옥상을 녹화하면 에너지절약과 빗물저류 효과가 있으며 야생동물의 서식처가 조성될 수 있다.

⑦ **건물 외피의 색채**: 건물 지붕면에 흰색 혹은 옅은 색의 물질을 사용하면 여름철 냉방 에너지의 약 40%를 절약할 수 있는 것으로 나타났다. 열을 방사하는 물질을 사용하면 건물 안의 온도를 낮출 수 있다.

⑧ **조경**: 건물 벽면을 덩굴식물로 녹화하거나 건물 주변에 낙엽활엽수를 심어 건물에 그늘이 지도록 하면 여름철의 건물 외벽의 온도를 낮출 수 있어 냉방수요도 줄어들게 된다. 또한 열섬현상도 완화시킬 수 있다.

⑨ **자연형 냉방시스템**: 자연 에너지원을 이용해 건물의 실내온도를 낮추는 단순한 기법이다. 앞에서 열거한 요소들과 건물 주변의 공기, 상층부의 대기, 물, 지하토양 등과 같은 자연상태의 열흡수원을 활용해 건물의 온도를 낮출 수 있다.

⑩ **건물 매스**: 열을 저장했다가 저장된 열을 실내로 방출하는 건축재료를 사용한다. 건물 자체가 열순환시스템이 되도록 열의 저장과 방출이 잘 이루어지는 건축재료를 사용하고 기계적인 장치 없이 온도의 조절과 자연환기가 잘 되도록 만들어져야 한다.

조경설계를 중심으로 한
에너지 절약형 주거단지 설계기법

우리나라와 같이 에너지 소비 증가율이 높은 에너지 과소비 국가에서는 에너지 절약이 가장 중요한 과제가 아닐 수 없다. 특히 2015년에 체결된 파리협정이 2016년 발효되면서 우리나라는 장기 저탄소 발전 전략(LEDS) 수립을 요청받아 에너지 소비를 과감히 감축시켜야 하는 처지에 있다. 이러한 실정에서 주거단지를 설계할 때에도 에너지를 절약하는 기법과 재생가능한 에너지로 전환하려는 노력이 필요하다.

그동안의 많은 연구가 건물 자체의 에너지 절약 기술에 초점이 맞추어져 있어서 주거단지 자체의 설계, 특히 단지 자체의 조경이나 건물대지 내 조경설계에서의 에너지 절약 기법에 대해서는 거의 연구되지 않았다. 이는 조경설계를 통한 에너지 절약 효과가 미흡하다는 인식 때문이라고 생각된다. 그러나 조경설계에서 에너지 절약을 도모하는 것은 주로 신·재생에너지인 태양열이나 바람 등을 활용하는 설계라는 점에서 더욱 관심을 가져야 할 사항이다. 실제로 외국의 연구에 따르면 조경설계를 통한 에너지 절약 효과가 크다는 점이 밝혀지고 있다. 따라서 주거단지의 조경설계에서 에너지를 절약하는 기법에 초점을 맞추어 태양열과 바람의 효과를 적극 활용하는 기법을 살펴보기로 한다.

1) 도시 주거지의 에너지 소비

건물에서 에너지가 소비되는 패턴은 건물의 유형에 따라 차이가 있다. 주택의 경우 난방에 총에너지의 75%를 소비하고, 조명·가전에 10%, 취사·급탕에 15%를 소비하여 주로 난방에 에너지가 사용된다. 비단열주택을 단열 개수시공할 경우 벽체를 통한 열 손실을 50% 이상 줄일 수 있다(대한건축사협회, 1990: 7).

도시의 인구밀도와 토지이용은 에너지 이용에 큰 영향을 주며, 도시의 밀도가 증가함에 따라 교통에너지 수요가 줄어드는 것으로 나타났다. 도시에서 토지의 고밀도 이용은 에너지 효율적인 주거 형태와 맥을 같이하여 인적·물적 정보의 이동을 감소시킨다. 이에 따라 에너지자원의 소비를 감소시켜 온실가스 발생량을 줄이는 결과를 가져온다. 많은 연구에서 에너지 효율적인 도시개발 형태로 집중된 '압축도시(compact city)'를 제안하고 있다(Breheny, 1992: 138–159).

표 4–5를 보면 도시 형태가 에너지 수요에 미치는 영향이 다양함을 알 수 있다. 이는 도시를 계획하고 설계하는 과정에서 다양한 방법으로 에너지를 절약할 수 있다는 의미가 된다. 더 나아가 건물 형태는

표 4-5.
도시 형태가 에너지 수요에 미치는 영향

토지이용(설계)변수	요인	에너지 수요의 영향 정도
각종 변수의 종합 (형태, 크기, 분산정도 등)	통행수요	150%까지 다양함
활동의 분산	통행수요(거리)	130%까지 다양함
도시 형태	통행수요	20%까지 다양함
밀도와 목적지의 밀집성	대중교통수단의 경제성 증대	20%까지 절약
건물 형태, 토지이용의 밀도 혹은 혼합도	CHP(combined heat and power)의 활용가능성 증대	에너지효율성이 100%까지 향상
배치, 방향, 설계	자연에너지 이용	약 12%
입지, 배치, 조경, 자재	미기후의 활용	최소 5% 이상

출처: Owens(1992), pp.79-105.

내부공간의 냉난방을 위한 에너지 소비에 많은 영향을 준다. 한 연구에 의하면, 단독주택은 동일한 인구를 수용하는 연립주택보다 에너지 소비가 3배나 많은 것으로 나타났다(Barnes and Rankin, 1975: 31-42).

영국 신도시인 밀튼 케인즈(Milton Keyens)의 시범사업에 따르면, 이상적인 상황에서 태양에너지를 사용하면 연료소비를 11~12%나 줄일 수 있다고 한다. 또 다른 연구에 의하면 정상적으로 건립된 밀도에서 단독주택의 100%, 연립주택의 50%, 아파트의 25%가 자연형 태양열 설계로 완전한 에너지 절약을 달성할 수 있다고 한다(Owens, 1992: 83).

2) 주거지의 에너지 절약을 위해 고려해야 할 요소

주택의 에너지 소비에 영향을 주는 요소로는 주택이 자리잡은 대지의 지역기후와 미기후(micro-climate), 대지의 지형, 주택의 형태, 배치와 외피구성, 설비, 주택 내 거주 인원수, 설계 및 시공방법, 주택 내 에너지원 등을 들 수 있다(대한건축사협회, 1990: 19).

에너지 절약을 위한 분석요소에는 지역기후와 미기후는 물론이고 인접한 대지의 상황, 지형, 배수, 토질, 식생 등의 기존 조건과 이를 활용하는 방안이 포함된다. 겨울철의 일사 획득을 방해하는 수목, 지형,

인공구조물, 차가운 북서풍을 유도하는 구조물과 대지의 형상, 주변 교통과 인접 건물로부터의 소음 등 대지의 부정적인 요소를 극소화하고, 겨울철 일사 획득에 도움이 되는 요소와 여름철의 식재, 맞통풍을 유도하는 상풍향(常風向) 같은 긍정적인 요소를 적극 활용해야 한다.

(1) 향과 경사

대지의 향은 건물의 에너지 요구를 감소시키는 데 매우 중요한 요소이다. 경사지의 경우 경사도에 따라 획득할 수 있는 일사량은 큰 차이를 보인다. 남향으로 10도 기울어진 경사지에서는 평지의 약 110~130%에 달하는 일사량을 얻을 수 있다. 따라서 일사량 획득에 이상적인 대지는 정남향에서 동남쪽으로 12도 기울어져 있는 위치이며, 일반적으로 대지의 전면도로가 동서쪽을 향하고 남쪽 수평면에는 다른 장애물이 없는 지형이 유리하다.

경사지인 경우에 경사의 향이 일사조건을 결정짓는 중요한 요소가 된다. 따라서 일사량을 가장 많이 확보할 수 있도록 남쪽을 향하여 경사지고, 북서풍을 차단할 수 있도록 북쪽에 바람막이가 될 수 있는 구릉지가 있는 대지 형태가 에너지 절약에 가장 이상적이다(대한건축사협회, 1990: 31).

평평한 대지에서 도로가 남쪽에 위치할 경우 남쪽에 면한 외부공간을 가능한 한 넓게 확보하기 위해 도로에서 가능한 한 후퇴시켜 주택을 배치하고, 도로의 남쪽 면에 위치하는 건물들은 북쪽으로 면하는 외부공간을 줄이기 위해 건물을 도로에 인접시켜 배치한다.

(2) 바람의 영향

일반적인 대지에서는 여름철에 동서 방향을 개방함으로써 자연통풍과 환기효과를 극대화할 수 있고, 겨울철에는 북서풍을 차단하여 열

손실을 줄일 수 있다. 바람에 대하여 가장 효과적인 대지는 남쪽으로 향한 경사지이다. 주거단지는 건물배치에 따라 기류가 영향을 받게 되는데 병렬배치, 엇배치, 부정형 배치별로 바람의 영향을 살펴보면 다음과 같다(대한건축사협회, 1996: 9-10).

① **병렬배치**: 병렬배치는 바람이 앞 건물에 의해 영향을 받는다. 따라서 충분한 간격을 유지하지 않으면 앞 건물 때문에 풍속저하역이 형성되어 건물 전면의 풍속이 감소한다.

② **엇배치**: 건물이 사선 방향으로 배치되어 전면 건물과의 거리는 약 2배가 된다. 따라서 건물 간의 간격이 늘어나 병렬배치와 비교해 풍속이 별로 저하되지 않는다.

③ **부정형 배치**: 높이가 서로 다른 건물이 불규칙하게 배치되어 있으면 기류현상이 다양하게 나타나지만 공기의 흐름은 기본원리를 벗어나지 않는다. 바람이 건물 앞으로 불어오면 건물 앞에는 정압(正壓), 건물 뒤에는 부압(負壓)이 발생하며, 이 압력차에 의해 공기의 흐름이 생겨 기류가 형성된다.

이러한 특징으로 볼 때 단지 내 통풍을 원활히 하기 위해 병렬식보다는 엇배치식으로 건물을 배치하는 것이 좋다. 또한 건물의 배치는 동서로 길게 남향으로 배치하는 것이 에너지 절약에 가장 유리하다(건설부, 1994: 23).

(3) 식생의 영향

열섬현상 때문에 여름철 도시지역의 온도는 일반적으로 농촌지역보다 화씨 2~8도 정도 더 높다. 도시에서는 여러 가지 요소 때문에 열이 축적된다. 식생의 양과 표면의 색채가 열의 축적에 영향을 주기 때문에 전략적으로 나무를 심고 건물과 포장 표면의 색채를 옅게 하면 냉방에 소요되는 에너지를 절약할 수 있다. 미국 국립과학아카데미의 연구는 식재를 하고 도시 표면의 색채를 엷게 함으로써 에어컨 가동에 소비되는 전력량의 25%를 절약할 수 있다고 제시한 바 있다(Akbari et al., 1992: 17–18).

수목은 기후와 건물의 에너지 이용에 두 가지 방식으로 영향을 준다. 수목은 직접적으로 건물이나 지표면에 그늘을 제공하여 태양열의 방사를 차단함으로써 건물과 지표의 온도가 대기온도 이상으로 상승하는 것을 막아준다. 간접적으로는 증산작용을 통해 주위의 대기를 냉각시켜 온도를 낮춘다. 사람이 땀을 흘리는 것과 비슷하게, 수목은 나뭇잎으로부터 물을 증산하기 위해 열을 활용함으로써 나뭇잎 주변의 공기를 차게 만드는 것이다. 많은 나무와 잎의 누적적인 효과는 넓은 지역의 공기를 차게 만들 수 있다. 건물 가까이에 교목과 관목을 전략적으로 식재하면 여름철 에어컨 비용을 15~35% 정도 줄일 수 있고, 단순히 에어컨을 관목이나 넝쿨식물로 덮기만 해도 냉방에너지 비용을 10%까지 절약할 수 있다. 수목을 식재할 때는 위치가 매우 중요하다. 예를 들면 늦은 아침, 오후, 이른 저녁에 햇빛을 차단하기 위해서는 건물의 동쪽이나 서쪽, 남쪽에 그늘을 드리우도록 수목을 심어야 한다(Akbari et al., 1992: 20–21).

우리나라에서 녹지의 온도조절 효과를 측정한 연구(윤용한 · 송태갑, 1998: 91–98)에 따르면, 공원녹지 주변 시가지의 기온이 공원녹지 내부보다 높았다. 녹지 내부의 저온역(低溫域)은 수림지(樹林地) 주변에서, 고온역(高溫域)은 나지(裸地) 주변에서 나타났으며, 토지의 피복상태가 기온분포에 영향을 미치고 있음이 발견되었다. 또한 녹지 주변 시가지의 기온은 녹지에 가까울수록 낮아졌는데, 이는 녹지에서 저온의 공기가 유출되어 주변 시가지의 기온을 낮추기 때문이다. 또한 녹피율(綠被率)이 증가할수록 기온이 낮아졌고, 최고기온의 경우 더 현저한 변화를 보였다. 수림지(樹林地)와 초지(草地)를 비교하면 수림지의 기온저하 효과가 더 높은 것으로 나타났다.

(4) 색채의 영향

일반적으로 물체의 표면이 짙은 색채이면 열을 흡수하고, 옅은 색채일 때는 열을 반사한다. 이러한 물체 표면의 반사도를 '알베도(albedo)'라고 한다. 표면의 알베도가 높을수록 온도는 낮아진다. 캘리포니아 새크라멘토(Sacramento)의 전형적인 주택에 대한 컴퓨터 시뮬레이션 결과에 따르면, 지붕이나 벽의 알베도를 0.2에서 0.6으로 높일 경우 에어컨 가동 비용을 22%까지 절약할 수 있다고 한다. 벽을 회색에서 회색을 띤 흰색으로 바꾸고 지붕을 옅은 색으로 바꾸는 것만으로도 전체적인 알베도를 증가시킬 수 있다는 것이다. 짙은 색 표면의 비율이 높고 햇빛이 내리쬐는 무더운 기후에서 알베도 변화로 도시의 대기온도를 화씨 5도까지 감소시킬 수 있다고 연구자들은 추정하고 있다(Akbari et al., 1992: 22–23).

만약 미국 도시에서 1억 주의 수목을 식재하고 옅은 색채의 표면을 만드는 프로그램이 시행된다면 매년 500억 kh의 전력(미국 연간 전력사용량의 2%)을 절약하고, 이로써 대기 중의 이산화탄소(CO_2) 배출량을 매년 3,500만 톤(미국 연간 이산화탄소 배출량의 약 1%) 정도 감축할 수 있다고 추정하고 있다(Akbari et al., 1992: 24).

3) 에너지 절약형 주거단지 설계기법

에너지 절약형 주거단지를 조성하기 위해 미기후를 활용하는 방법에는 두 가지가 있다. 첫째는 주변의 기후가 주택에 유리한 곳을 선택하여 입지하는 것이다. 둘째는 주택이 입지한 상태에서 주택에 불리한 기후요소를 인위적으로 변형시켜 주택에 유리한 미기후를 조성하는 것으로서, 건물 자체에 대하여 일사의 조절, 태양의 집열, 통풍과 방풍 같은 적극적인 방법을 취하는 것이다(양병이 · 김기호, 1984: 10).

에너지 절약형 주택을 건축하기 위해 설계자는 우선 에너지 절약에 적합한 대지를 선정하여 지역기후와 미기후는 물론이고 인접대지, 지형, 배수, 토질, 식생 등의 조건과 이의 활용방안을 분석해야 한다. 이때 겨울철 일사 획득을 방해하는 수목·지형·인공구조물, 여름철의 자연통풍을 방해하는 구조물과 대지의 형상 등 부정적 요소는 극소화하고, 겨울철 일사 획득에 도움이 되는 요소와 여름철의 식재 등 긍정적 요소는 활용해야 한다(대한건축사협회, 1990: 30).

주거단지를 설계할 때 에너지 절약 효과를 얻기 위해 중점적으로 검토해야 할 요소로는 ① 단지의 위치, ② 지형 이용, ③ 단지의 규모, ④ 건물의 배치 방향, ⑤ 건물의 형태, ⑥ 건물의 밀도와 인동간격, ⑦ 단위주택의 세장비, ⑧ 단지의 조경 등을 들 수 있다(박양우, 1983: 19–26).

(1) 단지의 위치

에너지 절약 효과를 거두기 위해서는 단지의 위치가 중요한데, 특히 자연요소를 잘 활용할 수 있는 부지를 선정해야 한다. 에너지 절약형 주거단지로 적지를 선정하기 위해서는 표 4–6에 제시된 항목을 점검하는 것이 필요하다.

(2) 지형 이용

아파트 건물이 위치한 주변의 지형조건에 따라 난방에너지 손실률이 달라진다. 지형을 크게 평지와 산지로 나누고, 산지는 다시 산이 동계 주풍 방향에 바람막이 역할을 하도록 위치한 경우와 바람을 받는 경우로 나눌 수 있다. 지형별 아파트 배치에 따른 에너지 손실량을 비교

표 4-6.
주거단지에 적합한 부지를 선정할 때 미기후 이용을 위한 점검항목

기준	점검항목
지형과 주요 단지 양상	• 경사지와 평지 • 기존의 식생과 건물 • 단지의 고도와 지모(地貌) • 수계 등 중요한 자연요소
태양열 차단적 요소	• 수종, 수고, 낙엽수 혹은 상록수 • 단지에 그림자를 드리울 수 있는 큰 장애물의 위치와 높이 • 태양열을 받기에 불리한 장소: 안개호(fog pocket) 북쪽사면 • 큰 장애물의 그림자 유형
에너지 보전적 요소	• 계절별 바람의 방향과 양상 • 서리나 안개지역 • 수계 • 대기의 질 • 지표의 상태: 나지, 포장 등 • 반사표면: 모래, 물, 콘크리트 등
제약요소	• 단지의 제약조건

출처: American Planning Association(1979), p. 43.

하면 동계 주풍 방향에 바람막이 역할을 하도록 위치한 경우가 열손실이 가장 적은 것으로 나타났다(박양우, 1983: 19–26).

(3) 건물의 배치방향

대지 내에서 태양에너지 활용을 극대화할 수 있는 위치를 선정해 건물을 배치하고, 건물의 향은 태양에너지를 난방에 적극 이용하면서도 여름철 냉방에 미치는 영향을 극소화할 수 있도록 설계해야 한다. 이를 위하여 계획 초기 단계에서 태양궤적도(Sun Chart)를 이용한 대지분석과 인동간격의 확보, 태양창을 이용한 일사 및 일조 확보 계획을 수립해야 한다(대한건축사협회, 1990: 37).

대지에 건물이 들어설 위치가 결정되면 건물 내부에서 일사를 최대한 활용할 수 있도록 건물의 최적방위를 결정해야 한다. 대지조건, 건물의 유형과 형태가 다르기 때문에 일률적으로 설정하기는 어렵지만, 주택의 경우 주요 기능을 갖는 실내공간이 남쪽에 배치되는 남향

이 유리하다. 건물의 향에 따른 연간 난방부하의 차이를 컴퓨터 시뮬레이션을 통해 비교한 것을 보면, 남향이 가장 유리하고 서향이 가장 불리함을 알 수 있다(대한건축사협회, 1990: 39).

건물 남쪽에 배치된 공간은 난방과 채광에 필요한 대부분의 에너지를 태양으로부터 공급받을 수 있다. 각 실은 일사의 필요 정도에 따라 남동, 남, 남서로 배치한다. 겨울 동안 남향은 동서향의 약 3배에 달하는 일사를 받기 때문에 난방과 채광에 태양을 직접적으로 이용할 수 있다(Mazria, 1989: 62). 건물의 북쪽은 겨울 동안 직사광선을 전혀 받지 못하기 때문에 가장 춥고 어두워 보통 거의 사용되지 않는다. 건물의 북측 높이를 낮게 하면 겨울에 건물의 그림자가 짧아진다는 장점이 있다. 부지는 남쪽으로 경사진 것이 좋고 가능하면 북측 벽의 면적을 최소화하기 위해 건물의 북측에 흙쌓기를 하는 것도 유효하다. 채광이나 난방이 별로 필요하지 않은 방을 건물의 북측에 배치하면 거주공간과 북측의 추운 공간을 완충시키는 역할을 할 수 있다(Mazria, 1989: 59).

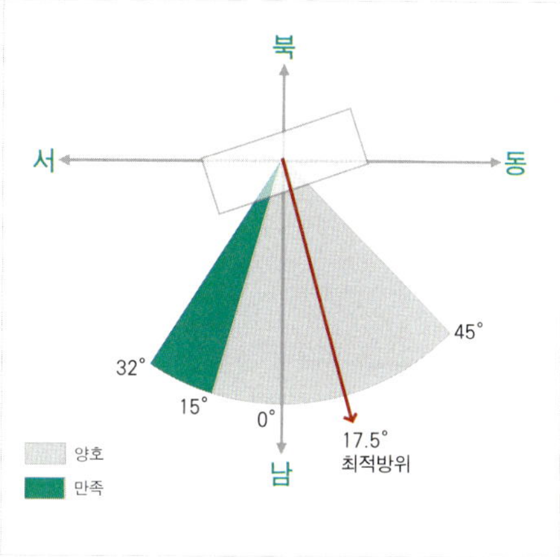

그림 4-5.
일사 획득을 고려한 건물의 최적방위

거실 등 주요 기능을 갖는 공간은 남향으로 배치하는 것이 좋은데, 정남에서 동쪽으로 17.5도 벗어난 방위가 일사 획득을 위한 최적의 방위이다.

일자형 아파트의 경우 남향이 에너지 절약 측면에서 가장 유리한 것으로 나타났다. (대지조건이나 건물의 유형과 형태에 따라 다르지만) 일반적으로 공동주택의 경우 거실 등 주요 기능을 갖는 공간이 남쪽을 향하도록 배치하는 것이 유리하다. 이때의 남향은 정남을 중심으로 동쪽 45도 서쪽 15도의 범위를 말하며, 최적의 방위는 그림 4-5와 같이 정남에서 동쪽으로 17.5도 정도 벗어난 향이 된다(대한건축사협회, 1996: 6-7).

건물군은 동서 방향으로 가늘고 긴 형태가 되도록 하고 남북 방향으로는 태양열 획득이 보장되도록 건물 간에 간격을 두어야 한다. 다른 건물에 그늘을 드리지 않고 태양열을 직접 받을 수 있도록 건물을 배치해야 한다. 뉴멕시코주의 푸에블로 아코마(Pueblo Acoma)에 있는 단독주택은 모두 남향의 테라스형으로 동서 방향으로 가늘고 길게 배치되어 있다. 남북 방향으로는 건물군이 충분한 간격을 갖도록 하여 겨울철에도 고층 건물이 인접 건물에 그늘을 드리지 않도록 배치되었다(Robinette, 1977: 80).

(4) 건물의 형태

건물의 형태에 관해서는 국내의 여러 연구에서 각기 다른 의견이 제시되어 있다. 가장 큰 차이를 보이는 견해는 건물의 장변과 단변의 길이가 정방형인 건물이 에너지 절약에 가장 유리하다는 주장과 긴 장방형 건물이 가장 유리하다는 주장이다. 대한건축사협회의 연구에서는 정방형이 가장 유리하다고 주장하고 있다(대한건축사협회, 1990: 42). 건물의 형태는 태양복사열의 수용 정도와 열 방출을 결정짓는 외피면적과 관계가 있다. 건물의 평면형태는 평면의 장변과 단변의 비로 알 수 있는데, 같은 면적의 주택이라면 정방형의 밀집된 형태가 에너지 절약에 가장 유리하다는 것이다.

반면에 건설부의 연구에 따르면 1:1.4 정도의 긴 장방형이 가장 유리하다(건설부, 1994: 24). 단위세대의 형태는 남북 방향으로 길고 장변과 단변의 비가 클수록 난방부하가 줄어든다. 장변과 단변의 비가 큰 단위세대로 구성된 주동은 표면적과 바닥면적의 비가 작아져 주동 전체의 에너지 절약에 유리한데, 실의 기능이나 공간의 효율적 구성 등을 고려할 때 장변과 단변의 비가 1:1.4 정도인 긴 장방형의 평면형태가 적절하다는 것이다.

Olgyay(1963)는 이와 같이 상반된 두 가지 주장에 대한 해답을 암시해주는 연구결과를 제시하고 있다. 정방형의 건물이 겨울철에 열을 보존하고 여름철에는 시원하도록 유지하는 데 가장 좋은 특성을 갖고 있다고 널리 믿어져왔다. 이러한 믿음은 정방형 건물은 외피면적이 최소이면서 최대 용적을 갖는다는 사실에 근거하고 있다. 이러한 원리는 비교적 창문이 작아서 열 방출 효과가 거의 없는 옛날 건물 형태에는 타당할지 모르나, 창문이 큰 현대식 건물에 그대로 적용하기는 어렵다. Olgyay는 결론적으로 ① 열대, 온대, 한대 등 어떤 지역에서나 정방형 주택은 적정한 형태가 아니며, ② 남북으로 기다란 형태는 겨울철과 여름철 모두 정방형보다 효율성이 낮고, ③ 동서 방향으로 기다란 형태가 모든 경우에 적정하다고 보았다. 태양열의 효율을 고려할 때 온대지역에는 동서축으로 기다란 1:1.6의 비례를 갖는 건물 형태가 가장 적합하다고 보았다(Olgyay, 1963: 87).

이에 대해서 Mazria도 Olgyay와 같은 의견을 제시하고 있다(Mazria, 1989: 56). 건물의 개략적인 형태를 결정할 때는 일사가 건물에 사입되는지를 검토해야 하는데, 동서로 가늘고 긴 건물은 겨울철에 남면으로 햇빛이 많이 비치기 때문에 보다 많은 태양열을 실내로 사입시킬 수 있어 모든 기후에서 겨울과 여름의 난방부하를 최소화하는 데 가장 효율적인 형태라는 것이다. 건물의 개략적인 형태를 결정한 후에는 남측에 난방이나 채광이 크게 요구되는 공간을 배치하고 북측에는 수납공간, 차고, 다용도실 등을 배치하는 것이 좋다.

동서로 가늘고 긴 건물은 열 취득이 가장 필요한 겨울에 남면이 크게 노출되며, 일사가 불필요한 여름에는 열 취득이 최대가 되는 동서면이 작게 노출된다. 북위 32~56도에서는 겨울 동안 건물의 남면이 동서면보다 일사량이 약 3배나 많다. 여름에는 이 상태가 역전되어 남면이 받는 일사량은 지붕이나 동서면보다 적고, 건물의 북면은 여름과 겨울 동안 거의 일사를 받지 않는다. 남쪽으로 면한 면적이 크면 겨울 동안 태양열을 최대한 확보할 수 있다. 각 세대가 동서 방향으로 연결된 집합주택은 어느 기후에서나 바람직하다. 이 경우 각 세대의 동서면은 계벽(界壁)의 역할을 하며 동서면이 외기에 접하는 세대는 양 끝에 있는 세대뿐이기 때문이다. 동서로 가늘고 긴 형태를 취하는 것이 부지조건이나 다른 디자인 요소와 합치될 경우 건물 형태를 결정할 때 문제가 되는 것은 건물의 폭이다. 실내로 일사를 사입시키는 개구부가 주로 남면 창이라면 건물의 공간 깊이는 바닥으로부터 창 높이의 2.5배 이내가 되게 하면 일사가 실내의 전역에 입사된다. 국제조명공학회의 연구결과에 따르면 공간의 깊이는 창 높이의 2~2.5배 정도가 자연채광에 적당하다고 한다(Mazria, 1989: 57).

(5) 건물의 인동간격

인동간격은 대지의 경사도, 경사의 방향, 건물의 높이와 방향 등에 따라 달라진다. 최소일조시간은 태양의 고도가 가장 낮은 동지를 기준으로 산정하는데, 동지 때 건물의 일조시간이 8시간 정도가 되는 것이 가장 좋다. 일반적으로는 오전 9시부터 오후 3시까지의 6시간 일사가 충분한 것으로 간주되며, 이때 인동간격은 전면 건물 높이의 2.54배가 된다(대한건축사협회, 1990: 41).

우리나라와 같은 위도에서 거실의 일조시간을 하루 최소 4시간 이상 확보하기 위해서는 인동계수는 적어도 1.5 이상이 되어야 한다. 엇배치식 단지 배치는 인동거리가 1.0 또는 1.25임에도 불구하고 그 특성상 2배에 달하는 효과를 나타내기 때문에 병렬식 배치방식을 엇배치식 배치방식으로 전환할 필요가 있다. 평지의 경우 3시간 이상 일조가 가능하며, 남향 하방경사 5도의 경우 5시간 이상, 그리고 경사가 10도 이상인 경우에는 6시간 이상의 일조가 가능하다(대한건축사협회, 1996: 13–14).

(6) 건물의 세장비

동일 면적의 아파트라 하더라도 폭과 깊이가 다르면 소요·공급열량도 달라진다. 건물의 세장비는 '건물의 높이(H)÷건물의 폭(d)'으로 구성되며, 세장비가 클수록 외기에 면한 벽면적이 작아 난방열 손실이 줄어들고, 반대로 세장비가 작을수록 외기에 면한 벽면적이 커서 열 손실이 많아진다.

4) 에너지 절약을 위한 조경설계기법

(1) 에너지 절약형 식재

식생이 기후조절에 미치는 효과는 일조, 바람, 강우, 기온 등 네 가지로 나누어 살펴볼 수 있다. 태양열 일조를 식생재료(수목)로 조절하는 데에는 ① 태양열을 흡수하는 방식, ② 태양열을 반사하는 방식, ③ 태양열을 방사하는 방식, ④ 태양열을 전도시키는 방식이 있다. 밀집된 삼림은 일반적으로 일조량의 75~80%를 흡수하지만, 개개의 나뭇잎은 25%만 흡수할 수 있다. 밀식된 삼림은 일조량의 75~80%를 흡수하고, 5%는 전도시키며, 15~20%는 반사한다. 수목이 제공하는 그늘은 태양열을 차단하는 데 큰 역할을 하기 때문에 태양열을 활용하여 주택단지를 설계할 때는 수목을 활용하는 것이 상당히 중요하다. 수형에 따라 그늘의 형태가 달라지기 때문에 이를 고려하여 수종을 선택해야 한다(양병이·김기호, 1984: 5–7). 수목을 식재할 때는 완전히 자라 성목이 되었을 때의 그늘의 크기와 형태를 고려하여 여름철에는 가능한 한 많은 그늘을 제공하고 겨울철에는 일조를 차단하지 않는 수종을 식재하는 것이 바람직하다.

우리나라에서 조경용으로 많이 식재되는 수목의 수종별 그늘 제공 면적(그늘 제공 면적은 수관폭과 수고에 비례한다고 가정)을 살펴보면 표 4–7과 같다. 또한 식재 간격에 따라서도 일조량에 차이가 생기는데,

표 4-7.

조경용 수목(교목류)의 그늘 제공 정도

그늘 제공 정도는 각 수종이 성목이 되었을 때의 최대수고에 최대수관폭을 곱한 값을 상(○○○), 중(○○), 하(○)로 구분하였다.

성상	수종	그늘 제공 정도	과명	학명
낙엽 침엽 교목	일본잎갈나무	○○○	소나무과 Pinaceae	*Larix leptolepis*
	은행나무	○○○	은행나무과 Ginkgoaceae	*Ginkgo biloba*
	낙우송	○○	낙우송과 Taxodiaceae	*Taxodium distichum*
	메타세쿼이아	○○	낙우송과 Taxodiaceae	*Metasequoia glyptostroboides*
낙엽 활엽 교목	신갈나무	○○○	참나무과 Fagaceae	*Quercus mongolica*
	수양벚나무	○○○	장미과 Rosaceae	*Prunus leveilleana*
	가중나무	○○○	소태나무과 Simaroubaceae	*Ailanthus altissima*
	양버즘나무	○○○	버즘나무과 Platanaceae	*Platanus occidentalis*
	양버들	○○○	버드나무과 Salicaceae	*Populus nigra*
	이태리포플러	○○○	버드나무과 Salicaceae	*Populus euramericana*
	왕버들	○○○	버드나무과 Salicaceae	*Salix glandulosa*
	은백양	○○○	버드나무과 Salicaceae	*Populus alba*
	능수버들	○○○	버드나무과 Salicaceae	*Salix pseudo-lasiogyne*
	꽃개오동	○○○	능소화과 Bignoniaceae	*Catalpa bignonioides*
	느릅나무	○○○	느릅나무과 Ulmaceae	*Ulmus davidiana*
	느티나무	○○○	느릅나무과 Ulmaceae	*Zelkova serrata*
	팽나무	○○○	느릅나무과 Ulmaceae	*Celtis sinensis*
	산벚나무	○○	장미과 Rosaceae	*Prunus sargentii*
	왕벚나무	○○	장미과 Rosaceae	*Prunus yedoensis*
	오리나무	○○	자작나무과 Betulaceae	*Alnus japonica*
	물오리나무	○○	자작나무과 Betulaceae	*Alnus hirsuta*
	박달나무	○○	자작나무과 Betulaceae	*Betula schmidtii*
	자작나무	○○	자작나무과 Betulaceae	*Betula platyphylla*
	서어나무	○○	자작나무과 Betulaceae	*Carpinus laxiflora*
	현사시나무	○○	버드나무과 Salicaceae	*Populus tomentiglandulosa*
	용버들	○○	버드나무과 Salicaceae	*Salix matsudana*
	모감주나무	○○	무환자나무과 Spindaceae	*Koelreuteria paniculata*
	태산목	○○	목련과 Magnoliaceae	*Magnolia grandiflora*
	튤립나무	○○	목련과 Magnoliaceae	*Liriodendron tulipifera*
	백목련	○○	목련과 Magnoliaceae	*Magnolia denudata*
	멀구슬나무	○○	멀구슬나무과 Meliaceae	*Melia azedarach*
	음나무	○○	두릅나무과 Araliaceae	*Kalopanax pictus*
	담팔수	○○	담팔수과 Elaeocarpaceae	*Elaeocarpus sylvestris*
	고로쇠나무	○○	단풍나무과 Aceraceae	*Acer mono*
	네군도단풍	○○	단풍나무과 Aceraceae	*Acer negundo*
	단풍나무	○○	단풍나무과 Aceraceae	*Acer palmatum*
	복자기	○○	단풍나무과 Aceraceae	*Acer triflorum*
	은단풍	○○	단풍나무과 Aceraceae	*Acer saccharinum*
	중국단풍	○○	단풍나무과 Aceraceae	*Acer buergerianum*
	시무나무	○○	느릅나무과 Ulmaceae	*Hemiptelea davidii*
	계수나무	○○	계수나무과 Cercidiphyllaceae	*Cercidiphyllum japonicum*
	감나무	○○	감나무과 Ebenaceae	*Diospyros kaki*
	호두나무	○○	가래나무과 Juglandaceae	*Juglans sinensis*

표 4-7. (계속)

성상	수종	그늘 제공 정도	과명	학명
낙엽 활엽 교목	중국굴피나무	○○	가래나무과 Juglandaceae	*Pterocarya stenoptera*
	상수리나무	○○	참나무과 Fagaceae	*Quercus acutissima*
	참오동	○○	현삼과 Scrophulariaceae	*Paulownia tomentosa*
	곰의말채나무	○○	층층나무과 Cornaceae	*Cornus macrophylla*
	층층나무	○○	층층나무과 Cornaceae	*Cornus controversa*
	말채나무	○○	층층나무과 Cornaceae	*Cornus walteri*
	떡갈나무	○○	참나무과 Fagaceae	*Quercus dentata*
	굴참나무	○○	참나무과 Fagaceae	*Quercus variabilis*
	갈참나무	○○	참나무과 Fagaceae	*Quercus aliena*
	졸참나무	○○	참나무과 Fagaceae	*Quercus serrata*
	밤나무	○○	참나무과 Fagaceae	*Castanea crenata*
	너도밤나무	○○	참나무과 Fagaceae	*Fagus multinervis*
	미국풍나무	○○	조록나무과 Hamamelidaceae	*Liquidambar styraciflua*
	귀룽나무	○○	장미과 Rosaceae	*Prunus padus*
	산수유	○	층층나무과 Cornaceae	*Cornus officinalis*
	채진목	○	장미과 Rosaceae	*Amelanchier asiatica*
	자두나무	○	장미과 Rosaceae	*Prunus salicina*
	모과나무	○	장미과 Rosaceae	*Chaenomeles sinensis*
	꽃사과	○	장미과 Rosaceae	*Malus prunifolia*
	매실나무	○	장미과 Rosaceae	*Prunus mume*
	산사나무	○	장미과 Rosaceae	*Crataegus pinnatifida*
	야광나무	○	장미과 Rosaceae	*Malus baccata*
	복숭아나무	○	장미과 Rosaceae	*Prunus persica*
	살구나무	○	장미과 Rosaceae	*Prunus armeniaca*
	사방오리	○	자작나무과 Betulaceae	*Alnus firma*
	소사나무	○	자작나무과 Betulaceae	*Carpinus coreana*
	붉나무	○	옻나무과 Anacardiaceae	*Rhus javanica*
	소태나무	○	소태나무과 Simaroubaceae	*Picrasma quassioides*
	뽕나무	○	뽕나무과 Moraceae	*Morus alba*
	물푸레나무	○	물푸레나무과 Oleaceae	*Fraxinus rhynchophylla*
	목련	○	목련과 Magnoliaceae	*Magnolia kobus*
	함박꽃나무	○	목련과 Magnoliaceae	*Magnolia sieboldii*
	별목련	○	목련과 Magnoliaceae	*Magnolia stellata*
	자목련	○	목련과 Magnoliaceae	*Magnolia liliflora*
	일본목련	○	목련과 Magnoliaceae	*Magnolia obovata*
	때죽나무	○	때죽나무과 Styracaceae	*Styrax japonica*
	쪽동백 나무	○	때죽나무과 Styracaceae	*Styrax obassia*
	예덕나무	○	대극과 Euphorbiaceae	*Mallotus japonicus*
	복장나무	○	단풍나무과 Aceraceae	*Acer mandshuricum*
	신나무	○	단풍나무과 Aceraceae	*Acer ginnala*
	당단풍	○	단풍나무과 Aceraceae	*Acer pseudo-sieboldianum*
	홍단풍	○	단풍나무과 Aceraceae	*Acer palmatum*
	참빗살나무	○	노박덩굴과 Celastraceae	*Euonymus sieboldiaus*
	대추나무	○	갈매나무과 Rhamnaceae	*Zizyphus jujuba*

표 4-7. (계속)

성상	수종	그늘 제공 정도	과명	학명
상록 침엽 교목	편백	○○○	측백나무과 Cupressaceae	*Chamaecyparis obtusa*
	화백	○○○	측백나무과 Cupressaceae	*Chamaecyparis pisifera*
	젓나무	○○○	소나무과 Pinaceae	*Abies holophylla*
	독일가문비	○○○	소나무과 Pinaceae	*Picea abies*
	스트로브잣나무	○○○	소나무과 Pinaceae	*Pinus strobus*
	섬잣나무	○○○	소나무과 Pinaceae	*Pinus parviflora*
	소나무	○○○	소나무과 Pinaceae	*Pinus densiflora*
	솔송나무	○○○	소나무과 Pinaceae	*Tsuga sieboldii*
	잣나무	○○○	소나무과 Pinaceae	*Pinus koraiensis*
	삼나무	○○○	낙우송과 Taxodiaceae	*Cryptomeria japonica*
	측백나무	○○	측백나무과 Cupressaceae	*Thuja orientalis*
	서양측백나무	○○	측백나무과 Cupressaceae	*Thuja occidentalis*
	금송	○○	낙우송과 Taxodiaceae	*Sciadopitys verticillata*
	주목	○○	주목과 Taxaceae	*Taxus cuspidata*
	비자나무	○○	주목과 Taxaceae	*Torreya nucifera*
	향나무	○○	측백나무과 Cupressaceae	*Juniperus chinensis*
	곰솔	○○	소나무과 Pinaceae	*Pinus thunbergii*
	리기다소나무	○○	소나무과 Pinaceae	*Pinus rigida*
	낙우송	○○	낙우송과 Taxodiaceae	*Taxodium distichum*
	분비나무	○○	소나무과 Pinaceae	*Abies nephrolepis*
	구상나무	○○	소나무과 Pinaceae	*Abies koreana*
	백송	○○	소나무과 Pinaceae	*Pinus bungeana*
	히말라야시다	○○	소나무과 Pinaceae	*Cedrus deodara*
	가이즈까 향나무	○	측백나무과 Cupressaceae	*Juniperus chinensis Kaizuka*
	반송	○	소나무과 Pinaceae	*Pinus densiflora for. multicaulis*
상록 활엽 교목	가시나무	○○	참나무과 Fagaceae	*Quercus myrsinaefolia*
	아왜나무	○○	인동과 Caprifoliaceae	*Viburnum awabuki*
	굴거리나무	○○	대극과 Euphorbiaceae	*Daphniphyllum macropodum*
	녹나무	○○	녹나무과 Lauraceae	*Cinnamomum camphora*
	후박나무	○○	녹나무과 Lauraceae	*Machilus thunbergii*
	참식나무	○	녹나무과 Lauraceae	*Neolitsea sericea*
	센달나무	○	녹나무과 Lauraceae	*Machilus japonica*
	감탕나무	○	감탕나무과 Aquifoliaceae	*Ilex integra*

표 4-8에서 보는 바와 같이 식재 간격이 조밀할수록 일조량은 감소하여 여름철에 그늘을 많이 제공함을 알 수 있다.

식생을 이용할 때는 태양열을 활용하고 에너지 절약에 도움을 줄 수 있는 다음과 같은 사항을 충분히 검토해야 한다(Robinette, 1977: 118).

식재 간격(ft)	에이커당 수목 수(주)	평균 일조량(%)
2×2	10,890	15.9
4×4	2,722	36.0
6×6	1,210	46.6
8×8	680	55.4

출처: Robinette(1977), p. 23.

표 4-8.
식재 간격에 따른 일조량의 차이

- 단일 수목의 수고와 수관폭
- 수목 사이의 간격
- 수목의 형태와 모양
- 수목의 식재밀도
- 수목이 침엽수인지 낙엽수인지, 상록활엽수인지 여부
- 수목이 성장한 후의 크기와 형태

남측의 창은 지붕차양이나 식물, 시렁 등으로 그늘이 지도록 해야 한다. 주거용 건물의 남측에는 낙엽수만 이용해야 한다. 도로는 가능한 한 건물의 북측에 위치시키고, 주요 태양열 방사지역인 건물의 남측에 위치시키지 않도록 한다. 주차장은 약간 차폐되어야 하며 낙엽수나 캐노피(천개형)의 수목으로 그늘이 지게 하는 것이 좋다(Robinette, 1977: 112).

여름철에 그늘을 제공하는 활엽수는 건물의 남면이나 남동면, 남서면에 심고, 방풍 기능을 하는 침엽수 등의 상록수는 건물의 북면이나 겨울철 상풍향의 위치에 심으면 에너지를 절약할 수 있다. 나무뿐 아니라 담장덩굴이나 관목, 잔디 등은 여름철에 증발냉각과 지표면 반사율 감소를 통해 기온을 낮추는 효과가 있으며, 벽체를 타고 자라는 넝쿨은 여름철에 벽체를 일사로부터 보호하고 겨울철에는 벽체를 일사에 노출시켜 에너지 절약에 매우 효과적이다(대한건축사협회, 1990: 35). 오후에 해가 비치는 쪽에 수목 한 그루가 심어져 있는 주택은 그늘이 없는 건물에 비해 온도를 화씨 10도 이상 낮출 수 있다(Robinette, 1977: 146).

건물과 식재가 잘 어우러져 조합되면 대기의 온도를 낮출 수 있다. 식재된 지역은 건물이 있는 개발지역보다 증산작용, 반사, 그늘효과, 냉기의 저장 같은 요인이 복합적으로 작용하여 화씨 10~15도 정도 낮출 수 있다. 인구 100만인 가상도시에서 식재지역이 도시면적의 10~20%가 될 때까지는 기온의 감소가 나타나지 않지만, 식재지역이 20%에서 50%로 증가하면서 대기의 최저기온은 6~7%, 최고기온은 9~10%가 낮아졌다(Brown, 1985: 83). 포장된 지역에 그늘을 제공하면 온도를 최대 화씨 10도 정도 낮출 수 있다. 에너지 절약 조경을 활용하면 에어컨 가동에 소비되는 에너지를 절반까지 절약할 수 있다(Akbari et al., 1992: 175).

넝쿨식물과 수목은 성능뿐 아니라 그늘의 모양을 고려해 선정해야 한다. 즉 겨울과 여름의 수목 자체의 특성과 형태, 자연그늘장치(natural shading device)로서의 그늘 형태를 염두에 두어야 한다. 큰 규격의 녹음수를 이식하는 것이 바람직하며, 효율적으로 그늘을 얻기 위해서는 수목을 전략적으로 배치할 필요가 있다. 아침과 늦저녁에 태양이 낮은 고도로 통과할 때는 수목이 동남동쪽과 서남서쪽에 배치될 때 가장 효율적이다(Olgyay, 1963: 74).

단독주택의 경우 녹음수의 그늘 아래 완전히 들어가면 냉방비를 줄일 수 있다. 그러나 고층아파트는 40미터가 넘기 때문에 가장 큰 녹음수인 30미터 정도의 플라타너스, 느티나무 등을 식재한다고 하더라도 상층부에는 그늘의 영향을 줄 수 없고 하층부만 녹음의 효과를 볼 수 있다(이영무, 1991: 107).

에너지 절약을 위해서는 다음과 같은 식재지침에 따라 조경을 하면 높은 효과를 거둘 수 있다.

- 여름철의 그늘 제공과 겨울철의 태양열 침투를 위해서 낙엽수를 이용한다.
- 침엽수도 그늘을 제공하기는 하지만 일반적으로 녹음수나 캐노피만큼 효율적이지는 않다.
- 상록활엽수는 사계절 동안 극도로 밀집된 캐노피를 형성한다.
- 구조물의 남측은 가능한 한 반사되는 표면을 갖는 포장재 사용을 지양하고 과도한 열과 반사를 줄이기 위해 그늘이 지게 해야 한다.
- 건물의 남측과 서측 벽면 위로 자라는 덩굴식물과 시렁, 캐노피는 매우 효과적이다.
- 방풍식재는 겨울바람을 막을 수 있도록 구조물이나 지역에 가까이 위치해야 한다.
- 침엽수는 최소한 2열 혹은 3열이 되도록 지그재그식으로 식재해야 한다.
- 식재와 담장, 벽으로 찬 공기의 흐름을 가두지 말고 흘러나가도록 한다.
- 남측이나 남서측에는 상록교목을 피한다.
- 거주용 구조물 주변에는 하루 종일 비교적 동일한 온도를 유지하는 잔디나 초화류를 이용하는 것이 좋다.
- 침엽수나 상록 캐노피는 흐린 겨울철에 차고 음산한 효과를 주기 때문에 이를 과도하게 식재하는 것을 피해야 한다(Robinette, 1977: 142).
- 에어컨은 여름철 전력소비의 주된 요인이며, 온도가 올라가면 갈수록 에어컨의 효율성은 점점 떨어진다. 에어컨 주변을 넝쿨식물로 덮거나 식생격자울타리(trellis)를 세우거나 수목을 식재하면 주변의 대기온도를 화씨 6~7도 감소시키는 것으로 나타났다. 이렇

게 하여 여름철 에어컨의 성능을 약 10% 증가시킬 수 있다.

- 건물 벽과 창문을 그늘지게 하면 냉방에 소비되는 에너지를 40~50% 절약할 수 있다. 건물 벽을 통한 열전도는 실내온도에 영향을 주기 때문에 수목을 식재하여 동쪽과 서쪽, 남쪽 벽에 그늘을 드리우면 여름철 에너지 소비를 줄일 수 있다. 건물 벽에 그늘을 제공하기 위한 이상적인 패턴은 수목이 완전히 성장했을 때 가지가 서쪽과 동쪽의 벽이나 돌출부에서 약 1.5미터 이내, 남쪽의 벽이나 돌출부에서 약 90센티미터 이내 도달하도록 식재해야 한다(Akbari et al., 1992: 96).
- 수목이 성장했을 때의 수고와 수관폭을 검토하여 수고가 낮고 수관폭이 넓은 수목을 심는 것이 유리하다. 이런 수종은 하절기에는 그늘을 많이 제공하는 반면에 동절기에는 그늘을 최소한으로 제공하기 때문이다(한국토지개발공사, 1990: 178).

미국의 일부 도시에서는 에너지 절약을 위한 조경조례를 제정하여 시행하고 있는데, 우리나라도 이를 적극적으로 도입하는 것이 바람직하다. 에너지 절약 조경조례는 일반적으로 성과기준(performance standards)과 처방기준(prescriptive standards) 중 하나를 선택해 최소성과기준(standards for minimal performance)을 정한다. 성과기준이란 조례를 충족시키기 위해서는 어느 수준의 성과가 요구되는지를 명시화한 것이고, 처방기준은 조례를 충족하기 위해 최소수준의 성과를 달성하기 위한 단순한 방법을 요구하는 것이다. 예를 들면, 캘리포니아 새크라멘토의 조례는 15년 이내에 주차장의 50%에 그늘을 제공할 수 있는 수목 식재를 요구하고 있고, 로스앤젤레스의 조례는 주차장의 4개 주차면수당 1그루의 수목을 요구하고 있다(Akbari et al., 1992: 114).

(2) 바람의 조절

바람에 대하여 가장 효과적인 대지는 남면을 향한 경사지이다. 바람의 형태는 대지의 형상에 따라서도 변하는데 언덕이나 계곡, 삼림 등의 자연이나 인공구조물에 의하여 대지가 바람에 노출되는 강도와 빈도를 결정하는 것이 중요하다(대한건축사협회, 1990: 32).

온대지방에서는 겨울철에 일조를 최대화하고 겨울바람의 영향을 줄여주며, 여름철에는 그늘을 최대화하고 대기순환을 원활히 해주어야 한다. 미기후상 경사면의 중간상부 지점이 바람이나 태양열의 접근은 좋으면서 거센 바람으로부터 보호되어 유리하다. 바람으로부터 보호되고 해가 비치는 외부공간을 조성하도록 건물을 위치시키고 조정해야 한다. 건물군 후면부에 풍속이 감소하는 구간은 대략 건물 높이의 3배 혹은 4배가 되는 부분까지이다(Robinette, 1977: 74-75).

물의 가장자리는 유입되는 바람을 냉각시킬 수 있다. 건조한 열대지방에서는 공기 중에 증산된 물이 대기온도를 낮출 수 있다. 분수나 풀을 내정에 두면 건물에 냉각효과를 가져올 수 있다.

바람이 주거지를 통과하거나 그 주변 바람의 이동에 영향을 줄 수 있도록 수목을 식재할 수 있다. 여름철에는 상시풍의 방향을 찾아서 주택 주변 수목들의 낮은 가지를 가지치기하여 바람이 주택으로 흘러 들어가도록 유도해야 한다(Akbari et al., 1992: 96). 겨울철에는 계절풍으로부터 정원, 온실, 파티오(patio) 등 옥외공간을 보호하기 위해서는 잎이 무성하고 낮은 상록수를 심거나 방풍울타리 혹은 담을 배치하는 것도 효과적이다(Mazria, 1989: 59).

(3) 옥상녹화와 벽면녹화

조방적 옥상정원(extensive roof garden), 생태지붕(eco-roof), 녹색지붕(green roof) 등으로 불리는 옥상녹화시스템은 독일과 네덜란드에 많이 보급되어 있으며 최근에는 미국이나 캐나다에서도 관심을 가지기 시작했다. 생태지붕은 건물의 단열기능을 향상시켜 도시의 열섬현상 완화와 대기오염 감소에 기여하며, 야생동물의 서식처가 되고, 빗물을 흡수하여 빗물의 유출량을 감소시키는 등의 장점이 있다(Thompson, 1998: 48).

옥상녹화시스템의 열성능을 정량적으로 평가하기 위해 한국건설기술연구원에서 하계와 동계에 모형실험을 수행한 결과, 여름철에는 단열과 함께 내부로의 열전달 지연과 열섬현상 저감효과를 나타내고, 겨울철에도 뚜렷한 단열효과(최대 8.5~10.5%의 에너지소비량 절감효과)가 있음이 확인되었다(안태경 외, 1997: 85).

일반적으로 유지·관리가 어려운 장소에 시공되는 비관리–경량형 녹화공법의 대표적인 사례는 독일의 조방형 옥상녹화(extensive Dachbegrunung) 공법을 들 수 있고, 반대로 유지·관리가 필수적인 관리–중량형 녹화공법의 전형적인 사례로는 집약형 옥상녹화(intensive Dachbegrunung) 공법을 들 수 있다. 비관리–경량형 녹화공법은 기존 건축물의 옥상녹화에 주로 적용되는데, 구조체가 하중의 부담을 적게

그림 4-6.
옥상녹화와 함께 설치된 태양광패널

받고 시공과 관리에 노력과 비용이 적게 든다. 이 공법은 살수, 시비, 가지치기 등이 필요 없고 1년에 1~2회 관리로 충분하다. 여기에 사용되는 식물은 극한적인 자연조건에서도 생장가능한 식물이어야 한다. 즉 장기간의 건조기와 혹한에 견딜 수 있는 선태류, 식물체가 다육질인 세덤류, 특정 잔디류 등이 주종을 이룬다. 우리나라의 다양한 야생화와 초본류도 비관리-경량형 옥상녹화에 이용할 수 있다(안태경 외, 1997: 11). 또한 옥상녹화를 한 경우에도 그림 4-6과 같이 태양광패널을 설치해 태양열을 활용할 수도 있다.

그림 4-7.
건축물 벽면녹화 사례
(독일 슈투트가르트)

벽면녹화도 에너지 절약에 큰 효과가 있는 것으로 알려져 있는데 캐나다, 독일이나 일본의 생태주택에서는 대부분 벽면녹화를 통해 에너지 절약효과를 얻고 있다(그림 4-7 참조). 독일의 생태주택에서는 벽면에 단열재를 사용하고 벽면녹화를 함으로써 에어컨을 전혀 사용하지 않고도 시원하게 여름을 보낼 수 있다.

연구결과에 따르면 노출된 벽면을 수직적으로 벽면녹화를 하면 에너지 효율성이 8% 향상되는 것으로 나타났다. 또한 수목이 그늘을 제공하는 근린주구(近隣住區)에서는 수목이 없는 근린주구보다 3℃가 서늘한 것으로 나타났다(Yeang, 2006: 224-225).

(4) 색채조절

색채의 효과를 이용해 에너지를 절약할 수도 있다. 옅은 색채의 표면은 주간에 빛을 반사하고 공간의 조도를 증가시킬 뿐 아니라 짙은 색채는 태양열을 흡수 · 저장하기 때문이다(그림 4-8 참조). 건축재료와 색채에 따라 태양열의 흡수도가 현저하게 차이가 있음을 표 4-9에서 보여주고 있으며, 색채의 종류에 따라 일조의 반사도가 상이함을 표 4-10에서 나타내고 있다.

이와 같이 색채에 따라 태양열의 흡수율이나 복사에 대한 방사율이 다르므로 외피 마감재의 색깔은 건물의 에너지 부하에 큰 영향을 미친다. 일반적으로 지붕의 경우 겨울철에 복사열을 획득하는 것보다 여름철의 과열현상을 방지하는 것이 더 중요한 문제이므로 밝은 색깔로 마감하는 것이 좋다. 북측 벽은 일사 획득이 거의 없는 반면에 외부로의 복사열 손실이 많으므로 밝은 계통으로 마감하는 것이 유리하다. 동측과 서측 벽은 여름철 일사량의 과다로 냉방부하의 증가와 과열이 우려되므로 역시 밝은 계통으로 마감하는 것이 좋다. 여름철 일사획득량은 비교적 적은 반면에 겨울철에는 일사량이 많은 남측 벽을 흡수율이 높은 어두운 계통의 색으로 마감하는 것이 유리하다(건설부, 1994: 23-24).

바람막이의 기능을 하는 지형, 식생, 담장, 벽 등이 건물의 북측에 위치할 때는 가능한 한 남측은 옅은 색채로 하여 건물 북측의 그늘진 부분에 태양열이 반사될 수 있도록 해야 한다. 건물 북측의 포장재료는 옅은 색채로 하여 태양열이 반사되도록 해야 한다. 반면에 포장

그림 4-8. 지붕의 색채와 표면 온도

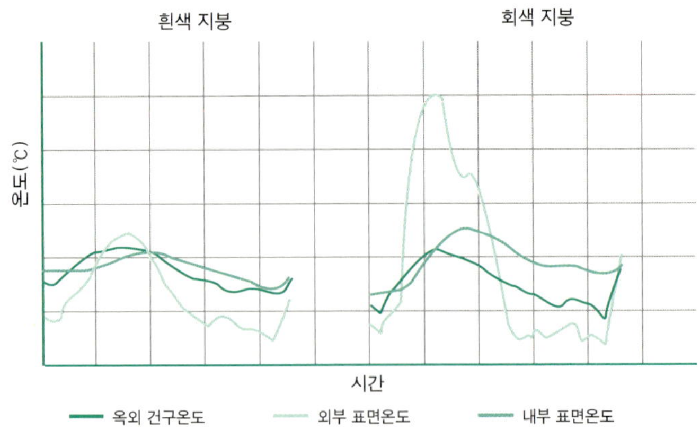

출처: Givoni(1998), p. 78.

건축재료와 색채		흡수율
광학 무광택 검은색 페인트	(optical flat black paint)	0.98
무광택 검은색 페인트	(flat black paint)	0.95
검은색 락카	(black lacquer)	0.92
어두운 회색 페인트	(dark gray paint)	0.91
검은색 콘크리트	(black concrete)	0.91
어두운 청색 락카	(dark blue lacquer)	0.91
검은색 유성페인트	(black oil paint)	0.90
짙은 청색 벽돌	(stafford blue bricks)	0.89
어둡고 짙은 황록색	(dark olive drab paint)	0.89
어두운 갈색 페인트	(dark brown paint)	0.88
어두운 청회색 페인트	(dark blue-gray paint)	0.88
감청색 락카 혹은 어두운 녹색 락카	(azure blue or dark green lacquer)	0.88
갈색 콘크리트	(brown concrete)	0.85
중간 갈색 페인트	(medium brown paint)	0.84
밝은 중간 갈색 페인트	(medium light brown paint)	0.80
갈색 혹은 녹색 락카	(brown or green lacquer)	0.79
중간 적갈색 페인트	(medium rust paint)	0.78
밝은 회색 유성 페인트	(light gray oil paint)	0.75
적색 유성 페인트	(red oil paint)	0.74
붉은 벽돌	(red bricks)	0.70
무색 콘크리트	(uncolored concrete)	0.65
적당히 옅은 황갈색 벽돌	(moderately light buff bricks)	0.60
중간 연한 녹색 페인트	(medium dull green paint)	0.59
중간 오렌지색 페인트	(medium orange paint)	0.58
중간 노란색 페인트	(medium yellow paint)	0.57
중간 청색 페인트	(medium blue paint)	0.51
중간 짙은 황록색 페인트	(medium kelly green paint)	0.51
밝은 녹색 페인트	(light green paint)	0.47
반 광택 백색 페인트	(white semi-gloss paint)	0.30
광택 백색 페인트	(white gloss paint)	0.25
은색 페인트	(silver paint)	0.25
백색 락카	(white lacquer)	0.21
윤이 나는 알루미늄 반사판	(polished aluminum reflector sheet)	0.12
알루미늄이 도금된 마일라 필름	(aluminized mylar film)	0.10
실험실 증기침전 코팅	(laboratory vapor deposited coatings)	0.02

출처: Brown(1985), p. 121.

표 4-9.
건축재료의
색채별 태양열 흡수율

이 남측이나 서측에 위치하면 포장재료를 가능한 한 짙은 색채로 하고 표면을 거칠게 하여 구조물의 남측이나 서측에 있는 창에 태양열이 반사되는 것을 최소화해야 한다(Robinette, 1977: 112). 지붕은 태양열 집열장치를 제외하고는 옅은 색채로 반사와 단열이 잘 되어야 한

표 4-10.
색채의 반사도

색채	반사도
흰색(white)	80~90%
담황색(pale yellow), 담홍색(rose)	80%
엷은 베이지색(pale beige), 연보라색(lilac)	70%
엷은 파랑색과 녹색(pale blue, green)	70~75%
겨자황색(mustard yellow)	35%
중간갈색(medium brown)	25%
중간 파랑색과 녹색(medium blue, green)	20~30%
검은색(black)	10%

출처: Brown(1985), p. 122.

다(Robinette, 1977: 129).

요약하면, 에너지 절약을 위해 조경설계에서 특히 관심을 가져야 할 요소는 다음과 같다. 첫째, 여름철에 태양열을 차단하기 위해 그늘을 제공하고 겨울철에는 태양열을 더 많이 흡수하기 위한 식재기법을 들 수 있다. 둘째는 바람을 활용하는 방법으로, 여름철에는 바람을 유도하고 겨울철에는 바람을 차단하는 식재기법이 있다. 셋째로는 건물 표면의 색채가 태양열의 흡수와 반사에 영향을 주는 정도가 차이가 있음에 착안하여 이를 주거단지설계에서 활용하는 기법을 들 수 있다.

녹색도시와 그린홈이 만들어지려면 신·재생에너지를 적극적으로 활용하는 에너지 절약형 주거단지가 조성되어야 할 것이다. 이를 위해서는 건축 분야에서의 노력 못지않게 조경 분야에서의 노력이 병행되어야 한다. 선진국에서 시행하고 있는 에너지 절약 조경조례를 우리나라 지방자치단체에서도 제정하여 시행하는 것이 필요하다.

신 · 재생에너지 활용방안

이미 선진국에서는 이산화탄소 배출을 제로화한 제로에너지하우스를 실험적으로 건설해 활용하고 있으며 우리나라에서도 제로에너지하우스 개발을 위해 연구와 실험주택을 건설하는 노력을 기울이고 있다. 2020년까지 우리나라에서 제로에너지 친환경주택(그린홈)으로 개발된 실험주택에는 제로에너지 솔라하우스(한국에너지기술연구원), Eco-3리터 하우스(대림산업), Plus50 환경공생빌딩(한국건설기술연구원), Green Tomorrow 전시하우스(삼성물산), 그린홈플러스(저에너지 친환경공동주택 연구단), 장수명 공동주택 실험주택(한국토지주택공사), 제너하임(대우건설), 건축환경연구센터(KCC중앙연구소), 노원 에너지제로주택(EZ House), 세종시의 로렌하우스 등이 있다. 이러한 실험주택을 살펴보면 공통적으로 고성능 단열재, 고기밀 창호, 고효율 냉난방시스템, 환기시스템, 신 · 재생에너지시스템을 통해 이산화탄소 배출을 최소화하고 있다.

특히 정부에서 '그린홈 200만 호 보급'을 저탄소녹색정책의 국정과제로 제시한 바 있는데, 이를 위해서는 에너지 절약 대책뿐만 아니라 신 · 재생에너지의 활용이 적극적으로 이루어져야 한다. 화석에너지가 아닌 신 · 재생에너지를 활용하는 기술로는 태양열, 태양광, 지열, 바이오매스, 연료전지, 풍력시스템 등이 있다.

태양광발전은 태양광을 전기에너지로 직접 변환하는 기술로서 햇빛을 받으면 광전효과에 의해 전기를 발생하는 태양전지(solar cell)를 이용한 발전방식이다. 태양광발전은 반도체, 염료, 고분자 등의 물질로 이루어진 태양전지를 이용해 무한한 무공해의 태양에너지를 직접 전기에너지로 변환하는 발전방식이다. 태양광발전시스템은 태양전지로 구성된 모듈과 축전지, 전력변환장치로 구성된다. 태양광발전의 장점은 ① 에너지원이 청정하고 무제한이며, ② 필요한 장소에서 필요량을 발전가능하고, ③ 유지 · 보수가 용이하고, ④ 무인화가 가능하며, ⑤ 20년 이상의 긴 수명을 가지고 있다는 점이다. 단점으로는 ① 전력생산량이 지역별 일사량에 의존하고, ② 에너지 밀도가 낮아 넓은 설치면적이 필요하며, ③ 설치장소가 한정적이고, ④ 고가의 시스템 비용이 소요되며, ⑤ 초기투자비와 발전 단가가 높다는 점이다(에너지관리공단 신 · 재생에너지센터 홈페이지).

최근에는 태양광발전시스템을 건물에 통합하는 건물일체형 태양전지(building integrated photovoltaic, BIPV)가 활용되고 있으며, 시스템이 건물에 통합된 정도에 따라 다음과 같이 세 등급으로 구분할 수 있다. 1등급은 건물 외피의 전면이나 상부에 태양전지 모듈이 설치된 구조물로, 이 모듈은 건물 외피에 요구되는 어떤 기능도 갖지 않는다. 1등급의 통합방식은 PV의 건물 적용에 대한 바람직한 해결책은 아니다. 2등급은 PV-지붕재나 PV-외장재처럼 PV-모듈이 건물 외피구성체의 가장 외부에 설치되는 건축재를 대체하는 것이다. 이때 PV-모듈은 전형적인 건물 외장재의 기능을 가지며 건물의 필수적인 구성요소가 된다. 통합 정도가 가장 높은 3등급은 PV가 건물의 외피를 대체하고 외피가 갖는 모든 기능을 하는 경우이다.

건물일체형 태양광발전시스템의 원만한 설계와 시공, 효율적인 유지 · 관리를 위해서는 다음과 같은 설계규칙이 고려되어야 한다. 첫째, 직달 일사를 방해하는 요소가 없어야 한다. 둘째, 태양의 위치가 시시각각으로 변하기 때문에 태양광을 최대한 이용하도록 설치해야 한다. 우리나라의 경우 정남향에 30도 정도의 경사각이 PV-모듈 설치에 최적이다. 셋째, PV-모듈에 그림자가 지지 않도록 해야 한다. 예를 들어 굴뚝, 안테나, 이웃 건물, 나무 등은 모듈에 그늘을 형성하는 방해물이 될 수 있다. 넷째, PV-모듈의 온도가 상승할수록 전력생산은 줄어들기 때문에 후면통풍이 잘되도록 해야 한다. 다섯째, 태양광발전시스템에 문제가 생겼을 때 부품교환과 수리가 용이해야 한다. 여섯째, PV-모듈은 항상 전압이 걸려 있어 설치 과정에서 발생할 수 있는 직류 사고에 대해 고려해야 한다. 일곱째, 시간과 비용을 절감할 수 있도록 조립이 용이해야 한다(윤용상, 2010: 305-307).

태양열 이용 기술은 태양광선의 파동 성질을 이용한 태양에너지 광열학적 이용 분야로 태양열의 흡수, 저장, 열변환 등을 통하여 건물의 냉난방과 급탕 등에 활용하는 기술이다. 태양열 이용 기술의 핵심은 태양열 집열기술, 축열기술, 시스템 제어기술, 시스템 설계기술 등이다. 태양열시스템은 열매체의 구동장치 유무에 따라서 자연형 시스템과 설비형 시스템으로 구분된다. 전자는 온실, 트롬월과 같이 남측의 창문이나 벽면 등 주로 건물 구조물을 활용하여 태양열을 집열하는 장치이며, 후자는 집열기를 별도로 설치해서 펌프와 같은 열매체 구동장치를 활용하여 태양열을 집열하는 시스템으로 후자를 흔히 태양열시스템이라 한다. 집열 또는 활용온도에 따라 저온용, 중온용, 고온용으로 분류하기도 한다(에너지관리공단 신·재생에너지센터 홈페이지).

태양열의 약 47%는 지표면을 통해 지하에 저장되며, 태양열을 흡수한 땅속의 온도는 (지형에 따라 다르지만) 지표면에 가까운 경우 10~20℃를 유지해 열펌프를 이용한 냉난방시스템에 이용이 가능하다. 우리나라 일부 지역의 심부(지중 1~2킬로미터) 지중온도는 80℃ 정도로서 직접 냉난방에 이용할 수 있다. 지열시스템은 연중 온도를 일정하게 유지할 수 있는 땅의 축열성능을 이용한 냉난방시스템으로서 부동액이 땅속에 매설된 파이프를 순환하면서 동절기에 상대적으로 높은 온도의 열을 건물 안으로 전달하고 하절기에는 건물 내의 열을 흡수하여 땅속에 축열하는 방식이다.

지열은 지표면으로부터 150~200미터 깊이에 저장된 천부지열(shallow geothermal)과 200미터 이하에 존재하는 심부지열(deep geothermal)로 구분된다. 지열을 이용해 냉난방을 하기 위해서는 올바른 루프의 선택과 5℃ 이하의 저온에서 운전이 가능한 고성능 히트펌프가 필요하다. 지열시스템은 물, 지하수, 지하의 열 등의 온도차를 이용하여 냉난방에 활용하는 기술이다. 지열이용 열펌프는 부동액과 냉매 간의 열교환 방식에 따라 직접식과 간접식으로 구분된다. 간접식은 부동액과 냉매가 열펌프의 열교환기에서 열 교환이 이루어지는 방식으로 현재 지열원 열펌프 시스템의 주류를 이루고 있는 방식이다(윤용상, 2010: 311–312).

지열시스템의 종류는 대표적으로 지열을 회수하는 파이프(열교환기)의 회로구성에 따라 폐회로(closed loop)와 개방회로(open loop)로 구분된다. 일반적으로 적용되는 폐회로는 파이프가 폐회로로 구성되어 있는데, 파이프 안에는 지열을 회수(열교환)하기 위한 열매가 순환되며, 파이프의 재질은 고밀도 폴리에틸렌이 사용된다. 폐회로시스템(폐쇄형)은 루프의 형태에 따라 수직 또는 수평 루프시스템으로 구분되는데 수직으로 100~150미터, 수평으로는 1.2~1.8미터 정도 깊이로 묻히게 되며 상대적으로 냉난방 부하가 적은 곳에 쓰인다. 개방회로는 수원지, 호수, 강, 우물 등에서 공급받은 물을 운반하는 파이프가 개방되어 있는 것으로 풍부한 수원지가 있는 곳에서 적용될 수 있다. 폐회로가 파이프 안의 열매(물 또는 부동액)와 지열원이 열 교환되는 것에 비해, 개방회로는 파이프 내로 직접 지열원이 회수되므로 열전달효과가 높고 설치비용이 저렴하다는 장점이 있으나 폐회로에 비해 보수가 필요하다는 것이 단점이다(에너지관리공단 신·재생에너지센터 홈페이지).

바이오매스를 이용해 에너지를 얻는 방법은 크게 세 가지로 구분할 수 있다. 첫째는 땔감으로서 장작이나 나뭇조각인 우드칩(wood chip),

펠릿(pellets) 등 고형의 에너지원으로 이용하는 방법이다. 둘째는 바이오매스의 기술적 가공에 의한 액화에너지로 사탕수수에서 바이오 알코올을 추출하거나 유채씨에서 바이오디젤을 추출하는 것이 대표적 방법이다. 셋째는 여러 종류의 바이오매스를 생화학적 가공에 의해 발효시킬 때 생성되는 바이오가스를 이용하는 방법으로, 생성되는 가스로 전기를 발전하거나 가스관을 통해 소비처로 보내지고 있다. 이때 사용되는 바이오매스는 옥수수나 기타 곡물, 가축분뇨, 음식물쓰레기 등이다(이응직, 2009: 206–207).

연료전지는 연료가 수소와 산소로서 이들의 화학적 반응으로 생기는 화학에너지를 직접 전기에너지로 변화시키는 기술이다. 연료인 수소는 물의 전기분해 또는 천연가스 및 메탄올의 개질로 얻을 수 있고 산소는 공기로부터 얻게 되는데, 결국 수소는 전기에너지를 품고 있고 연료전지를 통해 그 전기에너지를 꺼내 사용하는 것이다. 알칼리형(AFC), 인산형(PAFC), 용융탄산염형(MCFC), 고체산화물형(SOFC), 고분자전해질형(PEMFC), 직접메탄올연료전지(DMFC) 등 다양한 종류의 연료전지가 개발되고 있다(이응직, 2009: 213–219).

5

그린인프라를 갖춘 도시 만들기

그린인프라는 자연생태계의 가치와 기능을 보전하고 도시의 기본 골격을 형성하며 인류에게 이익을 제공하는 녹색공간의 네트워크를 말한다. 수로, 습지, 숲, 야생동물 서식지, 기타 자연지역과 그린웨이, 공원, 보전용 토지, 농장, 목장, 산림 등으로 구성되는 그린인프라는 21세기 도시 환경 증진에 필수적인 요소로 주목받고 있다. 신도시를 조성하는 경우 그린인프라의 계획이 도로·상하수도 같은 기반시설의 계획과 동시에 고려되어 도시의 큰 틀을 만들어주고, 기존 도시의 경우에도 시설의 부지를 재활용해 그린인프라를 조성함으로써 도시에 활력을 불어넣을 수 있다. 이 장에서는 그린인프라의 개념과 계획원칙, 사례, 평가방법을 살펴보고 도시에 그린인프라를 조성하는 수단으로 주로 활용되고 있는 그린웨이, 생태네트워크 계획, 도시생태축 계획, 생태공원의 개념적 차이와 특징, 기능, 계획 과정과 설계방법 등에 대해 알아본다.

그린인프라

1) 그린인프라의 개념

*** 그린인프라**
유럽에서는 '그린스트럭처(greenstructure)'로 불린다. 도시의 그린스트럭처는 도로, 하수도 같은 회색 인프라(gray infrastructure)와 마찬가지로 주민들의 삶의 질에 중요하며, 그 중요성은 계획과 재정시스템에 반영될 필요가 있다. 그린스트럭처 플랜(greenstructure plan)은 오픈스페이스를 골격으로 하여 도시경관의 물리적인 큰 틀을 그려주는 것으로, 네덜란드에서는 수십 년 전부터 시행되어 왔다.

그린인프라(green infrastructure)*는 국가의 자연적 생명지원시스템(natural life support system)으로서 '자연생태계의 가치와 기능을 보전하고 인류에게 이익을 제공하는 녹지공간의 상호 연결된 네트워크'라고 정의할 수 있다. 즉 수로, 습지, 숲, 야생동물 서식지, 기타 자연지역과 그린웨이, 공원, 보전용 토지, 농장, 목장, 산림 등이 네트워크를 이루는 것을 말한다. 그린인프라는 순행적, 체계적, 총체적이며, 단일 관할구역이 아니라 다수관할구역이고, 다목적이며 다척도이다. 그린인프라는 토지개발, 성장관리, 인공시설 인프라 계획과 조화시켜 실행하는 것을 목적으로 하기 때문에 오픈스페이스 계획의 재래식 접근방법과는 차이가 있다. 한마디로 그린인프라는 '스마트 보전(smart conservation)'이라고 할 수 있다(Randolph, 2004: 98).

도시인프라에는 도로, 상하수도, 지하철 등만이 포함되었으나 이제는 그린인프라도 도시인프라에 포함시켜야 한다. 그린인프라는 도시의 골격을 만들어주는 녹지로서 도로·상하수도와 같은 인프라와 마찬가지로 도시를 만드는 과정에서 기본적으로 갖추어야 할 필수요소이기 때문이다.

그린인프라는 자연시스템을 서로 연결하는 것을 강조하며, 위기에 처한 토지를 구하기 위해 적극적으로 개입하여 보전과 재생을 도모하고 사회적 책무를 적극적으로 실천하는 것을 요구한다. 미국의 대통령지속발전위원회에서는 지속가능한 지역사회개발에 대한 종합적 접근방법을 제시하는 5개 전략지역의 하나로 그린인프라를 설정하고 있다(Walmsley, 2006: 257-259).

그린인프라 네트워크는 기본적으로 허브(hub: 유보지, 향토경관, 생산용 토지, 지역공원, 커뮤니티 공원 등)와 연결지(links: 도시생태축, 경관연결지, 보전통로, 그린웨이, 그린벨트, 수변범람원 등)로 구성된다.

그린허브로 판별하는 자원은 다음과 같다. ① 큰 블럭의 연속된 산림(300피트의 완충지대를 갖는 최소 250에이커의 산림), ② 최소 250에이커의 큰 습지 콤플렉스(wetland complex), ③ 희귀종과 멸종위기종, 독특한 생태군집, 철새서식지를 포함하는 최소 100에이커의 독특한 서식지, ④ 송어, 홍합 같은 독특한 군집의 중요한 서식지를 보유한 산림과 습지를 포함한 최소 100에이커의 비교적 청정한 하천과 강의 부분, ⑤ 기존의 보존된 자연자원 등이다. 그린연결지(green links)는 서식도로(habitat highway)의 역할을 하는 하천계곡과 산능선을 따라 있는 통로(corridor)를 포함한다.

이러한 접근방법을 이용해 미국의 메릴랜드주는 생태적으로 중요한 200만 에이커의 토지를 그린허브로 판별해두었다. 이 가운데 150만 에이커는 보호되지 않은 채로 남아 있다. 이 프로그램은 주정부의 계획과 자금을 이용해 매년 1만 에이커의 그린허브로 보호되는 토지를 확대하는 계획을 세우고 있다(Randolph, 2004: 100–101).

그린웨이와 구별되는 그린인프라의 특징은 다음과 같다. 첫째, 그린인프라는 레크리에이션이 아니라 '생태'를 강조한다. 둘째, 규모에서 그린인프라는 핵심적인 경관연결지뿐 아니라 크고 생태적으로 중요한 허브를 포함한다. 셋째, 그린인프라는 도시 형태를 조성하며 도시의 성장을 위한 골격을 제시한다. 그러한 골격은 생태적으로 중요한 지역과 개발에 적합한 지역을 미리 설정할 때 가장 잘 작동한다.

2) 그린인프라의 계획원칙

미국 워싱턴 시의 보전기금(Washington DC's Conservation Fund)은 그린인프라의 5대 원칙을 다음과 같이 제시하였다.

① **그린인프라는 총체적으로 설계되어야 한다.**
그린인프라는 다양한 녹지공간요소가 서로 분리되어 관련 없는 요소로 존재하는 것이 아니라 교통시스템과 같이 전체로서 기능을 하는 시스템으로 설계되어야 한다.

② **그린인프라는 전략적으로 배치되어야 한다.**
전력이나 통신, 상수시스템과 같이 그린인프라는 다수의 행정구역을 넘어서 연결되고 정부의 각 단계(주정부, 지역, 커뮤니티, 필지규모)에서의 녹지공간요소와 기능을 통합하도록 전략적으로 배치될 필요가 있다.

③ **그린인프라는 공공적으로 계획되고 집행되어야 한다.**
인공의 인프라와 마찬가지로 그린인프라는 커뮤니티 조직과 민간 토지소유자를 포함해 공공으로부터 투입되고 계획되며 집행되어야 한다.

④ **그린인프라는 주요 공공투자와 같이 우선적으로 재정지원이 이루어져야 한다.**
그린인프라는 다른 모든 서비스를 제공한 후에 남는 돈으로 지원하기보다는 다른 기초적 서비스와 함께 우선적으로 재정지원이 되어야 한다.

⑤ **그린인프라는 보전의 골격이 되어야 한다.**
도로, 하수도와 기타 인공인프라가 상이한 토지이용의 유형과 위치를 위한 골격을 제공하는 것처럼 그린인프라는 보전의 골격이 되어야 한다.

주정부 차원에서 이러한 원칙을 구체화한 예로 미국의 플로리다 그린웨이 위원회(Florida Greenways Commission, 1994)와 메릴랜드 그린프린트 프로그램(Maryland Green Print Program, 1997~2001)을 들 수 있다. 그중에서도 그린인프라 계획의 가장 좋은 사례로 꼽히는 메릴랜드의 그린프린트 프로그램은 ① 최신의 컴퓨터 지도화 기법을 이용해 주 내의 보호되지 않은 가장 중요한 자연지역을 판별하고, ② 이러한 지역을 연결하기 위해 통로체계(system of corridor)를 통해 연결지를 판별하며, ③ 취득이나 보전지역권(conservation easement)*을 통해 이를 보전하는 것을 목적으로 한다.

* 보전지역권
토지에 있는 수목이나 건물의 외관 등이 보전할 가치가 있다고 판단되어 이를 보전하고자 할 때 보전지역권을 매입하거나 기증받으면 보전지역권자의 동의 없이는 소유자가 보전지역권이 설정된 부분의 토지나 건물을 변경할 수 없다. 지역권의 설정을 등기하면 편익을 제공하는 토지의 소유자가 바뀌어도 지역권을 주장할 수 있다.

3) 그린인프라 평가방법

그린인프라를 계획하기 위해서는 그린인프라의 잠재자원과 후보지를 평가해야 한다. 미국 뉴저지의 'Open Space and Greenway Vision Plan'에서는 그린인프라를 평가하기 위해 다음과 같은 3단계의 과정을 진행하였다(Walmsley, 2006: 258-262). 3단계의 지도를 중첩시키면 이 계획의 기초가 되는 상호 연결된 오픈스페이스의 잠재적 그린인프라 네트워크가 드러나게 된다.

- **1단계: 현황의 목록화**(inventorying the present)
  기존의 오픈스페이스와 그린웨이, 즉 현재 보존된 모든 토지를 보여준다. 연방정부의 공원과 은신처, 주정부의 공원·산림·은신처, 군립공원과 그린웨이, 도시공원과 은신처, 탐방로(trail), 비영리보존지, 철도탐방로 등이 포함된다.
- **2단계: 제안된 후보지 파악**(identifying the proposed)
  보존되어야 할 후보지로 제안된 모든 토지를 보여준다. 즉 연방 혹은 주정부의 오픈스페이스와 그린웨이 계획, 군청의 오픈스페이스와 그린웨이 계획, 시정부의 오픈스페이스와 그린웨이 계획, 비영리 오픈스페이스와 그린웨이 계획 등을 포함한다.
- **3단계: 잠재자원의 구상화**(imagining the potential)
  1단계와 2단계에 포함되지 않았지만 중요한 생태적, 경관적, 문화적, 레크리에이션적 가치를 지닌 모든 토지를 보여준다. 즉 연속된 그린인프라의 부분이 될 잠재력을 가지며 주민들에게 보행네트워크를 제공하는 것으로 구상한다. GIS 분석 결과와 전문가들의 추천, 워크숍 패널 등에서 나온 결과를 포함시킨다. GIS 분석에서는 ① 토지이용과 피복의 가치, ② 도로 밀도의 가치, ③ 수변과 호수 통로의 가치, ④ 능선의 가치, ⑤ 산림 패치의 가치, ⑥ 범람원의 가치, ⑦ 서식처의 가치, ⑧ 탁월, 매우 좋음, 좋음으로 등급화된 종합 적합성 등의 기준에 의해 단지적합성(site suitability) 분석 지도를 만든다.

그린웨이는 생태학자, 생물학자, 지질학자, 도시계획가, 조경가 등의 전문가들이 제안한 다음과 같은 설계원칙을 기준으로 평가한다.

① 가장 규모가 크고 중요한 오픈스페이스인 '허브(hub)'를 보호한다.
② 오픈스페이스의 연결성(connectivity)을 유지하고 증가시킨다.
③ 충분히 넓은 그린웨이 통로의 '연결지(links)'와 비선형 '결절점(nodes)'을 보호한다.
④ 가능한 최상의 그린웨이 통로의 질을 제공한다.
⑤ 다수의 그린웨이 연결성을 제공한다(network complexity).

오픈스페이스 허브는 ① 패치의 크기, ② 총체적인 패치의 크기, ③ 단위면적당 희귀종의 수, ④ 지하수 함양의 추정치, ⑤ 최우량(prime) 토양의 비율 등에 의거하여 평가하고 순위를 매긴다. 최종단계에서는 적합성분석과 최소비용경로분석을 토대로 최상등급의 허브를 그린웨이 통로로 연결시킨다.

그린웨이

1) 그린웨이의 개념

그린웨이(greenway)는 생태적, 레크리에이션적, 문화적, 미적이며, 지속가능한 토지이용 등의 개념과 부합되며 다목적으로 계획·설계·관리된 선형의 요소를 포함한 토지의 네트워크이다(Ahern, 1995: 134; 곽결호 외, 2011: 209–210). 그린웨이를 환경적 관점에서 좋은 루트로 정의하기도 하며(Turner, 1998: 138), 도시와 교외·농촌에서의 선형 공원, 오픈스페이스, 보호지역으로 광범위하게 서술하기도 한다(Little, 1990: 4; 곽결호 외, 2011: 209–210). 한 예로 뉴욕 시는 1993년에 350마일의 그린웨이 계획을 발표하고 이를 실천하는 작업을 진행하고 있으며(그림 5–1 참조), 미국에서는 이를 비롯하여 600여 개의 그린웨이 프로젝트가 이미 개발되었거나 건설 중이다(Bueno et al., 1995: 249).

그림 5-1.
그린웨이 계획 사례
(미국 뉴욕)

2) 그린웨이의 유형

Little(1990)은 그린웨이를 ① 도시 강변–수변 그린웨이(urban riverside–waterfront greenways), ② 레크리에이션적 그린웨이(recreational greenways), ③ 생태적으로 중요한 자연통로(ecologically significant natural corridors), ④ 경관 및 역사적 루트(scenic and historic routes), ⑤ 종합적 그린웨이 시스템 또는 네트워크(comprehensive greenway system or networks)로 분류하고 있다(Bischoff, 1995: 317; 곽결호 외, 2011: 209–210).

Turner(1998)는 그린웨이를 다음의 일곱 가지로 분류하였다.

첫째는 행사로(ceremonial avenues)로, 고대에서는 종교적 행사와 군사 퍼레이드, 장례행사 등을 위해 만들어졌고 이는 유럽 바로크 도시의 독특한 요소가 되었다.

둘째는 대로(boulevard)로서, 관광객들이 가로수가 늘어서 있는 도로를 오갈 수 있는 즐거움을 위해 계획된 도로이다. 대로는 파리 시를 재개발할 때 나폴레옹과 하우스만의 계획안에 포함되었고, 19세기 영국과 미국의 공원에 대로가 만들어졌다.

셋째는 공원도로(parkway)로, 원래는 가로수가 늘어선 곡선의 대로였으나 자동차도로가 포함된 띠 모양의 공원부지(parkland)를 의미하게 되었다. Abercrombie(1943: 107)는 런던계획에서 공원도로를 공원시스템의 연결고리로 정의하였다.

넷째는 공원벨트(park belt)로, 도시 경계부에 위치한 고리 형태의 레크리에이션적 오픈스페이스를 말한다. 세계 최초의 공원벨트는 호주의 애들레이드(Adelaide) 시에서 계획되었다.

다섯째는 공원시스템(park system)으로, 도시 중심부를 관통한다는 점에서 공원벨트와 차이가 있다. 공원시스템의 최초이자 가장 유명한 예는 미국의 보스턴 시를 위해 Frederick Law Olmsted*가 계획하고 설계한 에메랄드 네크리스(Emerald Necklace)이다.

* F. L. Olmsted
현대적 개념의 미국 조경의 아버지로 불리고 있으며, 조경설계의 기틀을 마련하여 조경을 독립된 학문 또는 예술로 확립하는 데 기여하였다. 뉴욕 센트럴 파크와 프로스펙트 파크를 설계하여 '현대 공원의 창시자'로도 불린다. 그는 센트럴 파크를 효시로 미국과 캐나다의 주요 도시에 수많은 공원계획을 수립하였다.

여섯째는 그린벨트(greenbelt)로, 도시의 성장을 관리하고 도시의 확산을 막고 농업적, 레크리에이션적, 환경적 역할을 담당한다. 집중적인 성장압력을 규제하는 완충지 역할을 한다. 오타와와 런던의 그린벨트는 도시의 확산을 방지하기 위해 지정되었다.

일곱째 유형은 녹색탐방로(green trail)인데, 영국의 농촌위원회(Countryside Commission)와 미국의 국립공원청은 장거리 탐방로를 만드는 데 매우 적극적이었다. 1921년에 Benton MacKaye에 의해 제안된 메인주에서 조지아주에 이르는 3,300킬로미터의 애팔래치안 탐방로(Appalachian Trail)가 녹색탐방로의 시초라고 할 수 있다(Ahern, 1995:

138-148; 곽결호 외, 2011: 210-211).

3) 그린웨이의 특징

그린웨이의 특징은 다음과 같다(Ahern, 1995: 134; 곽결호 외, 2011: 211-212).

첫째, 그린웨이의 공간적인 배치는 주로 선형이다. 선형 시스템에 내재된 특성과 기회를 바탕으로 물질과 종과 영양물의 이동이나 소통에서 뚜렷한 이점을 가지고 있다.

둘째, 연결이 중요하다. 통합된 시스템으로서의 그린웨이는 공간적 척도를 넘어서 연결의 이점을 바탕으로 시너지효과를 얻을 수 있다.

셋째, 다기능적이다. 모든 목표가 최적화되고 교환될 수 없기 때문에 그린웨이와 연관된 생태적, 문화적, 사회적, 미적 목표를 반영하도록 타협하되 생태적, 문화적 계획의 목표를 설정하는 과정이 특히 중요하다. 예를 들면, 레크리에이션 수요와 야생동물 서식지 보존 수요는 상충되기 때문에 공간적으로 분리할 필요가 있다. 그린웨이의 목표는 사회적, 문화적 가치와 인지뿐 아니라 환경보호적 가치와 인지를 반영해서 결정한다.

넷째, 그린웨이 전략은 환경보전과 경제발전 사이에 상호보완성이 있음을 전제로 한다는 점에서 지속가능한 발전의 개념과 일치해야 한다. 그린웨이 전략에서는 자연보호뿐 아니라 인간의 경관이용이 인정되고 합법화된다.

다섯째, 그린웨이는 통합된 선형 시스템의 이점과 특성을 기반으로 한 독특한 공간적 전략을 나타낸다. 그린웨이는 종합적인 경관과 물리적 계획의 대체가 아니라 보완으로 간주되어야 한다. 선형이 아닌 중요한 경관, 연결이나 다목적 이용의 혜택을 받지 못하는 요소를 보호하는 노력을 기울여야 한다.

4) 그린웨이의 기능

그린웨이는 ① 수자원의 보호, ② 홍수피해 · 오염 · 소음의 감소, ③ 수변 서식지 개선, ④ 종다양성 증대, ⑤ 미기후 개선, ⑥ 레크리에이션 기능, ⑦ 환경교육 기능, ⑧ 제방의 침식과 하천 하류의 퇴적을 감소시키는 기능을 한다(Platt, 1991: 317). 그린웨이의 구성요소 중 하나인 도시의 가로수를 경제적으로 환산한 연구에서 미국 뉴욕 시의 공원휴양청은 가로수를 재산가치, 에너지 절약, 빗물 저류, 이산화탄소 감소, 대기질 향상 등의 가치를 경제적 가치로 분석하여 뉴욕 시의 가로수 59만 2,130그루의 경제적 가치를 1억 2,200만 달러로 추정하였다.

5) 그린웨이의 변천

1960년까지의 1세대 그린웨이는 대로(boulevard)와 공원도로(parkway)이며, 1960~1985년의 2세대 그린웨이는 탐방로 위주의 레크리에이션 그린웨이, 강에 접근할 수 있는 선형 공원이다. 1985년 이후의 3세대 그린웨이는 야생동물보호, 수질에의 관심, 교육, 레크리에이션과 기타 목적을 포함한 다목적 그린웨이이다(Searns, 1995: 65).

6) 그린웨이에 대한 찬반논쟁

그린웨이의 효과에 대해 그동안 논쟁이 계속되어왔다. 그린웨이에 대해 찬성하는 의견은 그린웨이의 긍정적 효과를 다음과 같이 제시하고 있다(Linehan, 1995: 180–181).

첫째, 그린웨이는 서식지 파편화(fragmentation)의 영향을 감소시킨다. 서식지의 파편화는 생물종다양성에 중대한 위협이며, 멸종위기의 주요 원인 중 하나이다. 파편화의 두 가지 주요 영향은 서식지의 손실과 고립화이다. 서식지의 손실은 개체군의 크기를 감소시키고 멸종률을 증가시키며, 고립화는 생산적인 서식지의 재착생(recolonization) 가능성을 감소시킨다. 그린웨이 계획은 파편화에 민감한 종이 필요로 하는 자연경관 패턴에 근접하게 만들어 파편화로 인해 예상되는 종의 손실을 방지할 수 있다.

둘째, 그린웨이는 완충작용을 통해 경관기능(landscape function)*을 보다 지속가능한 수준으로 유지하도록 조절할 수 있는 잠재력을 갖고 있다. 그린웨이와 관련된 완충작용에는 두 가지가 있다. 그 하나는 수변통로 및 습지 여과작용(riparian corridor/wetland filtering)으로, 교란지역과 수변통로와 습지 사이에 위치한 그린웨이 완충지는 침식방지, 퇴적물의 여과, 수온조절 등을 통해 수변지역의 침식과 흘러드는 쓰레기의 영향을 완화시킨다. 다른 하나는 외부의 교란으로부터 내부 서식지의 패치를 보호하는 패치경계 완충작용(patch edge buffering)이다. 내부 서식지는 고도로 교란되고 파편화된 경관에서는 살 수 없는 특수한 종(specialist species)을 위한 서식지의 파편화가 이루어지지 않은 패치인데, 종다양성을 위해서는 적절한 내부 서식지를 유지하는 것이 중요하다. 대부분의 온대 경관에서 중요한 내부 서식지는 산림환경이다. 그린웨이 완충지는 침입종의 확산에 유리한 생태요소를 안정화시킴으로써 외래종의 침입과 확산을 통제할 수 있다.

셋째, 그린웨이는 경관 파편화의 부정적인 효과를 완화시키는 역할을 한다. 이 주장은 섬생물지리이론(theory of island biogeography)**과 매타개체군이론(metapopulation theory)***에 연관된 연결성(connectivity)의 이점에 근거를 두고 있다. 그린웨이는 보다 높은 연결성을 제공함으로써 특히 메타개체군동태(metapopulation dynamics)****를 보이는 종의 생존 전망을 높여줄 수 있다.

넷째, 그린웨이는 경관에 눈에 띄는 구조와 식별성을 제공한다. 그린웨이 계획은 지역 단위 설계의 한 형태로서 경관의 물리적, 공간적 특성에 큰 영향을 준다(Ahern, 1995: 135-136).

*** 경관기능**
경관생태학에서 경관기능은 경관요소 간의 영양물질과 종, 에너지의 흐름을 설명하는 용어로 사용된다.

**** 섬생물지리이론**
어떤 섬의 종의 수는 육지로부터의 종의 이입과 그 섬에서의 멸종에 의해 결정되는데, 섬이 육지에 가까울수록 육지로부터 이입되는 종은 육지에서 먼 섬에 비해 더 많고, 섬의 면적이 클수록 멸종되는 종의 수가 더 적다는 이론이다.

***** 메타개체군**
경관 안에서 비서식처에 의해 어느 정도 격리되어 흩어져 있는 아개체군(subpopulation)으로 이루어진 개체군을 말한다(이도원, 2001: 15).

****** 메타개체군동태**
개체군이 여러 개의 작은 집단(아개체군)으로 나누어지는 상황을 의미한다. 서로 분리되어 있기 때문에 아개체군들 내에서의 개체군동태는 다른 아개체군의 동태와 완벽하게는 아니지만 어느 정도 독립적이다. 아개체군들의 동태는 아개체군 내의 개체들이 분산하는 것과 연관되어 있다(Dodson et al., 2002: 323).

그린웨이에 반대하는 의견은 다음과 같은 점을 근거로 들고 있다. Daniels(1988)는 야생동물 이동통로로서의 그린웨이가 필요하지 않은 이유를 다음과 같이 제시하였다(Ahern, 1995: 136에서 재인용). 첫째, 많은 종들이 이동통로 없이 경관을 건너서 분산될 수 있다. 둘째, 의도한 종들이 이동통로를 이용할 것이라는 증거가 거의 없다. 셋째, 이동통로는 침입종이 보존지역으로 확산되는 것을 촉진할 수 있다.

보전생물학 분야에서는 하나의 큰 패치(또는 생태계)를 보존하는 것과 몇 개의 작은 패치(또는 생태계)를 보존하는 것의 상대적 장점에 대해 장기간에 걸쳐 논쟁이 있어 왔다. 그린웨이 반대론자들은 경관 파편화에 대한 더 적절한 전략적 대응은 추가적 보존이나 자연의 창출을 통해 파편화되기 전에 큰 패치를 보존하는 것이라고 주장한다. 반대론자들은 연결성을 회복하고 보존하는 전략에 대해 큰 경관요소를 지속적으로 파편화하는 토지이용에 일종의 면허를 주는 것이라고 파악한다. 이러한 주장은 파편화되지 않은 경관에는 타당할 수 있다.

경관에서 그린웨이 통로를 강요하는 것은 획일성을 초래하고 문화적 정체성을 상실할 수 있다. 트인 경관(open landscape)에서 식재된 통로를 부자연스럽고 부적절하게 도입할 경우 물리적, 문화적, 시각적 경관을 급격하게 변화시킬 수 있다는 비판은 섬생물지리이론의 적용으로 경관계획정책에 영향을 끼친 네덜란드에서 제기되었다. 시행 과정에서 토지소유권은 가장 우선적으로 고려되어야 하는데, 흔히 대규모의 디지털 데이터베이스에는 토지소유권 정보가 누락되어 이를 바탕으로 계획을 수립하는 과정에서 토지소유권의 고려가 배제되어 있는 실정이다. 소유권의 고려가 없으면 경관의 소유자나 거주자가 그린웨이를 재산권 침해로 인식하여 반대할 수도 있다(Ahern, 1995: 137).

7) 수변 그린웨이

수변 그린웨이란 하천변이나 강변에 일정한 폭의 녹지로 만들어지는 그린웨이를 말한다. 선진 도시에는 하천변이나 강변에 그린웨이가 조성되어 있어 시민들이 산책과 휴식을 취하며 물에 접근하기 쉬운 공간이 조성되어 있다. 반면에 우리나라의 도시에는 하천변이나 강변에 그린웨이가 아닌 차도가 많이 설치되어 있어 시민들이 강이나 하천으로 접근하는 것을 차단하고 있다.

여러 연구에서는 하천의 유형에 따라 적절한 그린웨이의 폭을 제시하고 있다. 예를 들면, 미국의 북서태평양지역에서는 하천의 양쪽으로 최소 30미터 폭을 권장하고 있으며(Budd et al., 1987: 587–597), Corbett 등(1978)은 미국 동부에서 자행되고 있는 벌채의 영향으로부터 하천생태계를 보존하기 위해 30미터 폭의 수변식생을 권장하고 있다. 북부캘리포니아 하천 연구에서 Newbold 등(1980)은 벌채가 무척추동물에 미치는 대부분의 영향을 30미터 이상의 완충지대가 방지하고 있음을 보여주었다. 워싱턴주 해안관리법은 하천변 60미터 이내의 토지, 100년 빈도 범람원 내의 토지, 하천과 연결된 습지를 보존하고 있다. 메릴랜드주의 경우 '체사피크 만 중요지역 위원회(Chesapeake Bay Critical Area Commission)'에서는 체사피크 만(Chesapeake Bay)의 300미터 이내의 토지를 '중요지역(critical area)'으로 지정하여 이 지역의 개발이 제안될 경우 집중적인 검토를 요구하고 있다. Toth(1990)는 수변통로(riparian corridor) 양측 150미터 이내에서의 활동이 하천에 미치는 영향에 대해 기관과 대중의 검토를 받도록 해야 한다고 권장하고 있다(Binford and Buchenau, 1993: 92–93에서 재인용). 메릴랜드의 수계에 관한 연구에서 경작지의 침식으로 인한 하천의 퇴적을 조사한 결과 숲으로 이루어진 완충지를 80미터까지 설치하는 것이 퇴적 방지에 효과가 있다고 제시하고 있다(Lowrance et al., 1988: 195–199).

몇 가지 퇴적물에 관한 연구를 종합해볼 때 퇴적물을 50~75%까지 감소시키는 것이 목표라고 한다면 80~100미터가 합리적인 수변 그린웨이의 최소폭이며, 더 많은 퇴적물을 제거하기 위해서는 더 넓은 폭이 필요하다. 수변 그린웨이의 폭은 ① 강우량, 퇴적물, 영양물에 기여하는 지역의 크기, ② 인접한 경사지와 수변지대의 경사도, ③ 농업과 산림, 근교 혹은 도시개발과 같은 고지대의 문화활동과 교란의 강도에 따라 조절되어야 한다(Binford and Buchenau, 1993: 93).

8) 그린웨이의 계획과정

그린웨이의 계획은 그림 5-2와 같은 과정을 거치게 된다.

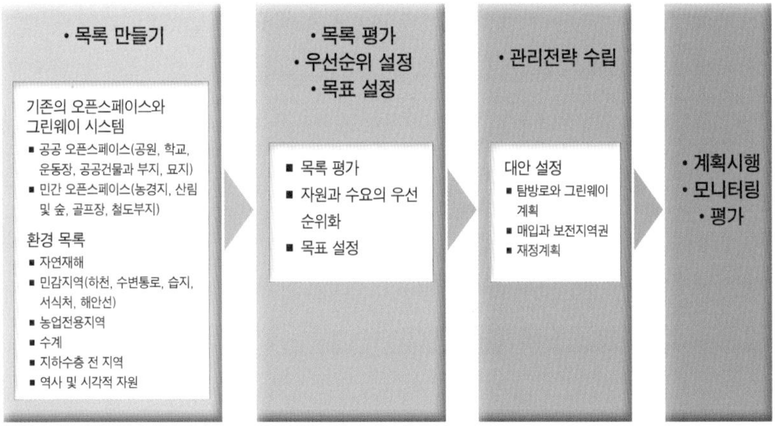

그림 5-2. 그린웨이의 계획과정과 수행내용

9) 생태적 그린웨이의 설계방법

생태적 그린웨이란 생태복원, 생물다양성 유지, 서식처 보전, 야생동물 이동 같은 생태적 목적을 가지고 만들어진 그린웨이를 말한다. 생태적 그린웨이는 4단계의 절차를 거쳐서 설계되어야 한다. 1단계에서는 지역적 맥락을 이해하고, 2단계에서는 프로젝트의 목표와 그린웨이 대상구간을 선정한다. 3단계에서는 그린웨이의 경계를 확정하고, 4단계에서는 그린웨이를 설계하고 관리구상을 만들어 실행한다. 각 단계별 구체적인 절차와 방법은 다음과 같다(Smith and Hellmund, 1993: 132).

(1) 1단계: 지역적 맥락에 대한 이해

지역적 맥락(regional context)을 이해하기 위해서는 그린웨이나 그린웨이 네트워크에 의해 유지되거나 향상될 수 있는 보호되지 않은 중요한 생물학적, 수계적, 레크리에이션적 특징 요소나 기타 특징이 지역 내에 있는지 파악해야 한다. 그린웨이 보존을 정당화하기 위해서는 지역 내에서 가장 중요하지만 보호되지 않은 특징적 요소를 보전하는 것이 필연적이다. 보전의 제약조건이 절대적인 게 아니라면 정책의 변경이나 그린웨이의 설계를 통해 제약조건을 극복할 수 있다. 지역 내에 중요한 잠재적 특징 요소가 있고 극복할 수 없는 제약조건이 없다면 2단계로 진행한다.

(2) 2단계: 프로젝트의 목표와 그린웨이 대상구간 선정

모든 그린웨이 프로젝트는 생물학적 보전, 수자원 보호, 레크리에이션 목표를 가지고 시작해야 한다. 생물학적 자원이나 수자원에 대한 민감성 때문에 레크리에이션이 그린웨이에서 제외될 상황이라면 프로젝트는 레크리에이션의 목표를 유지하되 인간의 이용을 제약하는 목표를 가져야 한다.

- 그린웨이의 주된 용도는 무엇인가?

  프로젝트의 목표와 목적에서 서술된 그린웨이의 주된 수혜자가 될 요소를 핵심적 용도로 선정한다. 주용도 간에 갈등이 있을 경우 이를 해결하기 위한 일관성 있는 메커니즘이 될 수 있도록 핵심용도를 서열화한다.

- 가장 유망한 그린웨이 대상구간은 어디인가?

  그린웨이 대상구간은 프로젝트의 목표를 추진하는 데 장애물이 적고 그린웨이를 위한 생물학적, 수자원적, 레크리에이션적 기회를 담고 있는 넓은 지역을 포함한다. 극복할 수 없는 장애물이 있는 부적합한 토지는 연구에서 제외한다. 그린웨이 대상구간의 윤곽을 잡는 일반적인 전략은 그린웨이 잠재력을 가진 지역을 발견하고 지도상에 인접지역을 포함해 여유 있게 주변에 선을 긋는 것이다.

(3) 3단계: 그린웨이 경계 획정

- 대상구간 내의 어느 지역이 그린웨이 노선으로 가장 적절한가?

  각각의 핵심 용도에 높은 연결성을 제공하는 것이 그린웨이 노선으로 적절하다. 중복된 구간은 야생동물을 보호하는 그린웨이에 도움이 된다. 수변통로를 위한 노선결정은 용이하지만 질을 평가하는 것은 훨씬 어렵다. 기존 및 잠재적인 탐방로의 기점(trailheads)은 레크리에이션의 결절점으로 고려되어야 한다(Smith and Hellmund, 1993: 157).

  자료를 검색하여 핵심적인 생물학적 이용자의 서식지와 이동기준을 연구한다. 그린웨이 대상구간 내의 경관구조를 지도화한다. 매트릭스와 패치, 통로의 위치와 질이 식생도나 항공사진에 나타나도록 구명한다. 최초의 핵심적인 생물학적 이용자를 위해 경관을 통과하는 이동에 대한 제약조건을 표시하도록 경관구조지도를 재분류한다. 최초의 핵심적인 생물학적 이용자에 관한 연구에서 얻어진 서식지 기준을 이용하여 '서식지 적합성 지도'를 발전시킨다. 서식지 적합성 지도상의 구역을 서식지 적합성에 따라 서열을 매겨서 '서식지 결절점 지도'를 개발한다. 핵심생물학적 이용자 각각에 대해 별도의 이동 제약조건 지도, 서식지 적합성 지도, 서식지 결절점 지도를 만든다. 서식지 결절점 지도상에서 저항이 가장 적은 루트를 발견하여 결절점을 연결함으로써 핵심적인 생물학적 이용자 각각에 대한 별도의 그린웨이 노선을 구명한다.

- 그린웨이를 위한 경계는 어디에 설정해야 하는가?
  외부의 영향으로부터 그린웨이의 기능을 적절히 완충하도록 하고 핵심이용을 지속시키기 위해 그린웨이 내에 충분한 면적이 확보되도록 경계를 설정한다.

(4) 4단계: 그린웨이 설계와 관리구상의 수립과 실행

그린웨이의 관리는 설계와 동일하게 중요하거나 더 중요하다(Smith and Hellmund, 1993: 159).

- 그린웨이 설계 프로그램은 무엇인가?
- 탐방로, 야생동물 지하통로, 교량 같은 시설은 어디에 입지해야 하며 어떻게 시행해야 하는가?
- 필요한 지역에 생태적 복원을 어떻게 달성해야 하는가?

생태네트워크 계획

생태네트워크란 도시생태계를 회복시키기 위해 비오톱으로서 중요한 녹지를 중심으로 도시에 산재해 있는 녹지를 네트워크화하는 시스템을 말한다. 생태네트워크 계획은 생물다양성을 유지하고 증대시키기 위해 자연환경의 보전·재생·창출을 촉진하고 도시와 그 주변에 녹지를 적절히 배치하여 비오톱을 확보하면서 상호 네트워크를 꾀하며 도시생태계의 회복을 도모하는 계획을 말한다. 또한 도시 안에서 다양한 생물과 접할 수 있는 공간을 확보하고 이를 환경학습 등에 활용하기 위한 계획을 말한다. 생태네트워크 계획에서는 토지 본래의 자연생태계 회복을 목표로 생물서식환경을 보전·재생·창출하기 위한 전체 계획을 세우고 이것을 기반으로 비오톱이 되는 중요한 녹지를 보전하면서 인공화된 장소에서 비오톱을 연결하기 위해 녹지를 적극적으로 창출하는 종합대책을 검토할 필요가 있다.

1) 생태네트워크 형성의 기본사고

생태네트워크 계획에서는 대상지역 녹지의 질적, 양적 개선을 도모하고 비오톱을 확보하여 적절하게 배치하면서 네트워크화하는 것이 요구된다.

(1) 비오톱의 확보

비오톱을 확보하기 위해 녹지의 보전과 인간활동의 조정을 도모하고, 비오톱의 파괴를 억제하면서 그것들을 현명하게 활용하는 것이 필요하다. 표 5-1에서 제시된 것처럼 ① 면적이 넓고, ② 덩어리로 이루어져 있으며, ③ 다른 비오톱에 인접해 있고, ④ 보호구간의 왕래가 가능하며, ⑤ 통로로 연결되고, ⑥ 원형을 띠는 등 적합한 조건을 갖춘

구분	면적의 크기	덩어리	인접성	보호구간의 왕래	통로에 의한 연결	원형
적합						
부적합						

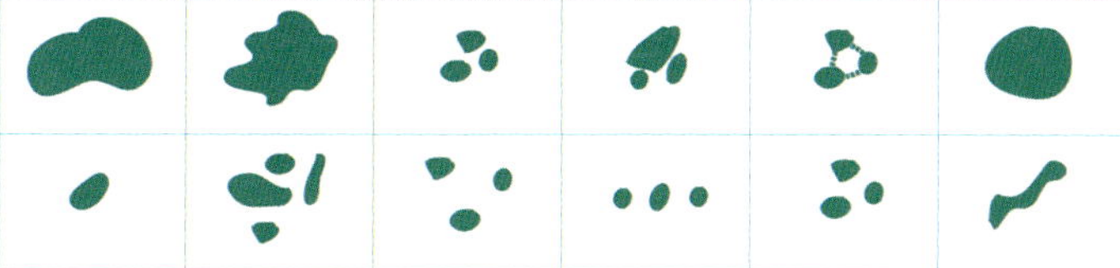

표 5-1.
비오톱 확보에 관한 일반원칙

출처: 일본도시녹화기술개발기구(2002), p.92에서 재작성.

비오톱을 확보해야 한다. 유네스코의 MAB(Man and Biosphere Program) 계획에서는 보존가치가 있는 생물자원을 보존하기 위해 생물권보존지역을 핵심지구, 완충지구, 전이지구로 구분할 것을 제안하고 있다.

(2) 비오톱이 되는 녹지의 네트워크화

비오톱이 되는 녹지를 연결하고, 도시 내의 파편화되어 고립된 녹지를 재편하여 녹지의 생태적인 기능 향상을 도모해야 한다. 비오톱이 되는 녹지의 생태적 기능을 높이는 방법으로 종의 공급원이 되는 일정 규모 이상의 면적을 갖는 수림이나 초지를 확보하고, 생물이 여러 수림이나 초지 등을 이용할 수 있도록 배치하여 통로 형태로 상호 네트워크화할 것을 제안한다.

2) 생태네트워크 계획의 목표

생태네트워크 계획은 대상지역에 있는 생물의 서식, 생육상태를 파악하고 그들의 서식기반이 되는 생태네트워크의 골격 형성을 목적으로 하며, 다음과 같은 구체적인 목표를 가지고 있다(일본도시녹화기술개발기구, 2002: 87–89).

(1) 생물다양성의 유지와 증대

도시에 다양한 생물이 서식할 수 있도록 도시 안에 비오톱을 보전·재생·창출하여 동식물 종의 서식공간을 확보한다.

(2) 생물과의 만남 확보

도시민이 생물과 접할 수 있는 기회를 증대시키기 위해 생물과 접할 수 있는 공간을 창출하여 환경학습의 장으로 활용한다.

3) 공간규모에 따른 생태네트워크 계획

공간규모에 따른 생태네트워크 계획을 살펴보면 다음과 같다(표 5-2 참조).

(1) 광역생태네트워크 계획

행동권이 넓은 대형 포유류, 맹금류나 철새 등의 서식공간 확대를 고려해 광역 수준의 생태네트워크 형태와 교외의 자연이 풍부한 지역에서 시가지 등의 인위적 영향이 강한 지역으로 생물의 이동을 유도하기 위한 생태네트워크를 검토한다(표 5-2 참조).

표 5-2. 생태네트워크 계획의 공간규모

계획구성	각 현상에 대응하는 공간 규모			계획 규모	도면 규모
	지형	식생	동물군		
광역생태 네트워크 계획	대(大)지형 수준 (산지, 평야, 하천, 호수, 바다)	상관식생 수준 (자연림, 2차 초지, 농경지, 주택지)	중대형 포유류, 대형 조류	• 시·도·군·읍 계획 • 광역녹지계획 • 광역군·면·읍 권 계획	1/50,000~ 1/100,000
도시생태 네트워크 계획	중(中)지형 수준 (구릉, 대지, 골짜기, 유역)	식생수준 (상록활엽수림, 낙엽활엽수림, 침엽수림, 밭, 논 등)	중형 포유류, 중형 조류, 양서류, 파충류	• 도시계획 • 녹지기본계획 • 군·면·읍 계획	1/10,000~ 1/25,000
지역생태 네트워크 계획	소(小)지형 수준 (산등성이, 완사면, 산기슭)	군락, 군집 수준 (졸참나무림, 소나무림, 사찰숲)	소형 포유류, 소형 조류, 양서류, 파충류, 곤충류	• 지역계획 • 녹화중점지구 계획	1/2,500~ 1/5,000

출처: 일본도시녹화기술개발기구(2002), p. 93.

(2) 도시생태네트워크 계획

도시지역의 생물다양성 유지와 증대를 도모하고 생물과 접할 기회를 확보하기 위해 도시에 있는 비오톱이 되는 녹지의 배치와 네트워크를 검토하고, 구성요소가 되는 공간환경 형성과 활용방향을 제시한다.

(3) 지역생태네트워크 계획

도시생태네트워크를 구성하는 특정한 계획대상 지구에 대해 구체적인 환경 형성 방향을 검토한다(일본도시녹화기술개발기구, 2002: 92-94).

도시생태축 계획

도시생태축은 그린인프라를 구성하는 요소의 하나로서 우리나라에서는 자연환경보전법 제2조 제8호에서 도시생태축의 개념이 등장한다. 이 법에서 도시생태축은 도시지역의 생태적 가치와 생물다양성을 보호·확보하기 위하여 생태적으로 중요한 지역을 보전하고 이들을 서로 연결하거나 복원·발전시켜 녹지나 자연생태지역의 파편화를 최소화하기 위한 물리적 연결체계를 의미한다고 되어 있다.

도시생태축은 핵심지역, 거점지역, 연결지역 등을 구성요소로 한다. 핵심지역은 인간의 간섭과 오염이 거의 없는 질 높은 생태계 지역이자 다양한 생물이 서식하는 대규모 공간으로, 야생동물의 번식과 먹이 확보, 휴식을 위한 장소인 동시에 필요한 경우 긴급 피난처의 역할을 한다. 거점지역은 자연복원·창출의 잠재력이 높은 지역으로서, 생물의 소규모 서식지이자 분포영역을 확대시키는 역할을 한다. 연결지역은 핵심지역과 거점지역을 연결하는 선형 지역으로, 서식생물의

표 5-3. 도시생태축의 개념과 주요 기능

<table>
<tr><th colspan="2">생태축 구분</th><th>개념</th><th>주요 기능</th></tr>
<tr><td rowspan="4">주축
(핵심지역+
연결지역)</td><td>산림녹지축</td><td rowspan="4">• 불완전한 생태적 구조로 일부 생물의 서식 및 이동이 가능하며, 도시 생태연결체계 형성
• 시각적으로 도시 내 우세경관 형성
• 주로 핵심지역을 연결하여 구축된 체계 형성</td><td>• 도시 내 지방 2급 하천 이상 규모의 유역권을 형성하는 대규모 산림을 연결하여 야생동물 서식 및 이동 유도</td></tr>
<tr><td>하천습지축</td><td>• 도시 내 지방 2급 하천 이상의 대규모 하천으로 야생동물 서식 및 이동 기능 수행</td></tr>
<tr><td>연안갯벌축</td><td>• 도시 내 갯벌 및 사구, 기수역 하천 등의 연안지역 연결</td></tr>
<tr><td>자연경관축</td><td>• 도시 내 자연 중 시각적인 우세경관 형성</td></tr>
<tr><td rowspan="3">부축
(거점지역+
연결지역)</td><td>산림녹지축</td><td>• 도시 내 소규모 산림과 공원 녹지 연결체계</td><td>• 도시 내 소하천 유역권을 형성하는 소규모 산림과 도시공원, 녹지를 연결하여 소규모 생물이동 및 휴양기능</td></tr>
<tr><td>하천습지축</td><td>• 도시 내 소규모 하천 및 실개천을 이용한 연결체계</td><td>• 소규모 생물 이동 및 휴양기능</td></tr>
<tr><td>가로녹지축</td><td>• 도심 내 선형의 녹지연결체계</td><td>• 도심지역 가로 및 녹도로서 도시민의 휴양기능 수행</td></tr>
</table>

출처: 환경부(2008).

유전자 교류와 피난 통로 역할을 하며 연결기능을 훼손하지 않는 범위에서 도시민의 휴양공간으로 기능한다. 완충지역은 핵심(거점)지역이나 연결지역을 둘러싼 지역으로서 개발에 따른 훼손이나 영향을 줄일 수 있는 충분한 범위나 폭으로 설정한다(환경부, 2008).

도시생태축은 규모에 따라 주축과 부축으로 구분되며 산림녹지축, 하천습지축, 연안갯벌축, 자연경관축, 가로녹지축 등의 유형을 설정할 수 있다. 핵심지역과 연결지역을 중심으로 도시생태축의 주축이 형성되며, 거점지역과 그 주변 연결지역은 도시생태축의 부축을 구성한다. 주축과 부축에 대한 자세한 개념과 기능은 표 5-3과 같다.

도시생태축을 계획하는 과정은 그림 5-3에서 보는 바와 같이 1단계에서는 비오톱 현황조사와 생태평가를 통해 공간유형을 구분하는 작업이 이루어진다. 2단계에서는 연결성을 분석하여 생태축의 주축

그림 5-3.
도시생태축 계획의
기본 흐름

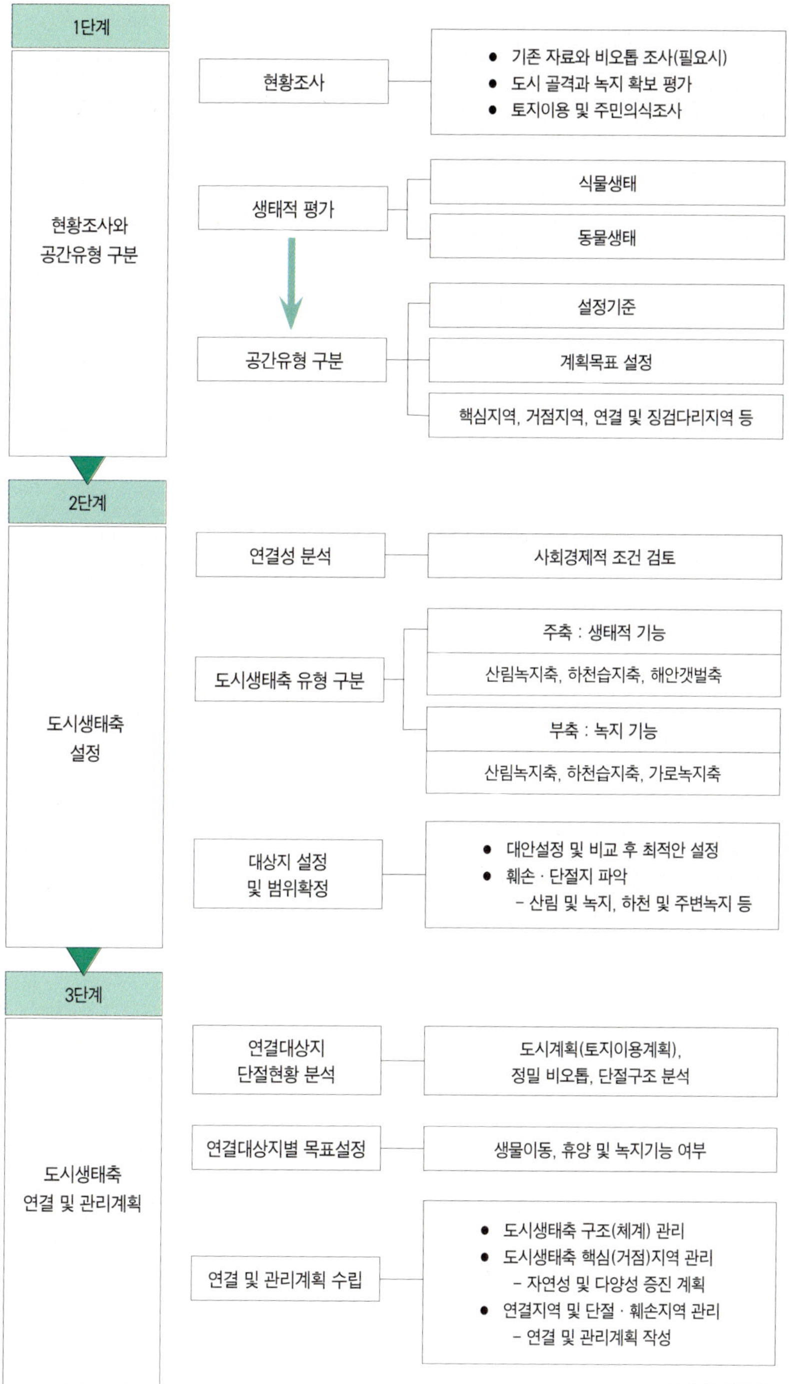

출처: 환경부(2008).

표 5-4.
도시생태축의 폭

구분	도시 녹지축		지구, 단지축	
	주녹지축	부녹지축	주녹지축	부녹지축
하한(최소)	100m	30m	15m	5m
기본(적정)	200m	80m	30m	20m

출처: 국토해양부(2007).

과 부축을 중심으로 생태축을 유형화하고 도시생태축을 설정한다. 3단계에서는 훼손되거나 단절된 생태축 구간을 파악하여 이를 연결하는 계획과 생태축 관리계획을 수립한다.

환경부가 제시한 '도시생태축 가이드라인'에서는 전체 행정구역에서 녹지면적의 35%를 도시생태축으로 연결하는 것을 원칙으로 하되 자연환경 여건과 개발형태, 개발수요, 비전 등을 종합적으로 고려하여 설정하고, 녹지면적의 최소 20% 이상을 도시생태축으로 계획하는 것이 바람직하다고 규정하고 있다. 또한 연결지역의 떨어진 거리는 최대 1킬로미터를 넘지 않는 것을 원칙으로 하고, 폭은 지속가능한 신도시 계획기준을 준용한다고 정하고 있다(국토해양부, 2007). 지속가능한 신도시계획기준에서 설정한 생태축의 폭은 표 5-4와 같다.

생태공원설계

1) 생태공원의 특징

생태공원이란 도시 내에서 생물이나 자연과 접할 수 있는 공원을 말한다. 생태공원은 생물이나 다양한 식물을 접하고자 하는 주민의 욕구를 충족시키고 도시의 자연잠재력을 높이는 역할을 한다. 생태공원은 자연보호와 사람의 이용에 따라 사람의 이용을 배제하고 자연을 보호하는 자연보호지의 형태, 자연을 보호하면서 환경학습 등에 이용

표 5-5. 생태공원의 유형과 사례

유형			국내 사례	외국 사례
서식처별	습지형	해안습지형	을숙도생태공원 시화호 인공갈대습지공원	영국의 Sutton Ecology Park
		내륙습지형		
		산림습지형		
	산림형		문경새재생태공원 함평 용천사 자연생태공원	
	초지형		길동자연생태공원	영국의 Camley Street Natural Park
주요 시설별	수목원형		대전수목원	
	자연환경연구공원형		강원도 자연환경생태공원	
	동물원형			미국의 New Orleans Audubon 생태공원
	탐조공원형		한강조류생태공원	도쿄항 야생조류원
입지별	매립지형		대호간척지 생태공원	
	호수형			영국의 Milton Country Park
	강변형		고덕생태공원	
	도심형	육상형	여의도샛강생태공원	영국의 Stave Hill Ecological Park
		옥상형	서울시청 옥상 명동 유네스코회관 옥상	

출처: 김귀곤(2003), p. 23.

되는 형태 등 다양한 형태로 구분될 수 있다. 또한 전체 공간을 생태공원으로 조성하는 경우와 공원의 일부를 생태공원으로 정비하는 경우로 구분할 수 있다. 생태공원과 유사한 개념으로 비오톱파크, 자연생태원 등이 있다(龜山章·倉本宣, 2004: 16–17). 생태공원은 일반적으로 생태적 요소를 주제로 한 관찰, 학습 등이 이루어지고, 생태적 원리에 입각한 구조와 기능을 가지도록 생태적 자원의 보호와 복원이 이루어지는 공원이다(김귀곤, 2003: 22). 생태공원을 주된 서식처와 주요 시설, 입지에 따라 표 5–5와 같이 유형화할 수 있다.

2) 생태공원설계의 목표

생태공원설계는 생물의 생육·서식공간을 보전·창출하고, 생물과 인간이 함께 어울릴 수 있는 장소를 만드는 것을 목표로 한다(龜山章 · 倉本宣, 2004: 73). 일본에서는 1987년 건설부가 도시생태공원을 도입하였으며, 1990년 초반까지 생태공원의 주요 목적은 시민들에게 자연과 교감할 수 있는 공간을 제공하는 것이었다. 따라서 목표종은 반딧불이, 잠자리 같은 친숙한 곤충과 조류가 주류를 이루었다. 그러나 1992년에 개최된 리우환경회의 이후 생물다양성이 위협받고 있음을 인지하게 됨에 따라 생태공원의 목적에 생물다양성 보호가 추가되었다(Hioki, 2003: 125).

3) 생태공원설계지침

생태공원을 설계할 때는 다음과 같은 원칙을 준수하는 것이 바람직하다(곽결호, 2011: 310–311).

- 생태공원을 계획하고 설계할 때는 자연에 관한 기초지식이 필요하며, 특히 도시 내 생태계의 특성이나 비오톱 등에 관한 생태학적 지식을 익히는 것이 매우 중요하다(龜山章 · 倉本宣, 2004: 21).
- 생태공원 내에는 야생동식물의 서식처가 조성되어야 하며, 야생동물의 행동권이나 영역을 확보해주는 것이 필요하다. 도시에서는 야생동물이 행동권 내에서 이동할 수 있는 통로가 단절된 경우가 많기 때문에 도시 전체의 차원에서 야생동물의 행동반경과 이동경로를 고려한 생태네트워크를 고려할 필요가 있다.
- 생태공원계획은 생물을 주체로 한 공간계획(생물계획)과 그에 어울리는 시설계획(이용계획)으로 구성된다. 생태공원계획은 계획대상지의 자연을 이해하고 파악하는 것에 역점을 두어야 하며, 대상지의 자연 특성을 존중하는 계획이 기본이다(龜山章 · 倉本宣, 2004: 21).
- 생태공원은 도시생태의 거점이 되며 도시환경과 경관을 개선하는 등 환경적 기능을 가지고 있으므로 도시생태네트워크 구성의 핵심

이라는 차원에서 설계되어야 한다.

- 생태공원 안에 야생동식물의 서식처를 확보해야 하기 때문에 서식처를 중심으로 인간의 간섭을 받지 않는 핵심보전구역과 그 주변에 완충지역을 설정하고, 완충지역 주변에 인간이용지역을 설정함으로써 이용자의 이용과 서식처의 보전이 상충되지 않도록 한다.
- 핵심보전구역은 식생천이, 서식동물, 조성목표 식물군락을 고려하여 배치하고 면적을 적정하게 확보하되 주변의 산림이나 호소, 농경지 등과 연접하여 배치한다. 핵심보전구역에는 동선을 배치하지 않고 이용지역에 공원이용시설을 배치해 필요기능을 수용한다.
- 공원시설의 건축재료는 친환경적 소재를 사용하고 재활용, 에너지 절약, 물순환 체계를 도입하도록 한다(건설교통부, 2004).

4) 생태공원의 계획 및 설계 과정

생태공원설계는 생태공원의 계획 과정과 이를 구체화하는 설계 과정으로 구분할 수 있다. 생태공원의 계획 과정은 기획 → 조사 → 도면화 → 분석 · 평가 → 목표설정 → 계획의 과정을 거쳐서 그림 5-4와 같이 이루어진다(龜山章 · 倉本宣, 2004: 74–79, 170–204).

생태공원을 설계하는 과정은 생태공원계획을 현실화하기 위해 구체적인 형태를 제시하는 단계이다. 설계 과정에서는 생태적 환경, 물, 녹지, 생물상, 관찰시설 등에 대한 설계가 주로 이루어진다. 생태공원을 설계하기 위해서는 관련 조건을 정리할 필요가 있다. 우선 계획과 관련된 조건으로는 동식물의 생활사와 생육 · 서식공간, 인간과 생물과의 거리, 서식공간의 최소면적, 관찰대상 등이 정리되어야 한다. 관리와 관련된 조건으로는 생물의 생육 · 서식환경의 관리, 생물서식공간의 기반이 되는 식생의 관리, 먹이연쇄관계에 있는 동물의 관리를 고려해야 한다.

그림 5-4.
생태공원의 계획과정

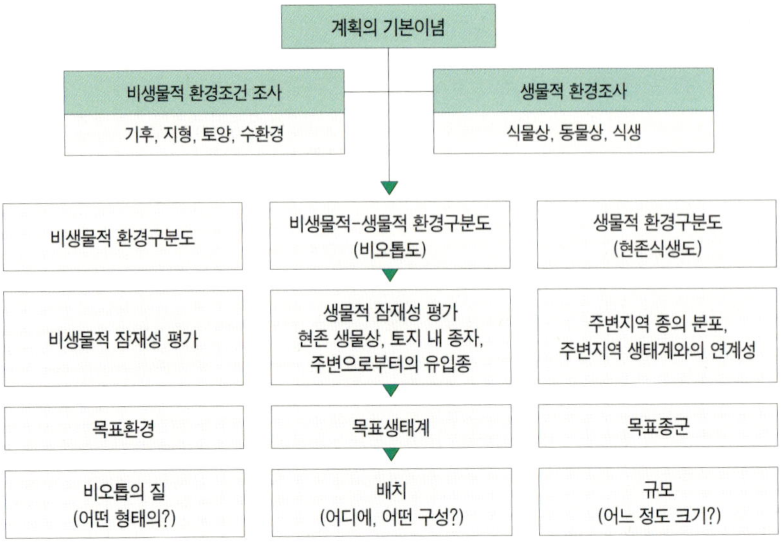

출처: 龜山章·倉本宣(2004).

설계 과정의 생태적 환경설계는 서식하는 자원의 보전을 위한 설계를 의미하는데 지형과 수계의 보전, 식생과 표토의 보전과 이용, 식생과 토양 내 종자의 이용을 위한 설계가 된다. 물의 설계는 ① 수질과 수량, 소하천과 시내, 수로 등의 설계, ② 연못, 늪, 저수지 같은 정체 수역의 설계, ③ 습지의 설계, ④ 빗물배수시설의 설계 등을 포함한다. 생태공원의 설계에서는 원칙적으로 생물의 자연적인 도입을 전제로 하지만 대상지의 입지조건에 따라 자연적인 도입이 물리적으로 불가능한 동물의 경우에는 인위적인 도입을 검토해야 한다. 생물상의 설계에서는 인위적으로 토양, 식물과 미생물의 도입, 동물의 도입 등을 위한 설계가 주를 이룬다.

6

자연상태의 물길이 흐르는 도시 만들기

예로부터 우리 선조들은 배산임수에 의거하여 마을의 입지를 결정했는데, 도시를 개발하면서 자연적으로 흐르던 물길은 매설되거나 치수 목적에 맞도록 콘크리트화가 이루어져 본래의 생태적 기능을 상실하게 되었다. 따라서 하천의 물리적 구조와 생태계의 특징에 대한 깊은 이해를 가지고 하천의 물리적 구조뿐 아니라 생태계를 복원하는 방향으로 하천의 복원이 이루어져야 한다. 사라졌던 물길을 되살리는 것은 홍수 등의 재해에 대한 완충능력을 높일 수 있고, 생태계를 복원함으로써 종다양성을 증대시키는 기반이 되며, 도시의 물순환 시스템을 구성하는 중추적 기능을 할 수 있다. 이 장에서는 녹색도시를 계획하면서 염두에 두어야 할 하천복원에 대한 일반적인 이론과 개념, 설계 과정, 우리나라의 하천정비 방향 등을 소개한다.

하천생태계의 구조와 기능

1) 하천의 공간적 구조

하천의 공간적 구조는 횡적 구조와 종적 구조로 나눌 수도 있고, 물리적 구조와 생물적 구조로 구분할 수도 있다. 대부분의 하천 횡단면은 하도(stream channel), 홍수터(floodplain), 천이고지로 구성된다. 하도는 연중 적어도 일정 기간 동안 물이 흐르는 부분이다. 하도의 한쪽 또는 양쪽 측면에 위치한 홍수터는 홍수에 범람하는 변동성이 큰 지역이다. 천이고지는 홍수터의 한쪽 또는 양쪽에 위치하는 대지의 한 부분으로, 홍수터와 주변 경관을 연결하는 천이구역(시간의 흐름에 따라 생태계가 바뀌는 구역)의 역할을 한다.

하천의 종단면은 대개 3개의 구역으로 구분할 수 있다. 제1구역은 원류(headwater)로, 경사가 가장 급하고 유역 사면으로부터 침식된 유사(流沙)가 하류로 이동한다. 제2구역은 운반구역으로, 침식된 물질을 받아들이며, 홍수터가 넓고 수로가 사행(蛇行)의 형태를 띤다. 제3구역은 하천의 경사가 평탄해지며 퇴적이 주로 일어나는 구역이다(환경부, 2002).

2) 하천의 생태계와 기능

하천생태계는 수변의 육서생태계와 수서생태계로 구성된다. 이 두 생태계는 서로 인접해 있고 생태적 기능도 밀접하게 연결되어 있다. 하천은 다양한 생물이 서식하는 공간으로, 1차 생산자인 조류에서부터 이를 먹이로 하는 소비자와 분해자로 이루어진 다양한 양태의 먹이망으로 구성되어 있다.

생물서식공간인 하천 바닥(河床)의 입자구성이나 상태는 직간접적으로 생태계망에 큰 영향을 미친다. 하상구성물은 유속과 더불어 저서생물의 주요한 서식 환경요인으로 작용하는데, 하상구성물의 크기에 따라 다양한 종류의 저서성 무척추동물이 서식한다. 하상구성물은 크게 유기물과 무기물로 나눌 수 있다. 유기물 하상은 나뭇잎, 나뭇가지, 풀 등이 하천에 유입되어 저서생물의 서식공간이나 먹이로 이용된다. 무기물 하상은 암반이나 자갈, 모래, 이토(泥土), 인간이 투기한 여러 종류의 폐기물 등으로 구성되며, 저서생물의 서식공간으로 중요한 역할을 한다. 하천을 오염시키는 유기물은 퇴적되어 무기물 하상구성물 사이의 공간을 메워 서식처를 없애기 때문에 생태계 구조에 심대한 영향을 미친다.

하천과 같은 유수 생태계는 많은 에너지가 외부에서 유입되고 유출되는 개방된 타가영양계이다. 하천에서는 수생식물이나 부착조류에 의하여 생태계 안에 에너지가 고정되기도 하지만 대부분의 에너지는 생태계 밖으로부터 유입되는 쇄설물(detritus, 암석 부스러기나 찌꺼기 등)에서 공급된다.

하천 회랑의 생태적 기능을 결정하는 가장 중요한 두 가지 특성은 연결성과 폭이다. 연결성은 하천 회랑이나 경관생태학적 배경요소가 공간적으로 얼마나 연속적인가를 나타내는 정도이다. 식생군집 간의 연결성이 높은 회랑은 물질, 에너지, 동식물의 이동을 원활하게 한다. 폭은 하천 회랑 내에서 하천과 인접 식생대를 횡단하는 거리를 말한다. 폭에 영향을 미치는 요소는 주연부, 군집구성, 환경구배(environmental gradient), 인간활동 같은 인접생태계의 교란 등이다. 연결성과 폭에 대한 평가는 교란저감을 목적으로 하는 하천복원설계에서 매우 중요하다(환경부, 2002).

하천의 건강상태는 ① 수변구역, ② 물리적 구조, ③ 하천의 동식물, ④ 수질, ⑤ 수량 등 다섯 가지 요소의 상호작용을 통해 결정되며, 한 요소는 다른 요소에 영향을 미친다(Koehn et al., 2001: 50).

하천복원

하천복원(stream restoration)이란 치수나 기타 다른 목적의 하천사업, 불량한 유역관리에 의해 훼손된 하천의 생물서식처와 경관, 자정과 친수성 같은 환경 기능을 되살리기 위해 하도와 하천변을 원래의 자연 상태에 가깝게 되돌리는 것이다. 넓은 의미의 하천복원은 수변복원을 말한다(환경부, 2002).

1) 하천복원의 방법

하천복원에 접근하는 기본적인 방법에는 세 가지가 있다. 첫째, 비간섭과 비교란적인 회복으로, 수변이 자연적으로 급속히 회복되어 적극적인 복원활동이 불필요한 경우가 이에 해당한다. 둘째, 회복 지원을 위한 부분간섭으로, 수변의 회복 속도가 느리고 불확실해 자연적으로 일어나는 회복을 지원하는 활동이 필요한 경우에 사용되는 방법이다. 셋째, 회복을 관리하기 위한 적극적인 간섭으로, 원하는 하천 기능의 자연적 회복이 불가능하여 적극적인 복원활동이 필요한 경우에 적용된다(환경부, 2002). 일반적으로 하천을 복원하기 위한 방안에는 복원, 안정화, 서식처 향상, 복개철거 등이 있다(Hopper, 2007: 393-397).

(1) 복원

엄격하게 정의하면 복원(restoration)은 하천 고유의 역사적인 생태계를 재수립하는 것이지만 이는 수계가 거의 훼손되지 않아 깨끗한 자연 유수가 흐르는 경우에만 가능하다. 인간활동이 물의 흐름과 침전물을 실질적으로 변경한 곳에서는 역사적 형태와 기능을 완전하게 복원하기란 불가능하다. 이러한 경우 복원활동은 하천의 수문학적 기능과 서식처의 기능을 향상시키고, 오염되거나 훼손된 수질과 서식처의 가치를 향상시켜 성공적이고 자립적인 생태계로 되돌리는 데 초점을 맞추어야 한다. 일반적으로 하천복원이라고 할 때는 변형된 하천이나 강을 변형 이전의 자연상태로 되돌리는 것을 의미한다. 예를 들면, 하천이나 강의 하도를 직선으로 만들어버린 경우에는 자연스러운 사행(蛇行)의 하도로 만들고, 콘크리트 제방이 있는 하천은 제방을 식생재료로 바꾸는 등 자연상태의 하천에 가깝게 만드는 것을 말한다.

(2) 안정화

안정화(stabilization)는 더 이상의 침식이나 하부굴착(down-cutting)을 방지하기 위해 수로의 바닥이나 제방을 보호하는 것이다. 안정화 기법에는 사석을 추가하거나 제방을 보강하는 것, 침식되지 않고 통제된 지점에서 물이 떨어지도록 하는 경사통제 구조물(grade-control structure), 생물공법(bioengineering) 등이 있다.

(3) 서식처 향상

서식처 향상(habitat enhancement)은 서식처의 가치를 향상시키고, 하나 혹은 그 이상의 특정종의 수요를 충족시킬 수 있는 능력을 향상시키기 위해 하천을 조절(manipulation)하는 것이다.

(4) 복개철거

복개철거(daylighting)는 이전에 복개되거나 관으로 되어 있는 하천이나 빗물배수로의 전부 혹은 일부를 노출시켜 새로운 혹은 복원된 하천수로를 제공하는 것이다. 관이나 복개가 철거됨으로써 하천이 햇빛, 공기, 식생, 토양에 노출되어 식생과 생태계의 기능이 회복된다.

2) 하천복원설계 기법

하천은 기본적으로 연속성에 기초해 생태적 공간을 형성하고 있어서 종적 연속성(발원지로부터 하구까지의 연속성)과 횡적 연속성(물길로부터 하천 양안과 수변, 주변 산으로 연결되는 연속성)을 회복하는 것이 무엇보다 중요하다. 종적 연속성을 회복하기 위해서는 용도가 없어진 보는 철거하고, 철거가 곤란한 경우에는 어류의 상하류 이동을 위해 어도를 설치해야 한다. 횡적 연속성을 회복하기 위해서는 하천변의 주차장, 도로 등을 철거하고 식생대(植生帶)를 조성하는 것이 바람직하다. 하천을 복원할 때는 저수로를 사행화하고 여울, 소, 수제(水制)*를 설치할 필요가 있다. 하상유지시설은 원칙적으로 설치를 금하고 어도, 징검여울 등은 하천의 기능을 제한하지 않는 범위에서 설치해야 한다. 호안(護岸)**은 저수호안과 고수호안을 포함한 호안은 하천의 횡적 연속성을 유지할 수 있도록 해야 한다.

* 수제
흐르는 물을 제어하기 위해 하천 가장자리에 일정한 각도로 하천 중심부를 향해 설치하는 구조물을 말한다.

** 호안
하안(河岸)이나 해안(海岸), 둑이 흐르는 물에 의해 침식되는 것을 방지하기 위해 그 비탈면에 시설한 공작물을 말한다.

하천복원설계는 복원의 목적에 따라 ① 특정 목표종의 서식처 복원과 ② 전반적인 하천생태계 서식공간의 복원으로 구분할 수 있다. 하천복원설계는 하도의 평면형, 종단형, 단면형의 설계 및 하도 내 서식처 복원 설계와 하천구성요소인 호안, 홍수터, 제방 등에 대한 복원설계로 나뉜다(환경부, 2002). 하천제방의 복원기법은 기존의 하천제방 복원기법과 최근 들어 재조명되고 있는 목재하상방틀기법 등이 있다.

(1) 일반적인 하천제방복원기법

하천제방의 복원, 안정화, 향상을 실행하기 위한 기법에는 구조적 기법, 생물학적 기법, 토양생물공학 기법이 있다(Hopper, 2007: 394-396).

① **구조적 기법**: 자연적 범람원을 만들 정도로 충분한 폭이 없거나

하천제방 경사의 수평 대 수직의 비율이 1:1보다 가파른 곳에서는 콘크리트벽, 암석벽, 마대 콘크리트(sacked concrete), 돌망태(gabion), 블록벽과 같은 구조적 기법이 필요하다.

② **생물학적 기법**: 하천제방을 안정화하기 위한 식생기법만을 위해서는 제방의 경사가 3:1(수평 : 수직)의 비를 보이거나 더 평평하고 좋은 모판 토양과 적정 토양습도, 충분한 햇빛 등의 조건을 갖추어야 한다. 생물학적 기법으로는 직접 파종하거나 씨 뿜어붙이기를 한 초지, 식재된 초지 플러그(planted grass plugs), 이식된 애기부들, 큰골풀, 큰고랭이, 생 버드나무가지, 자생 수생수목과 관목의 식재 등이 있다.

③ **토양생물공학 기법**: 생태적 원리와 공학기술을 적용하는 토양생물공학 기법은 수로의 기저부와 제방을 안정화하기 위해 유기물과 무기물을 생물체인 식생과 통합하는 기법이다. 흔히 식생 시스템과 공장생산제품을 결합한다. 이 기법으로 1:1과 2:1 사이의 경사를 지닌 제방을 안정화할 수 있다. 이 기법에는 토목섬유직물로 말뚝박기(live staking with geotextile fabric), 결합식재(joint planting), 덤불층 쌓기(brush layering), 암석 기반의 버드나무 매트, 욋가지 덮기(contour wattles) 혹은 섶단(fascines), 식생토양 리프트(lifts), 정자형 식생지주법(vegetated cribbing), 식생 통나무틀 옹벽(vegetated log crib wall) 등이 있다. 수로의 지형학적 궤적, 하천제방의 유실이 수문학적 힘에 의한 것인지, 토지기술적(geotechnical) 불안정성에 의한 것인지 혹은 복합적인 것인지에 따라 적절한 기법을 선택한다. 수로가 자연스럽게 이동하도록 충분한 범람원의 폭을 제공하는 것이 수직으로 파내는 것보다 자연스러운 동적 균형을 달성하고 수평적 움직임에 에너지를 분산시킬 수 있다.

(2) 목재하상방틀기법

나무로 직사각형 외곽을 만들고 내부는 돌로 채우는 목재하상방틀기법은 자연형 하천과 생태하천에서 하상의 구조적인 안전성을 도모하고, 친자연적인 재료(목재)를 사용함으로써 생물다양성의 증대를 꾀할 수 있는 기법이다(그림 6-1 참조). 한국에서 전통 목재하상방틀기법은 통일신라시대에 개발되었는데, 1987년 경북 경주시의 월정교 발굴조사에서 교각의 하부와 물이 만나는 접점에서 목재로 만든 하상방틀이 발견되기도 했다.

제방공사에 많이 쓰이는 콘크리트는 하천의 수질을 오염시켜서 생태계를 교란시키는 부작용이 있다. 즉 콘크리트에 함유되어 있는 강알칼리성 칼슘이 물에 녹으면서 하천이 산성으로 변해 하천에 서식하는 생물종이 줄어들게 된다. 콘크리트 대신 목재를 사용하면 물에서 쉽게 썩을 것이라고 생각하기 쉬운데, 나무가 물에 잠기면 공기가 차단되어 오히려 썩지 않는다. 하천에 잠긴 목재는 이끼의 보금자리 역할을 하고, 이끼는 물고기의 좋은 먹이가 되어서 하천의 생물종이 다양해진다. 또 목재하상방틀은 목재에서 나오는 휴민산이라는 물질이 미네랄과 반응해 식물 플랑크톤에 먹을거리를 제공한다(조선일보, 2009. 2. 5).

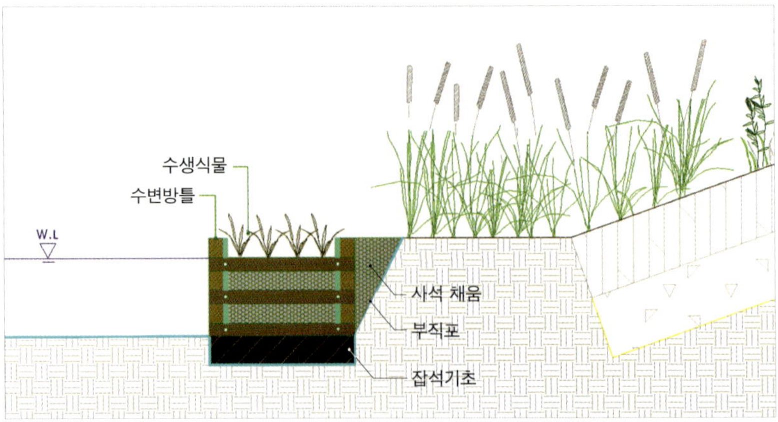

그림 6-1. 목재하상방틀 모식도

생태하천공법과 관련 요소기술의 개발을 통해서 목재하상방틀은 꾸준히 적용되어왔으며, 최근 국립산림과학원에서는 과거 통일신라의 목재하상방틀과 같은 전통기술을 응용하여 친환경적인 하상방틀 공법을 개발하기도 했다. 2009년에 수립된 4대강 살리기 마스터플랜에서는 하안정비공법의 하나로 방틀공법을 제시하고 있다(국토해양부 4대강 살리기 추진본부, 2009).

3) 하천복원설계 과정

하천복원설계는 다음과 같은 8개의 과정을 거쳐 이루어진다(Hopper, 2007: 396).

1) 설계 목적의 설정	• 복원설계의 목적 설정 • 예를 들면 하천용량의 요구조건, 어류서식처, 레크리에이션 기회, 심미성, 공공안전, 침식보호 등을 설정
2) 기존 여건 조사 · 분석	• 기존의 수로가 안정적인지, 설계 목적을 충족시키는지를 결정 • 주된 수문학적, 지형학적 특징과 과정을 정량화하고 수생서식처를 조사 • 수문학적 퇴적물의 운송 과정과의 균형을 반영하는 '대조하천구간(reference reaches)'을 파악하고 특성화
3) 제약점 파악	• 복원의 제약점 파악 • 예를 들면 지형, 가용폭(可用幅)을 제한하는 빌딩의 잠식, 기존의 교량과 공공시설, 토지소유권, 얕은 기반암, 측사면(side-slope)의 안정성에 영향을 주는 토양조건 등을 파악
4) 예상되는 자연수로 파라미터 설정	• 예상되는 자연수로의 파라미터는 경사, 폭, 깊이, 조악도, 굴곡 등임 • 이들 파라미터는 지역의 기후, 수계의 토지이용, 빗물관리, 침식통제에 의존하며, 이러한 조건의 정확한 특성화가 중요
5) 불일치성 파악	• 기존 시스템의 변화가 어디에서 필요한지를 결정하기 위해 기존의 조건과 예상되는 수로체계 비교

6) 주요 설계 파라미터 설정	• 다음과 같은 설계 파라미터를 설정 1) 사행의 흐름 파악 2) 수로의 경사와 굴곡 3) 미래 조건하에서의 범람원의 굴곡을 수용할 수 있는 가능성 4) 주어진 범람원과 경사조건에서 수용할 수 있는 대안적 굴곡 5) 가능한 굴곡과 경사조건에서 적정한 수로의 폭과 깊이 6) 수로가 운반할 것으로 예상되는 퇴적규모 등
7) 기존 수로 분석	• 기존의 유속과 퇴적물이 균형을 이루는지 여부를 결정하기 위해 기존의 수로 분석
8) 맞교환 가능한 것 파악	• 물리적 제약을 수용하기 위한 설계 파라미터를 개발 • 다학제적 팀은 목적의 우선순위화, 가용한 정책, 규정, 비용 등에 근거해서 맞교환 고려

우리나라 생태하천의 복원 방향

환경부에서 추진해온 생태하천복원사업은 저수로 같은 하천의 물리적 기반을 자연형으로 복원하여 하천이 수질개선을 위한 자정기능, 동식물 서식처로서 생태적 기능, 심미적 공간으로서 친수기능을 유지할 수 있도록 하여 '물고기가 뛰놀고 아이들이 멱 감을 수 있는 하천환경'을 조성하는 것을 목적으로 하고 있다. 즉 생태하천복원사업은 이수와 치수의 관점에서 하천 구역의 정리·정돈을 추진해오던 여타의 정비사업과는 달리 하천의 자연성을 최대한 살리고, 하천이 가지고 있는 다양한 기능과 가치가 균형을 이룰 수 있도록 물리적 구조와 생물적 기반을 회복시키는 다양한 사업으로 구성되어 있다. 이를 위해 과도하게 인공화된 제방, 둔치, 호안 등에 식물을 식재하여 주변과 생태적 연속성을 확보하고, 수질개선사업과 더불어 소류지(작은 저수

구분		추진 방향
치수		• 직강화 → 사행화 - 유속저감, 하천유수 확보 증대 • 과거의 하천구역 회복 - 하천의 역동성 보장 - '홍수터' 복원 등 하천구간 확대
생태계		• 종적, 횡적 생태계 연결성 보장 - 보, 천변 주차장 철거 등 • 서식처 조성과 종다양성 회복 - 습지복원과 비오톱 조성 - 소, 여울 등 수중생물 서식처 조성
공간		• 하천공간의 재자연화 - 지나친 인공구조물과 친수시설 배제 • 하천공간 이해관점의 확장 - 물의 순환에 대한 이해를 바탕으로 유역 단위의 물관리 추진 - 빗물, 지하수 등을 이용하여 건천화 문제에 접근

출처: 환경부·환경관리공단(2007), p.14.

표 6-1.
생태하천정비사업의 추진 방향

지), 여울, 소, 인공습지 등 각종 수생식물의 서식처를 조성하여 치수 기능을 유지하면서도 수질 개선과 생태계 복원을 달성하는 다양한 사업을 추진하고 있다(표 6-1 참조).

그동안 우리나라에서 추진해왔던 생태하천복원사업의 주요 내용을 살펴보면 ① 하천수질개선사업(퇴적오니 준설, 인공습지 조성, 하상여과시설 등 수질정화시설 설치), ② 하천생태계 조성 및 복원 사업(수생식물 식재, 비오톱·천변저류지 조성, 여울·소의 설치, 수생생물의 이동을 고려한 보 개량 등), ③ 수생동식물의 정착과 육성을 위한 시범사업, ④ 수생태계 모니터링과 생태지도 작성 등을 수행해왔다.

그림 6-2와 그림 6-3에서 보는 바와 같이, 원래 모습에서 많이 변형된 현재의 하천을 과거 자연하천의 모습으로 되돌리는 것이 생태하천복원사업의 취지이다. 환경부에서는 1987년부터 2018년까지 595개 하천에 2조 8,277억 원의 예산(국비 기준)을 투입하여 총 1,538킬로미

터를 생태하천으로 복원했다(환경부, 2019: 152).

그림 6-2.
생태하천 복원도

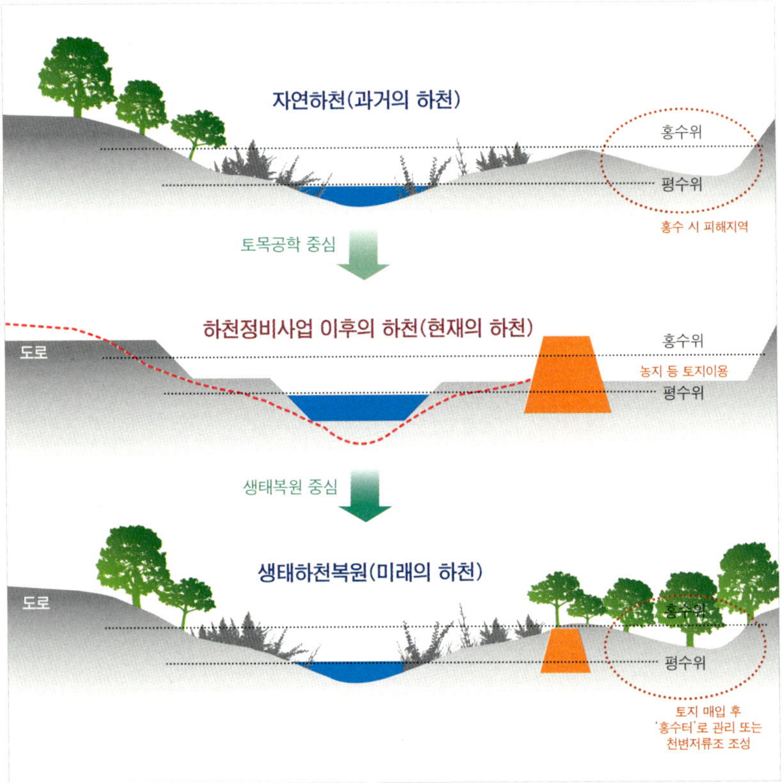

출처: 환경부(2009c), p. 418.

그림 6-3.
하천의 물길 흐름 형태

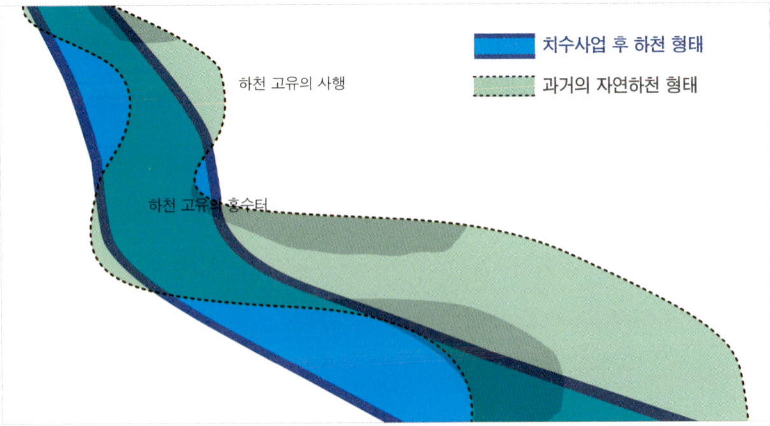

출처: 환경부·환경관리공단(2007), p. 4.

7

쓰레기가 배출되지 않는 도시 만들기

현재 쓰레기매립장은 포화상태이고 주민의 반대로 쓰레기소각장이 새로 건립되지 못하는 상황에 처해 있다. 따라서 쓰레기를 배출하여 매립하거나 태우는 일을 계속 할 것인지에 대한 반성과 함께 소비재를 생산하기 위해 계속 신규자원을 개발하여 사용할 것인지에 대한 문제가 제기됨으로써 생태순환(eco-cycle)의 개념이 등장하였다. 생태순환이란 한 번 쓰고 버리는 것이 아니라 이미 사용된 자원과 버려진 쓰레기를 재사용 또는 재활용하는 것을 말한다. 쓰레기 배출을 최소화하며 배출된 쓰레기를 자원으로 활용함으로써 최종적으로 쓰레기를 배출하지 않는 것도 하나의 생태순환이다. 이 장에서는 천연자원의 채취를 억제하고 쓰레기로부터 자원 회수를 극대화하여 회수된 자원을 제품생산에 흡수하는 시스템에 대해 알아본다.

쓰레기 제로화

버려진 쓰레기가 귀중한 자원이 되고, 이로 인해 일자리가 생기고 돈벌이가 되며, 새로운 생산품의 원료가 되도록 하는 것이 쓰레기 제로화의 목적이다. 쓰레기 제로화의 세부적인 내용은 다음과 같다.

① **내구성·재활용·재순환을 위해 포장과 생산품을 재설계하는 것이다.**
생산품을 버리기보다는 생산품이 수명을 다했을 때 쉽게 재활용되고 수선되도록 설계하는 것이다.

② **쓰레기로부터 일자리를 창출하는 것이다.**
미국에서 발간된 보고서에 따르면, 쓰레기를 분류해 재활용을 위한 처리를 하는 것만으로도 매립하거나 소각하는 것보다 톤당 10배나 많은 일자리가 유지되는 것으로 밝혀졌다. 종이나 플라스틱을 재활용하는 일부 공장은 매립보다 톤당 60배의 근로자를 고용하는 것으로 나타났다(Matsch, 2010; Eco-cycle 홈페이지).

③ **쓰레기의 책임을 생산자에게 부여하는 것이다.**
생산자가 재료소비를 줄이고 재사용과 재순환, 회수를 촉진시키도록 생산품을 재설계하는 것이다.

④ **진짜 비용을 계산하는 것이다.**
생산품의 가격에는 환경훼손의 비용, 자원의 채취와 가공, 생산, 수송, 처리 등에 관련된 공중보건에 미치는 영향에 대한 비용이 포함되어 있지 않다. 이러한 비용이 시장가격에 포함되면 환경친화적인 제품의 가격이 상대적으로 저렴해질 것이다.

⑤ **매립이 아닌 인프라에 투자하게 된다.**
쓰레기종량제를 시행하는 지역사회에서는 쓰레기가 줄어들고 재활용이나 퇴비화, 재순환시설에 더 많은 투자를 하게 된다(Matsch, 2010; Eco-cycle 홈페이지).

미국의 매사추세츠주는 2010년까지 고형 쓰레기 배출량을 70%까지 줄인다는 목표를 세우고, 시애틀은 2008년 한 해 동안 배출된 쓰레기의 60%를 재활용했다(존스, 2009: 197).

우리나라의 쓰레기 배출량은 2018년 현재 하루 43만 713톤으로서 매일 1인당 1.06kg의 쓰레기를 배출하고 있는 셈이다. 이 가운데 건설 쓰레기가 48.1%로 가장 많은 비중을 차지하고 있다. 쓰레기의 처리방식은 2018년 현재 재활용이 하루에 37만 6톤으로 87.1%를 차지하며 매립이 7.3%, 소각이 5.6%를 차지한다(환경부 외, 2019).*

* 폐기물 종류별로 살펴보면 생활폐기물의 재활용률은 62%에 머물고 있다.

도시에서 발생되는 많은 쓰레기를 전량 소각하거나 매립으로 처리하기 위해서는 쓰레기소각장과 쓰레기매립장 같은 시설을 건설해야 한다. 그러나 이러한 시설들은 님비시설로 인식되어 신규 설치할 때 주민의 반발에 직면하는 경우가 많다. 따라서 재활용을 통해 쓰레기가 배출되지 않는 도시를 만드는 일이 필요하다.

외국의 쓰레기 재활용 사례

1) 일본 기타큐슈의 환경기술산업 육성

기타큐슈의 경우 도시에서 발생하는 쓰레기를 제로화하겠다는 목표를 가지고 일본 최초로 에코타운을 조성해 대부분의 쓰레기를 재활용하고 있다. 에코타운사업은 발생한 쓰레기를 각 산업 분야의 원료로 활용하여 최종적으로 쓰레기 제로화를 추구하는 것으로, 1997년 일본경제통산성의 승인 아래 진행되었다.

기타큐슈의 에코타운에는 교육과 기초연구 – 실증연구 – 사업화의 3단계로 구분하여 지역마다 관련 분야 사업을 집적시켜 도시를 바꾸어 나갔다. 각 부분에는 대학과 산업이 중심이 되고 행정이 전반적인 지원을 맡는 산·학·관 협력체계가 구축되었다. 교육과 기초연구를 담당하고 있는 '기타큐슈학술연구도시'에는 기타큐슈시립대학, 큐슈공업대학, 와세다대학 등의 환경 관련 학부와 연구과가 유치되었다. 또한 시의 서부지역에는 산·학·관이 공동 참여하는 실증연구시설이 가동되고, 동부에는 민간에 의한 사업화시설이 모여 있다. 실증연구지역에는 개발된 기술을 전시하고 외부인이 사업을 시찰·견학할 수 있는 에코타운센터가 있다. 센터는 변화된 모습과 첨단기술을 홍보하고, 과거로부터 얻은 교훈을 전파하고 있다.

기타큐슈는 환경기술로 경쟁력을 높이고 있으며 사업화단지에는 국가와 시로부터 지원을 받아 기업들이 건설한 식용유·유기용제·형광등·자동차 리사이클 시설과 PCB* 처리시설 등이 들어서 있다. 이곳에서는 기타큐슈에서 발생하는 쓰레기뿐만 아니라 다른 자치단체와 기업으로부터 쓰레기 처리를 위탁받아 수익을 올리고 지역 주민들에게 많은 일자리를 제공함으로써 환경산업의 가치를 높이고 있다. 아직 자체로는 경쟁력이 떨어지지만 국가와 시로부터 지원을 받아 공해물질을 처리하는 환경기술을 개발하고, 실증검토를 거쳐 사업화함으로써 기타큐슈는 21세기 환경기술과 산업에서 앞서가고 있다. 기타큐슈는 다롄(1990년대부터), 칭다오(2007년부터), 톈진(2008년부터)을 비롯한 여러 중국 도시와 환경협력을 시작하였다.

* PCB
Poly chlorinated Biphenyl(폴리염화바이페닐)의 약자로, 옛날에는 공업용으로 많이 사용되었다. 어류와 무척추동물에게 특히 유독하며 사람에게는 간기능장애, 피부염, 현기증, 발암작용, 기형아 출산 등을 유발하는 것으로 알려져 있다. 1997년에는 세계자연보호기금(WWF)에 의해 환경호르몬으로 지정되었다.

2) 덴마크 칼룬트버그의 생태산업단지

생태순환의 원리를 활용한 산업단지를 '생태산업단지'라고 한다. 즉 공장에서 배출된 폐열이나 쓰레기를 다른 공장의 원료로 사용하는 산업단지이다. 유럽에서는 생태산업단지 개념을 도입하여 산업단지 내 공장에서 배출된 산업쓰레기를 다른 공장의 원료로 재활용하거나 주변 지역 주민들을 위한 시설에 활용하기도 한다. 이와 같은 생태산업단지의 좋은 사례로 전 세계적으로 주목을 받고 있는 덴마크의 칼룬트버그 생태산업단지를 들 수 있다. 이를 구체적으로 살펴보면 그림

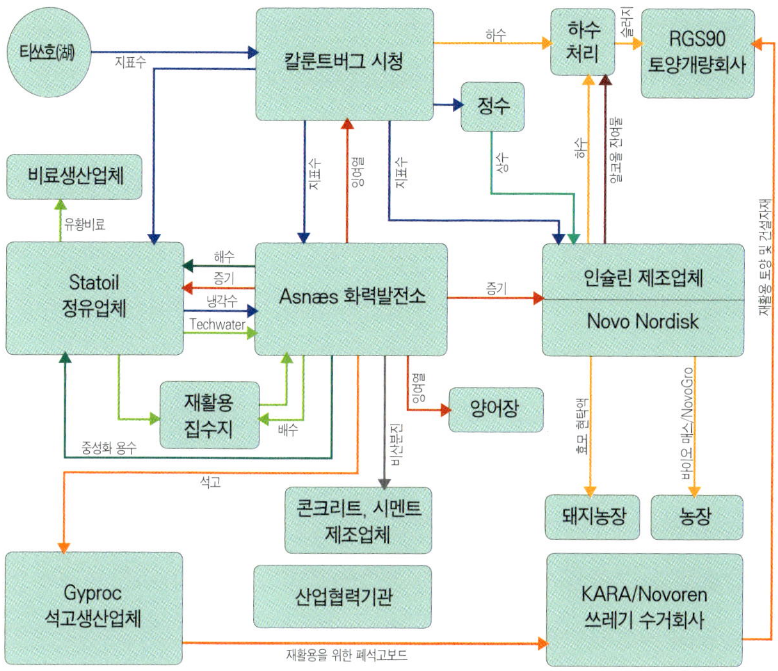

출처: The Kalundborg Center for Industrial Symbiosis(http://www.symbiosis.dk/industrial-symbiosis.aspx).

그림 7-1.
덴마크 칼룬트버그 생태산업단지의 산업공생관계

7-1에서 보는 바와 같이 발전소에서 배출되는 부산물들, 예를 들면 비산회(flyash)가 다른 시멘트 공장의 원료로 활용되거나 폐열을 시민들에게 제공하기도 한다. 칼룬드버그 생태산업단지는 25개 이상의 산업공생 프로젝트를 통해 물과 에너지를 절약하고, 부산물의 교류를 달성하였다. 덴마크의 칼룬트버그는 생태산업단지 내의 폐기물과 에너지 교환을 연결해서 경제적 이득을 얻을 수 있음을 보여준 좋은 예이다. 칼룬트버그 생태산업단지의 여러 기업들은 남은 열과 폐기물을 서로 교환함으로써 미화로 연간 1,200~1,500만 달러를 절약할 수 있는 것으로 알려졌다(Tudor et al., 2006).

3) 브라질 쿠리치바의 쓰레기 관리 프로그램

브라질의 쿠리치바에서 시행되는 쓰레기 관리 프로그램은 크게 세 가지의 성과를 나타내고 있다. 첫째, 쿠리치바 가구의 70% 이상이 재활용 프로그램에 참여하여 쓰레기 재활용이 시민들에게 정착되어 있다. 둘째, '쓰레기 아닌 쓰레기' 프로그램으로 매일 1,500그루의 나무를 살릴 수 있다. 셋째, 현재 쿠리치바에서 배출되는 쓰레기의 3분의 2에 달하는 하루 100톤 이상(종이 32톤 포함)이 재활용되고 있어 쓰레기 재활용률이 매우 높다(박용남, 2005: 113–114).

쿠리치바에서 시행되는 네 가지 쓰레기 관리 프로그램을 살펴보면 다음과 같다(박용남, 2005: 98–115).

(1) '쓰레기 아닌 쓰레기' 프로그램

- 현재 운영되고 있는 쓰레기 재활용공장은 1965년에 설립되어 알코올 중독자와 극빈층을 직원으로 고용하여 쓰레기를 수작업으로 분리하고 있다(그림 7–2의 왼쪽 참조).
- 재활용센터2는 쓰레기 박물관인데 쿠리치바에서 쓰레기로 버려진 생활소품, 오래된 사진, 동전과 지폐, 그림, 가사용품 등을 전시함으로써 쿠리치바의 역사를 간직하고 있다.
- 재활용센터3은 환경교육을 위한 장소로서, '작은 학교(Escolinhr)'라고 불리는 어린이 환경교육 교실이 있다.
- 비공식적 쓰레기 수거제도를 운영하여, 비공식적인 수집상이 개량형 손수레를 끌고 구석구석에서 나오는 재활용품 쓰레기를 수거

그림 7-2.
브라질 쿠리치바의 쓰레기 관리 프로그램

'쓰레기 아닌 쓰레기' 프로그램에서는 공장에서 쓰레기를 수작업으로 분리하고(왼쪽), 녹색교환 프로그램에서는 쓰레기 구매 차량을 운행하고 있다(오른쪽).

하여 '히코페르(Recoopere)'라 불리는 재활용협동조합에서 돈으로 환산받는다. 히코페르에서는 쿠리치바 시와 협조하여 다시 한번 재활용 쓰레기를 순환시킨다.

(2) 쓰레기 구매 프로그램

- 빈민촌인 파벨라(favelas)에서 쓰레기 투기에 의해 렙토스피라병(leptospirosis)*이 전염된다는 것이 알려진 후 생긴 프로그램이다. 쿠리치바 주민의 약 15%가 거주하는 53개 파벨라에서 쓰레기 분리수거 체계를 확립시켰다.
- 시에서는 쓰레기 수거 비용을 민간회사에 지불하는 대신에, 쓰레기를 수거해오는 지역주민들에게 쓰레기 5킬로그램당 하나의 식품 백(bag)을 지불한다.

* 렙토스피라병
개, 돼지, 설치류로부터 사람에게 전파되기도 하고 늪, 수도, 연못 등의 오염된 물에 접촉함으로써 감염되기도 한다. 대표적인 렙토스피라병인 바일병(Weil's disease)은 쥐를 통해 전염된다고 알려져 있으며 발열, 근통, 황달을 수반하며 출혈, 신장장애를 초래하여 심한 경우 사망에 이른다.

(3) 녹색교환 프로그램

- 쓰레기 구매 프로그램과 비슷하나 녹색교환 프로그램에서는 식품 백(bag)과 교환하기 위해서는 재활용품 쓰레기만 받으며, 쓰레기 구매 차량을 운행한다(그림 7-2의 오른쪽 참조).
- 한 달 평균 21톤의 식품이 학교에서 교환되고, 61톤은 근린단체를 통해, 그리고 산업체에서 10톤이 교환된다.
- 빈민들에게 경제적 편익을 줄 뿐만 아니라 쿠리치바와 주변 농촌지역에서 채소, 과일 등을 생산하는 소농의 잉여생산량을 흡수한다.

(4) 투도 림포(Tudo Limpo), 올 클린(All Clean) 프로젝트

- 쿠리치바에 건축 쓰레기를 비롯한 수많은 쓰레기가 무단으로 투기되고 있는데, 이러한 쓰레기가 산처럼 누적되는 시의 특별지역이나 텅 빈 나대지를 청소하는 프로젝트이다.

- 퇴직자와 실업자가 임시로 시청에 고용되어 일을 하기 때문에 지역 사회단체의 기능을 한층 강화하고 고용을 창출하는 효과가 있다.

우리나라의 쓰레기 제로화 방안

1) 쓰레기 발생의 최소화

건설폐기물이 우리나라에서 배출되는 쓰레기의 절반 정도로 큰 비중을 차지하고 있으므로 이를 줄이는 방안이 필요하다. 건설폐기물을 줄이기 위해서는 건축물의 사용기간을 연장시키고, 리모델링을 통해 건축물의 수명을 연장시키며, 내부수리와 개조가 용이한 구조의 건축물을 건립해야 한다. 외국에 비해 과도하게 발생하는 음식물쓰레기를 줄이기 위해서는 음식점에서 소비자가 음식을 품목별로 주문해서 먹는 방식으로 바꿀 필요가 있다. 기업이나 관공서에서 종이를 사용하지 않는 회의와 보고가 이루어지도록 해야 한다.

2) 쓰레기 회수의 극대화

제품의 생산자가 생산, 소비, 유통뿐 아니라 회수에 대한 책임을 지도록 하기 위해 자원재활용법 시행령을 개정해 포장재 · 제품 생산자에게 포장재 · 제품에서 발생하는 폐기물(PET병 등)을 회수하여 재활용할 의무를 부여하는 제도가 도입되었다. 또한 생산 단계에서부터 포장재의 재활용이 용이하게 설계되도록 하기 위해 재활용 용이성을 기준으로 등급기준도 개정했다.

3) 쓰레기 재활용의 활성화

생산자가 재생원료를 사용하도록 유인책을 쓰고 현재 재활용되지 않는 품목의 쓰레기를 재활용하는 기술을 개발할 필요가 있다. 중고제품의 유통이 활성화되도록 유통정보체계를 구축하고, 소비자가 선호할 수 있도록 중고제품이나 재활용제품의 디자인을 개선해야 한다. 우리나라에서도 최근 쓰레기를 이용해 제품을 생산하는 회사들이 나타나고 있어 프로야구 선수들이 페트병으로 만든 유니폼을 입고 경기를 하고, 우편집배원들의 근무복을 페트병 재활용 옷으로 지급하기도 했다.*

생태산업단지를 확대하여 공장에서 배출되는 산업폐기물이 재활용되는 시스템이 정착되도록 해야 할 것이다. 울산광역시의 경우 생태산업단지의 1단계 사업이 완료되어 효과를 보고 있으며 앞으로 2단계와 3단계 사업을 추진할 계획이다. 대구광역시도 생태산업단지의 사업에 163억 원을 투입해 2015년에 완공한다는 계획을 발표한 바 있다. 대구 성서산업단지를 축으로 달성 1·2차, 서대구, 염색산업단지를 연계하는 생태산업단지가 구축된다. 대구생태산업단지사업단은 산업폐기물을 폐기물 고형 연료(refuse derived fuel, RDF)**로 만드는 에너지 공급사업, 폐수 재이용 네트워크 구축 사업, 고분자 화합 폐기물 연료화 사업, 슬러지 건조 탄화 재활용사업 등을 추진할 계획이다(한국건설신문, 2010. 5. 17).

* 페트병을 재활용한 옷
페트병을 잘게 부숴 정제한 뒤 만든 실로 짜서 만든다. 50그램짜리 페트병 4개면 200그램 정도의 티셔츠 한 벌을 만들 수 있다. 야구 유니폼 상의 한 벌을 만드는 데는 6~7개의 페트병이 사용되며, 바지는 상의보다 두껍기 때문에 12개 안팎의 페트병이 필요하다. 집배원 근무복을 한 벌 만들기 위해서는 페트병 11개가 필요하다(한겨레신문, 2010. 10. 12).

** 폐기물 고형 연료
폐기물 고형 연료(RDF)는 사업장, 가정에서 발생되는 가연성 쓰레기 중에서 에너지 함량이 높은 폐기물의 고형화 처리를 통해 생산한 재생 에너지를 말한다.

4) 쓰레기 처리시설의 효율화

쓰레기 처리시설은 배출원과 근접한 곳에 입지하는 것이 바람직하나 님비현상 때문에 도시 내 입지가 매우 어려운 실정이다. 쓰레기 처리시설의 입지는 쓰레기 공급경로와 재활용제품의 특성을 고려해 결정해야 한다. 쓰레기 처리시설에서는 자치구에서 운영하는 재활용품 선별센터의 기능을 점검하고 선별능력을 향상시키도록 개선할 필요가 있다.

5) 쓰레기 처리기술의 개선

쓰레기가 혼합된 상태에서 품목별로 분리할 수 있는 기술과 시스템을 개발할 필요가 있다. 현재 바코드나 이미지영상판별법 같은 기술이 개발되어 있는데, 앞으로 분리기술이 지속적으로 연구되어야 할 것이다. 재활용제품과 재생원료에 대한 품질기준을 만들어 재생원료가 생산활동에 투입되고 재활용제품의 품질이 높은 수준으로 유지되도록 해야 한다. 쓰레기 처리기술을 지속적으로 연구·개발할 수 있도록 예산을 증액하고 기업들의 신기술 개발을 활성화시키기 위한 유인책을 강구해야 한다.

8

야생동물이 함께 잘 살아가는 도시 만들기

도시에서 야생동물이 사람과 공생하는 것은 생물체가 살아갈 만한 건강한 도시임을 입증하는 것이다. 야생동물이 도시에서 살아가기 위해서는 최소한의 생존조건인 서식처와 먹이와 물, 은신처와 영역이 있어야 한다. 야생동물이 도시에서 사라지게 된 것은 이러한 생존조건이 갖추어져 있지 않기 때문이다. 최근의 조사에 의하면 미국인의 58%가 야생동물 관찰이나 사진촬영, 먹이주기 같은 활동이나 야생동물에 유익한 관목과 식생을 식재하거나 자연지역을 유지하는 등 주변의 야생동물에 적극적인 관심을 보이는 것으로 나타났다. 수목이나 식물을 보는 것이 인간의 스트레스와 불안감을 감소시킨다는 자연회복가설이 제기되었으며, 창을 통해 자연이 보이는 방에 있는 환자가 수술 후 회복이 더 빠르다는 의학적 증거도 있다. 따라서 이 장에서는 자연과 야생동물이 조화를 이루며 공생하는 도시를 만들기 위해서는 어떤 방법이 있는지를 모색해본다.

야생동물의 영역

야생동물은 침범을 받지 않는 자기만의 영역을 필요로 하기 때문에 충분한 면적의 서식공간을 확보해주어야 한다. 연구자들에 따르면 미국의 야생종인 오소리의 경우 2만 5,000에이커에서 10만 에이커 이상의 서식영역이 필요하고, 사슴은 375~750에이커, 야생토끼는 25에이커 이하의 서식영역이 필요한 것으로 나타났다.

야생동물의 서식공간을 조성하기 위해서는 영역의 확보와 은신처를 고려하여 식재를 할 필요가 있다. 야생동물을 위한 식재를 설계할 때는 식생구조, 배식, 종의 구성 등이 중요하게 고려되어야 한다. 식생구조와 배식에서는 수직적 층위와 수평적 패턴이 모두 중요한 요소이다. 수평적 패턴의 고려에서는 열식(列植, 줄세워 심기)보다는 패치(patch) 크기를 최대화하기 위해 군식(群植)으로 패치를 이동통로에 연결하는 것이 중요하다. 종의 다양성을 유지하기 위해서는 지피식생(땅을 덮는 식물)으로부터 소관목, 대관목, 교목(喬木)에 이르는 다양한 수직적 식생층위를 조성하는 것이 필수적이다. 관목층이 없는 교목의 수관 아래 잘 깎여진 잔디 카펫은 지상서식 · 관목서식 조류에게는 매우 좋지 않다. 조류는 관목의 하층식재와 낙엽이 있는 산림 지면, 밀집된 교목 수관을 필요로 한다. 종의 구성을 고려할 때는 야생동물의 먹이를 제공하고 은신처를 만들어주는 종류의 교목, 관목(灌木), 기타 식생의 종을 식재하는 것이 바람직하다(Adams, 1994: 99–103).

도시와 교외 주거지에서 식생군집을 촉진하는 사업을 시행하여 야생동물을 위한 좋은 서식처를 조성한 사례가 있다. 1979년에 미국 아이오와주의 시더 래피즈(Cedar Rapids)에 있는 0.5에이커 부지와 인접한 목초지 1에이커를 방목하거나 잔디를 깎았고, 수목은 몇 그루의 참나무, 네군도단풍, 느릅나무뿐이었다. 1979년 이후 이곳에 야생동물을 유인할 수 있는 70종의 다른 식생종을 추가했고, 야생동물의 가치를 높이기 위해 대부분 군식을 하고 작은 연못을 조성하였다. 수년 후에 이 지역에서 65종의 조류와 다람쥐, 사슴, 여우, 너구리, 야생토끼 같은 포유동물이 관찰되었다. 그 후 이 지역은 국립도시야생동물연구소(National Institute for Urban Wildlife)에 의해 도시야생동물보호구역으로 지정되었다(Adams, 1994: 104).

야생동물의 서식처

서식처 경계(habitat edge)란 2개 이상의 구조적 유형의 식생 간의 접촉지역으로 정의한다. 밀식된 산사나무는 사람이 침입하지 못하게 하고 야생동물을 위해서 먹이와 은신처를 제공한다. 큰 키의 교목과 관목을 배경으로 하고 작은 나무를 전경으로 하는 것은 미적으로 아름다울 뿐 아니라 야생동물에게 좋은 서식처를 제공한다.

초원과 초원경계부에 나비를 위한 식생을 조성할 경우 나비는 햇빛을 필요로 하고 바람으로부터 보호되어야 한다는 점을 고려해야 한다. 서식처는 봄부터 가을까지 성장기간 내내 유충과 나비 모두를 위한 먹이식물(food plants)을 제공해야 한다. 봄부터 가을까지 연속적으로 꽃이 피는 다년생 식물을 선정하면 관리의 필요를 최소화할 수 있다. 이른 봄에 피는 땅버들을 비롯하여 서양자두, 복숭아, 벚나무 등이 나비에게 매력적이다. 유충의 먹이원이 되는 수목은 말채나무, 털조장나무(spicebush), 다양한 과목류이다(Adams, 1994: 107–109).

습지서식처(wetland habitat)는 인공호가 5에이커가 넘으면 불규칙한 수변선(水邊線), 완만하게 경사진 제방, 섬을 갖도록 조성되어야 한다

그림 8-1. 습지서식처인 일본 가가(加賀) 시의 가모이케(鴨池) 조류공원

(그림 8-1 참조). 불규칙한 수변선은 경계 서식처의 양을 증가시키고 움푹진 곳과 틈새를 만들어 새끼를 기르는 암오리의 시선을 감소시켜 수컷들 간의 영역다툼을 줄일 수 있다. 불규칙한 수변선은 수변과 물의 경계부에서 파도활동을 감소시켜 침식을 줄이고 식생조성을 촉진시킨다. 10:1의 완만한 제방은 호수 주변에 열은 물서식처와 조간대 모래톱을 제공한다. 수면적의 약 25~50%는 0.6미터 이하의 수심이어야 한다. 이는 습지식물의 성장을 촉진하고 물오리와 습지조류, 수변조류를 위한 휴식과 먹이 서식처를 개선시킬 것이다. 모기가 염려되면 모기 유충과 번데기를 먹는 어류인 모기어(mosquito fish)를 도입할 수 있다.

호수 주연부를 따라 정수식물이 수변선의 50%를 초과하지 못하도록 해야 한다. 수심을 조절하는 능력은 식생 관리에 중요한 도구이다. 저류된 물의 양과 토양의 습도는 식생종 조성과 천이 추이에 크게 영향을 준다. 수심이 깊은 곳에서는 큰고랭이(bulrush), 부들(cattail), 가래(pondweed) 같은 초기 천이종은 시간이 흐르면서 연과 수국딸기(buttonbush)에게 자리를 양보할 것이다. 약간 건조한 입지에서는 바랭이류(crabgrass), 좀물뚝새풀(panic grass)과 고마리(smartweed) 대신에 사초(sedges)와 흑버드나무(black willow)가 자라게 될 것이다(Adams, 1994: 113).

야생동물 서식처 계획

1) 서식처 계획 과정

야생동물을 위한 계획에서는 서식처가 핵심 개념이다. 서식처는 개별 야생동물이 살아가는 데 필수요건인 먹이, 은신처, 짝짓기와 새끼양육을 위한 특별한 장소 등을 충족해야 한다. 서식처와 관련된 다른 두 가지 핵심 개념은 활동범위와 영역이다. 서식처를 계획할 때는 이슈의 발견, 목표 결정, 자원의 목록화, 자원 분석, 대안의 발전, 서식처 개획의 개념과 원칙 도출, 계획의 실행, 계획의 평가 과정을 거친다(그림 8-2 참조).

2) 야생동물 서식처 계획의 개념과 원칙

야생동물 서식처와 관련해 패치(patch)와 통로(corridor)가 중요한 역할을 한다. 일반적으로 숲에서 패치의 크기와 수가 늘어나면 그곳에 서식하는 개체군의 크기와 함께 종풍부도(species richness)가 늘어난다. 여러 개의 작은 패치보다 적은 수의 큰 패치가 개체군을 유지하는 데 유리하며, 흩어져 있는 패치들을 에워싸는 주변이 적절한 서식처로 되어 전체 서식처가 덩어리를 이룰 때 개체군의 크기는 증가하는 경향을 보인다(이도원, 2001: 152–153). 통로는 서식처, 도관, 장벽, 여과대, 공급원, 수용처라는 여섯 가지의 기본적인 기능을 가지고 있다. 식생으로 이루어진 통로는 새끼치기, 휴식, 은폐공간과 먹이자원을 제공하는 주요 기능을 한다. 하천변을 따라 형성된 숲 통로는 물고기의 서식에 중요한 요소가 된다(이도원, 2001: 172–174).

야생동물에 가장 유리한 수계 혹은 프로젝트 대상지 내의 통로와 패치의 위치, 형상, 연결 등을 조성하기 위한 원칙은 다음과 같다(Hopper, 2007: 751–752).

그림 8-2. 서식처 계획 과정과 주안점

문제와 기회의 구명(이슈의 발견)

- 생물학자, 생태학자 등으로 구성된 학제적인 팀이 프로젝트 지역의 패치, 통로, 매트릭스, 식생구조 등의 패턴에 내재된 야생동물과 관련된 문제와 기회를 구명해야 한다.
- 야생동물이 경관요소의 패턴을 어떻게 활용하는가?
- 어떤 기존의 패치와 통로가 종다양성을 위해 관리되는가?
- 어떤 토지이용과 관리가 서식처와 기존의 패치와 통로의 도랑기능에 악영향을 주는가?
- 어떤 토지이용과 관리가 야생동물의 종다양성과 풍부도에 제약을 주는가?
- 어떤 패치가 종다양성을 증진시키기 위해 통로와 연결될 수 있는가?
- 유역 내의 어떤 지점이 패치 혹은 통로로서 복원될 잠재력을 가지고 있는가?

▼

목표의 결정

- 멸종위기 혹은 위협이 되는 종과 서식처를 보존한다.
- 종다양성을 증진시킨다.
- 관심대상종의 고유개체군을 유지하거나 증진시킨다.
- 기존의 고품질 서식처와 연결통로를 보존한다.
- 인간활동과 파편화로 인해 악영향을 받거나 혹은 현재 제외된 먹이, 은신처, 번식지와 안전지역과 같은 특정 서식처 특징을 증가시킨다.

▼

자원의 목록화

- 대안 설정: 탐방로와 그린웨이 계획, 매입과 보전지역권(easements), 재정계획

▼

자원의 분석

▼

대안의 발전

▼

서식처 계획의 개념과 원칙 도출

▼

계획의 실행

▼

계획의 평가

(1) **패치**(patch)

- 기존의 대규모 패치나 보존지를 보존하고, 가능하다면 대규모의 새로운 패치를 조성한다.
- 역사적으로 연결되었던 모든 보존지와 패치를 연결한다.
- 기존의 보존지와 패치를 분할하지 않는다.
- 소규모 패치의 클러스터를 보존한다.

경관요소의 유형

경관을 이루는 기본적인 단위인 경관요소는 매트릭스(matrix), 패치(patch), 통로(corridor)로 나눌 수 있다(Forman, 1986: 230).

① 매트릭스는 경관의 기능을 하는 데 주도적 역할을 하는 가장 광범위하고 잘 연결된 경관요소 유형이다. 매트릭스는 자연적인 요소일 수도 있고 인공적인 요소일 수도 있다. 농경지는 농촌의 매트릭스이며 도시경관에서는 도로와 포장된 지면, 조밀한 상가와 주택가가 우세한 지역이 매트릭스가 된다.

② 패치는 지표상에서 모양이 주변과 차별화되는 비선형적인 지역을 말한다. 패치는 크기와 형상, 경계부의 특성 등에 의해 여러 가지 유형으로 나타난다. 패치는 흔히 식물과 동물군집 그리고 자연 및 인공교란에 의해 형성되는 동질적인 단위이다.

③ 통로는 매트릭스와 양측 모두 차이가 있는 좁은 폭의 띠 모양의 토지로, 바탕에 놓여 있는 선형의 경관요소를 말한다(이도원, 2001: 16).

- 인접한 보존지와 패치를 보존한다.
- 서식처가 전혀 없는 지역에 새로운 패치를 도입한다.

(2) 통로(corridor)

- 연속적인 통로는 보존하고 불연속적인 통로는 틈새에 식재한다.
- 패치를 연결하는 기존의 통로를 보존하고, 특히 이동통로와 분산통로에 관심을 둔다.
- 역사적으로 연결되었던 보존지와 패치를 연결하기 위해 가능한 지역에서는 통로 식재를 도입한다.
- 역사적으로 연결되었던 보존지와 패치 간에 다중 통로와 징검다리 연결을 보존하거나 도입한다.
- 새로운 통로는 가능한 한 넓게 만들고, 기존의 통로는 가능한 한 넓힌다.

(3) 특수지역과 형상

- 멸종위기종(threatened and endangered species)과 국가관심종(state species of concern), 혹은 위협을 받는 개체군이 서식하는 모든 보존지, 통로, 특수지역이나 특수형상은 보존한다.
- 그 밖에 다른 특수지역과 형상을 보존한다.

(4) 잠재적 서식처

- 가능한 지역에 잠재적 서식처를 개발한다.
- 자연적 서식처가 훼손되거나 파괴되었을 때 서식처를 제공하기 위해 인공구조물을 고려한다.

(5) 기타 원칙

- 수계 혹은 프로젝트 지역에서 서식처에 위협적 조건을 만드는 주요 영향을 제시한다.
- 야생동물에 이익을 주는 매트릭스(matrix) 관리원칙을 권장한다.
- 보존지 혹은 패치와 통로 식물군집의 자연적인 구조적 다양성을 권장한다.
- 자연식생을 군집으로 식재하는 것을 권장한다.

생태통로

1) 생태통로의 개념

야생동물이 도시에서 살아가면서 먹이를 찾거나 휴식, 은신을 위해 이동을 하게 되는데, 동물이 안전하게 이동할 통로가 없기 때문에 도로를 건너다가 차에 치여 죽는 로드킬(roadkill)이 발생하고 있다. 따라서 도시에서 야생동물이 안전하게 이동할 수 있도록 야생동물의 이동통로인 생태통로*를 설치할 필요가 있다. 생태통로(생태이동통로, 야생동물 이동통로)는 도로나 철도 등에 의하여 단절된 생태계를 연결하고 야생동물의 이동을 위한 인공구조물이다. 야생동물이 노면을 거치지 않고 도로를 건널 수 있도록 조성되는 생태통로에는 일반적으로 선형, 육교형(overpass)과 터널형(underpass) 생태통로가 있다.

* 생태통로
'자연환경보전법' 제2조에서는 생태통로를 "도로 · 댐 · 수중보 · 하구언 등으로 인하여 야생동식물의 서식지가 단절되거나 훼손 또는 파괴되는 것을 방지하고, 야생동식물의 이동을 돕기 위하여 설치되는 인공구조물 · 식생 등의 생태적 공간"이라고 정의하고 있다.

2) 생태통로의 유형

생태통로는 기능에 따라 통근통로(commuting corridor), 이주통로(migration corridor), 분산통로(dispersal corridor) 등으로 구분할 수 있다(Bouwma et al., 2004: 96–99). 통근통로는 휴식지나 번식지에서 취식지(먹이를 얻는 장소)로 매일 이동하는 데 사용된다. 척추동물의 이동거리는 단거리에 국한되며, 광역의 행동권을 갖는 종은 반경 수십 킬로미터에 이른다. 이주통로는 한 자원지역에서 다른 곳으로 매년 이동하는 데 사용된다. 가장 잘 알려진 이동은 새와 물고기의 이동이다. 한 지역에서 다른 곳으로 여행할 때 어떤 종들은 통로를 이용함으로써 유익을 얻을 수 있다. 분산통로는 개체나 개체군이 예전의 번식지나 출생지에서 새로운 번식지로 일방향으로 이동하기 위해 사용한다. 분산은 개체가 다른 개체군으로 이주하거나 적정 서식지에 재정착하는 데 이르는 기본적 과정이다.

우리나라에서는 이러한 기능별 분류보다는 일반적으로 육교형과 터널형으로 구분하고 있으며 환경부의 '생태통로 설치 및 관리지침'에서도 이와 같이 분류하고 있다.

3) 생태통로 설계지침

그림 8–3에서 보는 바와 같이 필요성 검토 단계, 결정 단계, 설치 단계를 거쳐 생태통로가 설치되며, 설치 후에는 사후관리를 해야 한다.

(1) 생태통로설계의 일반지침(한국수자원공사, 2003: 157–163; 환경부, 2010b)

① 야생동물의 이동통로인 생태통로의 위치는 통로를 이용할 대상 동물의 종류, 기존 이동로의 현황, 주변 서식지와의 연결방안을 종합적으로 검토하여 결정한다.

② 교량 아래 외에 구형 암거나 배수용 횡단관로, 오버브리지 같은 횡단구조물이 동물의 이동에 자주 사용되므로 이를 생태통로의 설계에 반영해야 한다. 생태통로는 크게 보아 터널형 통로와 육교형 통로로 구분할 수 있다.

③ 야생동물이 이용한다고 판단되는 길을 연결하는 식으로 설계에 반영해야 한다.

④ 인접한 비탈면은 주변 수림과의 거리를 짧게 하여 동물이 불안감 없이 이용할 수 있도록 유도식재하고 노면은 흙으로 덮어야 한다.

⑤ 구형 암거의 설치장소가 양서류와 파충류 같은 소형 동물의 이동통로가 될 가능성이 있는 경우에는 출입구가 되는 가지도랑을 갖춘 U자형 도랑과 포착용 측구를 설치해야 한다.

⑥ 측구의 이용과 소동물이 측구로 탈출하기 위해서는 비탈길을 설치해야 한다.

⑦ 양서류를 위한 도랑과 파이프는 하천, 늪, 논 등 주요한 서식지를 연결하는 형태로 설치해야 한다.

⑧ 야생동물은 소택지와 골짜기 지형을 이동통로로 사용하기 때문에 이런 곳에는 가능한 한 교량구조를 채택해야 한다.

⑨ 진입부는 인접한 자연지형과 자연스럽게 연결되어 경사가 급하

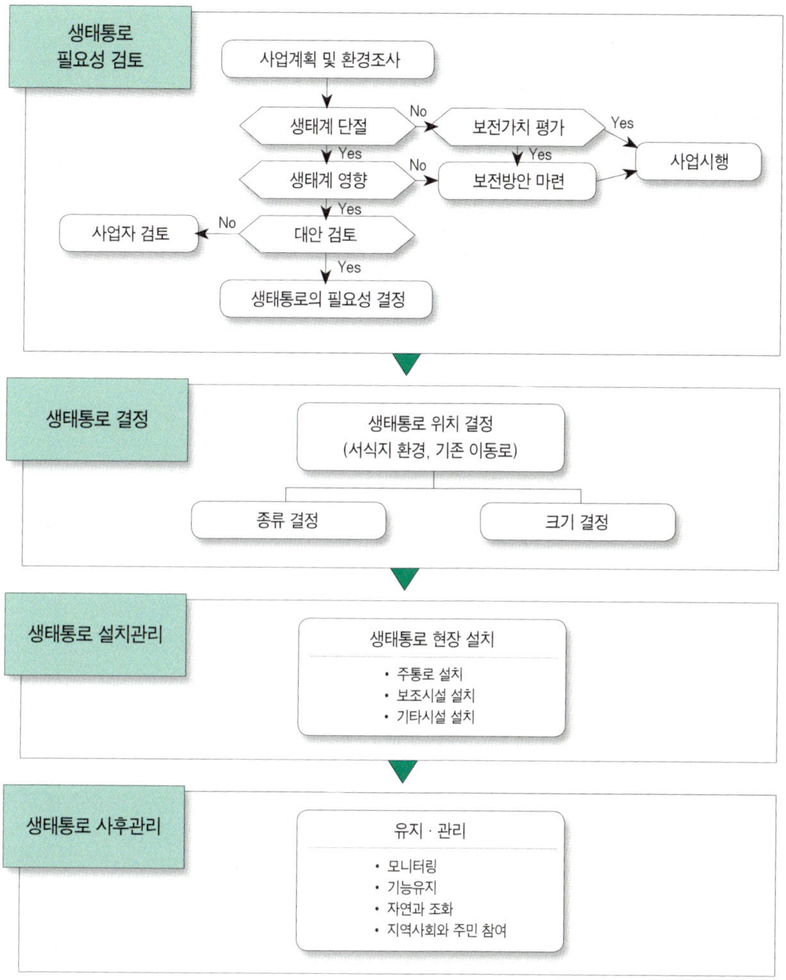

출처 : 환경부(2003), p. 18.

그림 8-3.
생태통로 설치절차

지 않도록 한다. 진입부와 내부의 식생은 주변과 유사하게 식재하되 과밀하지 않아 물리적, 시각적으로 이동에 장애가 되어서는 안 된다.

(2) 터널형 생태통로의 설계지침(환경부 2010b: 25–30)

① **포유류용 통로**(그림 8–4 참조)

• 모든 야생동물이 이용할 수 있도록 개방도* 0.7 이상의 규격으로

* 개방도
개방도는 '통로 단면적÷통로 길이'로 측정한다.

조성하되, 성토 높이가 15미터를 초과할 경우 개방도를 0.6 이상으로 조정할 수 있다.

- 수로에 설치할 때는 수로의 연간 최대용량보다 훨씬 큰 규모로 설계하여 통로 내에 물이 흐르지 않는 바닥 부분이 항상 존재하도록 한다.
- 통로의 맞은편이 시각적으로 트이도록 하면 동물이 건너편의 환경을 미리 인지함으로써 통로 진입 시의 거부감을 줄이는 데 도움이 된다.
- 통로의 높이는 2미터 이상으로 하며, 왕복 4차선 이상의 도로에서는 가급적 3미터 이상으로 한다.
- 폭이 7미터 이상인 경우 양서류·파충류와 소형 포유류의 이동을 위해 주변의 소규모 도랑을 통로 내부로 유도하거나 나무 그루터기, 돌무더기 등을 길고 연속적으로 배치하고, 유도울타리를 설치하여 생태통로로 유도하고 로드킬 예방을 도모한다.
- 보행자와 차량의 접근과 이용을 최대한 배제하도록 설치하며, 통

그림 8-4.
터널형 생태통로
(왕복 2차선 도로)

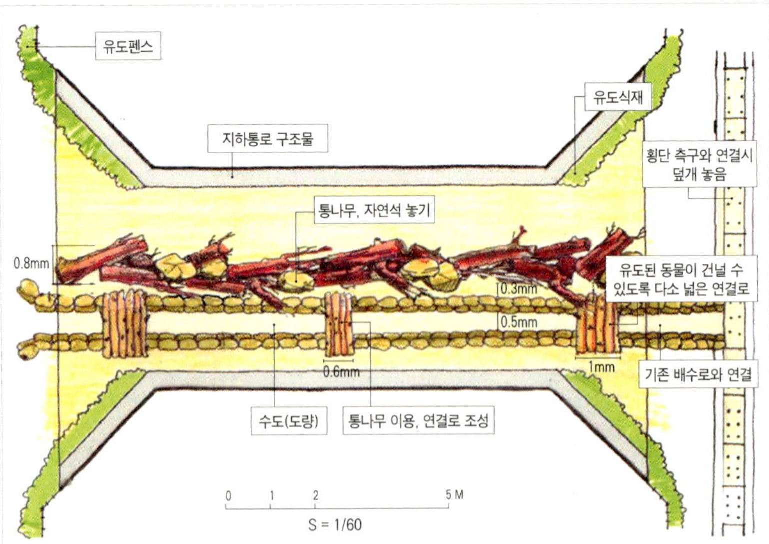

출처: 환경부(2010b), p. 28.

로의 내부는 경사가 최대한 완만하되 배수가 잘 되어 안에 물이 고이지 않아야 하며, 빗물 등 흐르는 물에 내부의 흙이 쓸려 내려가지 않도록 해야 한다. 바닥에는 배수가 잘 되는 흙을 10센티미터 이상 깔아준다.

② **양서류·파충류용 통로**

- 통로의 규격은 왕복 2차선 도로에서는 너비 50센티미터 이상, 왕복 4차선 이상 도로에서는 너비 1미터 이상으로 하여 도로의 폭이 넓어질수록 이동통로의 폭도 넓게 설계한다.
- 통로 내부에 햇빛이 들어와야 이용률이 높아지는 종을 대상으로 하는 경우에는 천정에 햇빛이 투과할 수 있는 구조로 조성한다.
- 집단 산란지로 양서류·파충류의 왕래가 단절되거나 로드킬이 빈번하게 발생할 우려가 있는 곳에 터널형으로 설치한다.
- 통로는 넓은 통로 지면을 확보할 수 있도록 원형보다는 가급적 사각형 통로를 조성하고, 통로의 너비가 2미터 이상일 경우 통로의 진입부와 내부에 나무 그루터기와 돌무더기 등을 배치하여 은신하며 이동할 수 있도록 한다.
- 통로의 맞은편이 시각적으로 트이도록 하면 통로를 이용하는 동물이 건너편의 환경을 미리 인지함으로써 통로에 진입할 때 거부감을 줄이는 데 도움이 된다.
- 통로의 내부는 배수가 잘 되어 안에 물이 고이지 않아야 한다. 통로 내부 바닥면의 경사는 최대한 완만해야 하며, 빗물 등 흐르는 물에 내부의 흙이 쓸려 내려가지 않도록 해야 한다.
- 생태통로로 유인하기 위해 콘크리트나 플라스틱 같은 불투명 재료로 유도울타리(유도벽)를 설치한다. 양서류는 울타리 너머가 보일 경우 유도기능이 떨어진다.

- 진입부의 식생은 주변과 유사하게 식재하되 과밀하지 않아 물리적, 시각적으로 이동에 장애가 되지 않도록 한다.
- 인근에 측구 수로가 있을 경우 생태통로로 유도할 수 있는 지점에 탈출용 경사로를 여럿 설치하고, 일부 구간은 측구 수로를 덮개로 덮어 양서류와 파충류가 수로 위를 횡단할 수 있도록 한다.

(3) 육교형 생태통로의 설계지침(건설교통부 · 환경부, 2004: 24; 환경부, 2010a)

① 도로 건설로 생태계 단절이 예상되는 곳에 육교형 생태통로를 설치하여 생태계의 연속성을 유지한다(그림 8-5 참조).

② 육교형 생태통로는 관련 전문가의 자문을 받아 기존에 야생동물이 이용하던 자연통로에 설치하는 것이 바람직하다. 그러나 절토 발생에 따른 구조물의 과다 등으로 경제성 · 시공성 측면에서 문제가 발생할 때에는 유도펜스, 유도식재 등의 설치를 통해 통로의 위치를 변경할 수 있다.

③ 육교형 통로를 설치할 때는 중앙부의 폭은 최소 30미터로 하고 입 · 출구부는 넓게 하여 야생동물의 이동을 자연스럽게 유도한다. 다만 지형적인 여건에 따라 최소폭을 30미터 이하로 할 수도

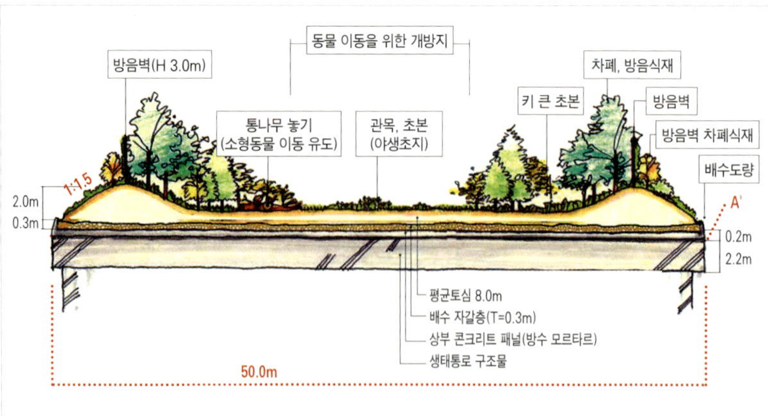

그림 8-5. 육교형 생태통로 (중앙부 폭 50미터)

출처: 환경부(2010b), p. 20.

있다. 환경부의 '생태통로 설치 및 관리지침'(환경부, 2010b)에 의하면 일반적인 육교형 통로를 설치할 때는 중앙부의 최소 폭은 7미터 이상이어야 하며, '주요 생태축'을 통과하는 경우에는 최소 폭을 3미터 이상으로 하도록 정하고 있다. 다만, 주요 생태축 구간에서 지형적인 여건에 따라 이와 같은 기준을 준수하지 못하는 불가피한 경우에는 환경영향평가협의 등 개발사업 협의 시 생태통로의 적정한 규모에 대하여 환경부와 협의하여 조정할 수 있다.

④ 육교형 통로가 설치되는 지역에 땅깎기에 의해 비탈면이 생기는 경우 환경친화적인 비탈면 녹화, 안정화 방안과 동시에 유도펜스, 유도식재 등 다양한 형식의 보조시설을 설치한다.

⑤ 생태적으로 보전가치가 우수하고 넓은 면적이 단절되거나 대형동물의 출현이 많은 곳 등에 주로 설치한다.

⑥ 통로 내 식재지의 토심은 식생의 안정적인 성장을 고려하여 70센티미터 이상이 되도록 하고, 지표면은 양토와 낙엽 등을 이용해 야생동물이 거부감을 갖지 않도록 하며 초본의 발아와 활착이 용이하도록 한다.

⑦ 차량의 불빛과 소음의 영향을 줄이는 차단벽을 통로 양편에 설치하고 차량의 접근을 배제하는 것을 원칙으로 하며, 보행자가 생태통로를 이용할 수 있도록 조성하는 경우에는 보행자 동선을 폭 3미터 이내의 흙길로 조성한다.

(4) 보조시설(건설교통부 · 환경부 2004: 25)

생태통로는 현지 여건에 따라 적합한 형태의 다양한 보조시설(토양 및 초본류 식재, 선반 설치, 서식처와 피난처 제공, 경사로 설치, 유도펜스, 나무그루터기 벽, 동물출현표지판 등)을 설치하여 생태통로 안정화를 조기에 유도한다.

(5) 동물침입방지시설(건설교통부 · 환경부, 2004: 25-26; 환경부, 2010a)

① 유도울타리

- 유도울타리의 종류는 목표종에 따라 포유류 울타리, 양서류 · 파충류 울타리, 포유류와 양서류 · 파충류 모두를 대상으로 하는 일체형 울타리로 구분할 수 있으며, 망의 형태에 따라 능형, 방형, 가시철선형으로 구분할 수 있다. 또한 설치방법에 따라 포유류 울타리의 하단부에 양서류 · 파충류 망을 덧대어 시공하는 경우와 포유류 울타리와 양서류 · 파충류 망이 일체형으로 제작된 울타리를 설치하는 방법이 있다.
- 포유류를 대상으로 한 울타리
  - 포유류의 로드킬 예방을 위한 울타리의 높이는 1.2~1.5미터를 기본으로 한다. 지형에 따라 동물이 뛰어넘기 용이한 구간은 1.5미터 높이로 하고, 종의 특성에 따라 더 높게 할 수 있다.
  - 육교형 생태통로 또는 개방도 0.6 이상의 터널형 생태통로와 연결되는 유도울타리의 높이는 최소 1.5미터로 한다.
  - 울타리의 철망(mesh) 규격은 지표면에서 80센티미터 높이까지는 상하 간격이 10센티미터를 넘지 않고, 높이 80센티미터 이상부터는 20센티미터를 넘지 않아야 한다.
- 양서류 · 파충류를 대상으로 한 울타리
  - 울타리의 높이는 40센티미터 이상으로 하고, 울타리의 철망 규격은 주변 동물과 현장 여건을 고려하되 최대 1센티미터×1센티미터 이내로 한다. 포유류 울타리 하단에 이를 덧대어 설치할 수 있다.
- 조류 울타리(그림 8-6 참조)
  - 조류의 빈번한 로드킬이 우려되는 구간에는 버스나 트럭 등의 대형 차량의 높이보다 조류가 높게 비행할 수 있도록 유도하는

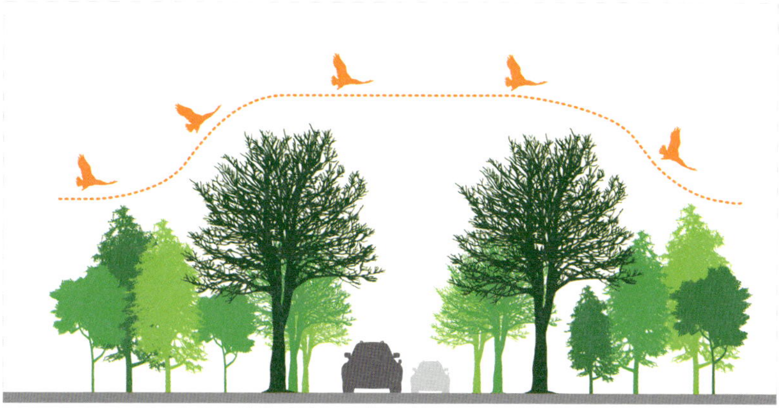

출처 : 환경부(2010b), p. 60에서 재작성.

그림 8-6.
로드킬 방지를 위한 조류 울타리 개념도

울타리, 기둥, 가로수 등을 조성할 수 있다. 조류의 로드킬이 빈번한 구간에서는 가로수 아래의 관목림을 가급적 제거하여 조류가 교목의 상부를 통해서만 이동할 수 있도록 한다.

② 도로침입방지벽

- 개구리류는 산란장소로 이동하는 습성이 있다. 이러한 동물종이 도로건설로 이동로가 단절되어 도로 횡단에 의한 충돌사고가 예상되는 구간에 도로침입방지벽을 설치한다.

③ 야생동물 탈출구

- 배수로: 측구 등은 가능한 한 소동물이 낙하하지 않거나 낙하하더라도 탈출할 수 있는 구조를 선택한다. 측구 탈출경사로 기울기는 30~45도 정도로 하고, 경사로에서 미끄러지지 않도록 울퉁불퉁하게 하여 탈출하기 쉽게 한다.
- 집수정 탈출구: 두더지, 도마뱀 등 동물의 보호를 목적으로 집수정에도 뚜껑을 씌우거나 낙하하였을 때 자력으로 탈출할 수 있게 오름구조나 거치목 등을 설치한다.

9

물의 순환이 원활하게 이루어지는 도시 만들기

도시에서 물의 순환을 원활하게 하기 위해서는 비가 내린 후 빗물이 곧장 하천이나 강으로 흘러나가지 않고 땅속으로 스며들어 지하수로 저류되거나 빗물을 받아서 재활용해야 한다. 도시의 토양은 대부분 불투수성으로 포장되어 있어 빗물이 땅속으로 스며들지 못하고 모두 흘러나가 버린다. 따라서 도시 내에서 빗물이 지하수로 저류되기 위해서는 불투수 포장면적을 줄여야 한다. 이 장에서는 도시 내의 불투수성 면적을 줄이기 위해 독일에서 오래전부터 시행해온 생태면적률 제도에 대해 알아보고, 빗물순환방법과 저영향개발제도와 그 기법에 대해 살펴본다.

생태면적률

1) 생태면적률 개념

공간계획대상 면적 중에서 자연순환기능을 가진 토양 면적의 비(比)를 '생태면적률'이라 한다. 자연순환기능을 가진 토양이란 포장을 하지 않아 빗물이 스며들 수 있는 토양이나 녹지, 연못 등 자연상태로 남아 있는 토양을 의미한다. 인공적으로 조성한 지역이라도 인공녹화를 하거나 투수성 포장을 하면 자연순환기능이 어느 정도 있다고 보고 생태면적률을 계산할 때 이를 반영한다. 서울특별시는 생태면적률 개념을 더 확대해 공간계획대상 전체 면적 중에서 자연의 순환기능을 가진 대지용적의 수평투영면적비를 생태면적률로 정의하고 있다(서울특별시 도시계획국, 2016).

2) 독일의 생태면적률

독일의 모든 도시는 도시의 자연과 경관을 보호하기 위해 토지이용계획과 더불어 경관생태계획을 수립하고 있다. 그러나 경관생태계획을 수립한다 해도 개발밀도가 높고 생태환경이 열악한 기성 시가지에서는 계획내용을 충실하게 이행하기 어렵다는 문제점이 있다. 따라서 기성 시가지와 같은 도시공간에서 도시생태적 기능을 개선하기 위한 새로운 계획수단으로서 BFF-경관생태계획(BFF-Landschaftsplan)이 1990년대부터 제도화되어 운영되고 있다.

독일 베를린의 BFF(Biotopflachenfaktor)는 BFF-경관생태계획이 수립된 지역에서 제시되는 생태기반지표로서, BFF-경관생태계획이 수립된 지역에서 건축허가를 받기 위해서는 그 지역에 제시된 BFF 수준을 달성해야 한다(서울시, 2004). 베를린의 BFF는 자연순환기능의 관점에서 토양의 피복유형을 구분하고 그 유형별 면적에 가중치를 곱한 자연순

피복유형	가중치(㎡당)
완전포장	0.0
부분포장	0.3
틈새포장	0.5
하부토양층과 연결 없는 두께 80cm 이하인 녹화피복	0.5
하부토양층과 연결 없는 두께 80cm 이상인 녹화피복	0.7
하부토양층과 연결이 이루어진 녹화피복	1.0
빗물 흡수를 통해 지하수 공급을 하기 위한 지붕면적(m^2)당 지상녹화시설	0.2
최대높이 10m까지의 벽면녹화	0.5
지붕녹화	0.7

표 9-1.
독일 베를린의 피복유형과 가중치

환기능 환산면적을 전체 공간계획 대상지 면적으로 나누어 산출한다 (표 9-1 참조). 이렇게 산출된 BFF를 필지별 건축계획의 인허가 과정에서 반영하도록 하고 있다.

3) 우리나라의 생태면적률

환경부에서는 '환경영향평가법'의 전략환경평가 대상계획과 환경영향평가대상사업에 대해 생태면적률을 적용하고 있다. 생태면적률의 적용은 전략환경평가와 환경영향평가의 협의 단계별로 다음과 같이 절차가 진행된다. 전략환경영향평가 단계에서는 개발대상지의 현재 상태의 생태면적률을 산정한 후 이를 토대로 목표생태면적률을 협의해 결정한다. 환경영향평가 단계에서는 전략환경영향평가 협의 시 설정된 목표생태면적률을 바탕으로 계획생태면적률을 설정해 협의 후 제시하고 이를 사업계획에 반영한다. 계획생태면적률은 토지이용계획에 따른 용도지구 또는 블록별 생태면적률을 세분해 산정한다. 개발사업 유형별 생태면적률 달성 목표는 표 9-2와 같으며 사업계획 수립, 계획 · 목표생태면적률 설정, 영향평가 협의 시의 지표로 활용한다.

서울시에서는 생태면적률을 도시계획에 적용하여 운영하는 방침을 정하고 2004년에 서울특별시 도시관리계획 환경성검토 업무지침

표 9-2.
생태면적률 적용기준 (환경부)

* 구도심 개발사업은 '도시개발법' 및 '도시 및 주거환경정비법'에 의하여 추진되는 사업으로 도시재정비 등 구 도심에서의 개발사업에 적용

개발사업 유형	권장 달성 목표	세부 내용
1. 도시의 개발	30	구도심개발사업
	40	구도심 외의 개발사업
2. 산업입지 및 산업단지의 조성	20	–
3. 관광단지의 개발	60	–
4. 특정 지역의 개발	20–80	개발사업 유형별 기준 적용
5. 체육시설의 설치	80	일반 체육시설(실외)
	50	경륜 · 경정시설(실내)
6. 폐기물 및 분뇨처리시설의 설치	50	매립시설
	40	소각시설 및 분뇨처리시설

출처: 환경부(2016), p. 2.

을 시행하였다. 현재는 서울특별시 도시계획조례, 환경 도시관리계획 환경성검토 업무지침과 환경영향평가조례에 의해 생태면적률을 시행하고 있다. 서울특별시의 생태면적률 산정방법은 환경부의 산정방법과 차이가 있는바 다음과 같이 종전의 피복유형별 환산면적에 식재유형별 환산면적을 추가해서 고려하고 있다(서울특별시 도시계획국, 2016).

$$\text{생태면적률} = \frac{(\text{피복유형별 환산면적} + \text{식재유형별 환산면적})}{\text{전체면적}} \times 100$$

서울특별시의 생태면적률의 산정을 위해 적용되는 가중치는 피복유형별 가중치와 식재유형별가중치로 구분해서 적용되고 있다(표 9-3, 표 9-4 참조).

표 9-3. 서울시 생태면적률 적용 피복유형 구분 및 가중치(2016년 4월 개정)

피복유형		가중치	설명	유의사항
1	자연지반녹지	1.0	자연지반이 손상되지 않은 녹지, 식물상과 동물상의 개발잠재력 보유	자연 상태의 지반을 가진 녹지
2	수공간 (투수기능)	1.0	자연지반 기초 위에 조성되고, 투수기능을 가지는 수공간	바닥에 차수시설이 설치되어 있는 수공간의 경우 가중치 0.5
3	인공지반녹지 > 90cm	0.7	토심이 90cm 이상인 인공지반 상부 녹지	토심이 90cm 미만인 경우 가중치 0.5 (단, 최소토심 40cm)
4	옥상녹화 > 40cm	0.6	토심이 40cm 이상인 옥상녹화시스템이 적용된 공간	토심이 40cm 미만인 경우 가중치 0.4 (단, 최소토심 20cm)
5	투수포장	0.4	자연지반 위에 조성되고 공기와 물이 투과되는 포장, 식물생장 가능	포장재의 투수율은 0.01cm/sec 확보. 미식재면적이 50% 이상인 경우 가중치 0.2, 불투수포장의 경우 가중치 0
6	벽면녹화	0.3	창이 없는 벽면이나 옹벽(담장)의 녹화, 최대 10m 높이까지만 산정	창이 없는 벽면이나 옹벽(담장)의 녹화. 최대 10m 높이까지만 산정 (단, 최소토심 20cm)
7	옥상저류 및 침투시설 연계면	0.1	지하수 함양을 위한 우수침투시설 또는 일시적 저류시설과 연계된 면	

출처: 서울특별시 도시계획국(2016).

표 9-4. 서울시 생태면적률 적용 식재유형 구분 및 가중치(2016년 4월 개정)

H: 수고
B: 흉고직경
R: 근원직경
W: 수관폭

<table>
<tr><th colspan="2">식재유형</th><th>가중치</th><th>설명</th><th>유의사항</th></tr>
<tr><td>수고</td><td>환산면적</td><td rowspan="7">0.1</td><td>–</td><td>식재유형 생태면적률은 피복유형 생태면적률의 20%만 인정</td></tr>
<tr><td>0.3 ≤ H < 1.5</td><td>0.1</td><td>관목류가 속해 있으며 모든 피복 유형에 적용이 가능</td><td>지피초화류의 경우 0.3m 이상이라 하더라도 개체로 인정하지 않음</td></tr>
<tr><td>1.5 ≤ H < 4.0</td><td>0.3</td><td>대관목류 및 소교목류</td><td>관목류를 식재하는 경우 기준환산 면적의 50%만 인정</td></tr>
<tr><td rowspan="4">4.0 ≤ H</td><td rowspan="4">3</td><td rowspan="4">대교목류로서 국토부고시 제2015-787호(조경기준) 제7조2항의 각호에 의하여 인정 주수를 산출 후 면적가중치를 곱하여 산정</td><td>B > 5cm or R > 6cm이거나, 상록교목으로 W > 0.8m인 경우 교목을 1주 인정</td></tr>
<tr><td>B > 12cm or R > 15cm이거나, 상록교목으로 W > 2m인 경우 교목을 2주 인정</td></tr>
<tr><td>B > 18cm or R > 20cm이거나, 상록교목으로 W > 3m인 경우 교목을 4주 인정</td></tr>
<tr><td>B > 25cm or R > 30cm이거나, 상록교목으로 W > 5m인 경우 교목을 8주 인정</td></tr>
</table>

출처: 서울특별시 도시계획국(2016).

빗물순환방법

도시 지역의 하천과 생태계의 안전성을 위한 불투수면적률의 한계값은 대략 10% 수준이다. 그러나 서울지역의 경우 불투수율이 49.3%나 되며, 용적률이 높고 녹지가 대부분 도심 외곽에 위치함에 따라 불투수율이 90% 이상인 면적이 전체의 39.12%로 나타나 도시 내부의 물과 에너지 순환체계의 왜곡이 우려되는 실정이다(서울시정개발연구원, 2003). 택지개발 및 단지개발 사업으로 인한 물순환의 변화 양상을 분석한 결과 택지개발 단계에서는 개발 후에 총유출량이 약 10~20% 증가하는 것으로 나타났다. 단지개발이 이루어진 후에는 불투수면적률이 50~70%로 증가하고 유출률도 10~40% 정도 증가하였다. 이러한 증가량을 현지에서 증발산, 침투, 저류로 처리한다면 도시개발이 물순환에 미치는 영향을 줄일 수 있다(한영해 외, 2005: vi). 즉 토지이용에 따라 인위적으로 변화된 물순환체계를 자연적인 물순환체계로 바꾸는 것이 녹색도시 조성을 위한 주요 과제라 하겠다.

도시개발이 이루어지면 자연적인 물의 순환이 중단된다. 도시가 확산되면 불투수성 표면의 비율이 증가하여 땅속으로 빗물이 침투되는 양은 감소하고 표면의 유출량은 증가한다. 건물이나 지표면에 떨어지는 빗물은 바로 하수시설로 흘러들어가 개울이나 강, 도시의 대규모 하수처리장으로 빠르게 흘러간다. 지하수로 침투되거나 대기로 증발되는 양이 줄어들거나 아예 없다면 폭우가 내릴 때 빗물이 대량으로 남게 되어 홍수 문제가 발생한다. 따라서 자연적인 물의 순환을 회복시키고, 환경 속에 있는 물을 인정하며, 자연을 거스르기보다는 자연과 공존하는 접근법이 도입되기 시작했다(던넷·클레이든, 2009: 40–46).

분산식 빗물관리(decentralized rainwater management)는 지역 내에서 발생하는 유출수를 빗물이용시설과 침투·저류시설 등을 통해 현지에서 처리하는 방식이다. 이를 위해서는 빗물의 상태나 활용 목적에 따라 전처리, 이용, 저류, 침투시설을 조합하여 계획하게 된다(한영해 외, 2005: 12). 분산식 빗물관리는 지붕과 도로, 기타 불투수지 표면에 내린 빗물을 이수·치수환경 측면에서 효율적으로 이용·관리하는 기술로, 기존의 중앙집중식 물관리체계에만 의지하는 것이 아니라 저류와 활용, 침투와 증발산을 통해 도시의 환경친화적이고 생태적인 물순환을 유도하는 기술이다(이상호·김영민, 2008: 18).

분산식 빗물관리를 가장 먼저 시행한 국가는 독일이다. 독일에서는 물관리법과 음용수법에서 직접 또는 간접적으로 이를 명시하여 분산식 빗물관리를 법적으로 보장하였다. 원래 연방 차원의 물관리법(Wasserhaushaltgesetz)에는 각 지방자치단체가 빗물처리에 대한 규정을 자체적으로 마련하도록 하고 있다. 1990년대 이후 몇몇 주에서는 개별 대지에서 빗물침투를 의무화하는 조항을 만들었고, 각 지방자치단체에서는 건축물이나 포장면에서 유출된 빗물을 토지의 사용권자가 처리하도록 규정하였다. 음용수법(Trinkwasserverordnung)에서는 빗물을 조경 용수, 청소 용수, 화장실 용수 등으로 사용할 수 있도록 함으로써 빗물침투뿐 아니라 이용저류로 그 내용이 확대되었다. 독일이 경제적 조치로 분산식 빗물관리를 간접적으로 유도하기 위해 도입한 것이 '우수세(Regenwasserentsorgung)'이다. 기존의 하수세를 오수세와 우수세로 분리하여 오수세는 사용한 상수의 양에 따라 계산하고 우수세는 건축면적과 포장면적 등 불투수면적에 의해 계산한다(한영해 외, 2005: 37-46).

연방 자연보호법, 경관보전법 등의 제도적 기반을 통해 제한된 수자원인 지하수를 보전하고 홍수 시 배수나 하수처리 부하를 감소시키는 등 부수적인 효과도 얻고 있다. 또 도시경관계획을 수립할 때에 대기와 물의 순환, 생물·생태계의 보전 등을 고려함으로써 자연의 공

그림 9-1. 주거지역과 상업지역의 빗물체인

이 두 그림은 일련의 시설물이 어떻게 빗물을 모아서 다시 주거공간과 상업공간으로 방출하는지를 보여준다.

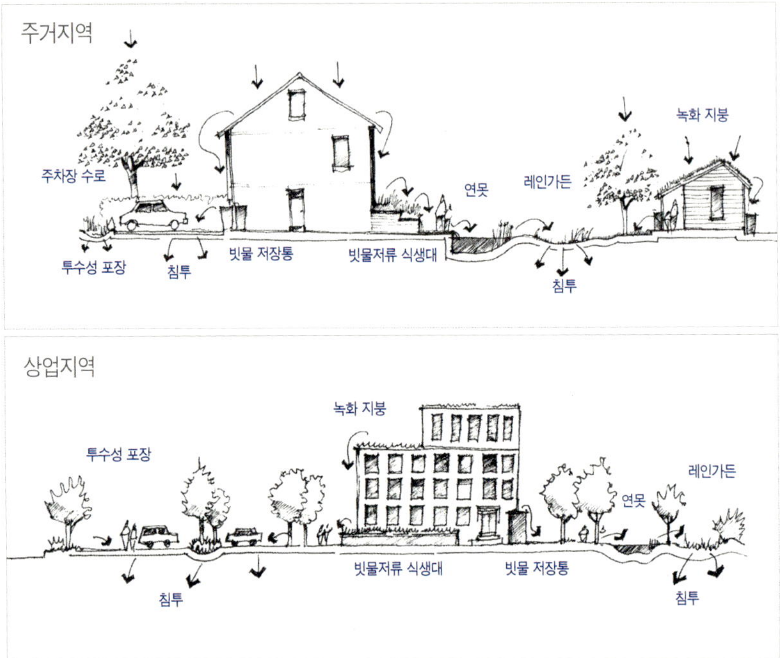

출처: 던넷 · 클레이든(2009), p. 55.

생과 도시환경의 질적 향상을 도모하고 있다(이상호 · 김영민, 2008: 19).

환경에 영향을 적게 미치는 설계의 기본은 바로 생물학적 저류지(bioretention) 개념이다. 생물학적 저류지는 식물이나 미생물을 활용하여 주위 환경의 수질과 수량 모두를 조절하는 자연기반을 기본으로 하는 방법이다. 생물학적 저류지를 조성하는 목적은 크게 두 가지인데, ① 빗물이 유출되는 것을 줄이기 위해 불투수면을 줄이는 것과 ② 빗물 유출수가 주거지역을 흘러나가기 전에 자연적인 방법으로 이동시켜 저장하고 여과하기 위해 환경과 토양을 활용하는 것이다(던넷 · 클레이든, 2009: 46–53).

생물학적 저류지는 다양한 방식으로 활용되지만, 완전한 효과를 거두기 위해서는 물이 특정 부지나 지역으로 흘러들어가고, 이동하고, 흘러나가는 모든 특성을 고려한 통합접근법이 요구된다. 이러한 통합접근법을 '빗물체인(stormwater chain)'이라 한다. 빗물체인은 강우 시

일련의 연속된 시설물을 통해서 빗물을 모으고 주거공간과 상업공간으로 방출하는 물순환 방식이다(그림 9-1 참조).

다공질 포장이나 투수성 포장도 빗물순환방법의 하나로(던넷·클레이든, 2009: 111-113), 빗물이나 눈이 녹은 물의 흡수를 촉진하는 포장재료나 포장의 시공을 의미한다. 다공질 포장이나 투수성 포장은 적은 양에서부터 중간 정도의 빗물에 이르기까지 표면 유출량을 줄이고 일부 오염물질도 제거한다. 이 방법에는 ① 다공질 포장재료의 사용, ② 포장재 사이 공간을 메우지 않는 시공법, ③ 다공질성을 기반으로 하는 포장 방식 등 세 가지 유형이 있다.

저영향개발 제도와 기법

저영향개발(low impact development, LID)은 영국에서 사용하는 개념인 지속가능한 도시배수시스템(sustaniable urban drainage systems, SUDS), 호주에서 사용하는 개념인 물민감도시설계(water sensitive urban design, WSUD), 워싱턴주 시애틀에서 사용하는 개념인 자연배수시스템(natural drainage systems), 워싱턴주 생태과에서 이용하는 현장빗물관리(onsite stormwater management)와 유사한 것이다. 저영향개발 설계방법은 미국 환경청(EPA)의 지원을 받고 있으며 '청정물법(clean water act)'의 목표를 달성하는 방법으로 권장되고 있다.

저영향개발(LID) 제도는 최근 미국 북서부를 중심으로 강제력을 지닌 방식으로, 도시계획 차원에서 배수시스템을 개선하기 위해 개인과 지자체의 참여를 유도하고 있다. 이 제도는 투수면적을 늘리고 친환경적인 배수환경을 조성하는 것을 목표로 한다. 오리건주 포틀랜드

시는 배수 및 수질 규칙에 배수관리 규칙과 규정, 빗물관리시설규정 등을 통해 불투수면적에 따른 빗물유출량 제한, 배수관리, 생태수로, 빗물정원, 빗물저류지와 같은 저영향개발기법의 활용을 적극적으로 유도하고 있으며 빗물관리 매뉴얼을 만들어 세부적인 지침사항과 기준을 정해놓고 있다. 예를 들면, 빗물유출의 수질과 수량은 개발 이전 이상의 상태를 유지하게 하고, 모든 개발지나 재개발지는 빗물관리 매뉴얼에 의거해 빗물의 수질과 유출량을 관리하고 있다. 신규건축물 중 불투수면적이 46.45제곱미터 이상이면 빗물의 수질 및 유출량 조절시설을 의무화하고 있다(심우배 외, 2010: 66–67).

워싱턴주의 인구 3만 1,000명의 도시인 레이시(Lacey)는 1999년 '무영향 배수 배출조례(Zero Effect Drainage Discharge Ordinance)'를 제정하였다. 조례의 주요 내용은 ① 개발지에서 직접연결 불투수지구(DCIA)를 0%로 유지하고, ② 도시주거계획이나 개발기술을 활용하여 자연생태환경을 개선하고, ③ 산림자원을 널리 활용하여 불투수성 면적을 줄이고 자연보호를 유도하며, ④ 토지개발에 따른 잠정적 또는 실질적인 변화를 확인하고 평가할 수 있는 기회를 제공한다. 이 조례는 60% 이상의 산림 또는 자연적인 환경 유지와 0%의 직접연결 불투수지구를 목표로 하고 있다(심우배 외, 2010: 69).

저영향개발 기법의 핵심개념은 ① 수문학을 통합골격으로 사용하고, ② 미시적 관리를 생각하며, ③ 발생원에서 빗물을 통제하고, ④ 단순하고 비구조적인 방법을 사용하며, ⑤ 다기능의 경관을 창조한다 등이다. 성공적인 계획을 수립하기 위해서는 저영향개발 기법의 핵심개념이 단지계획 과정에 통합되어야 하는데, 단계별 세부사항을 살펴보면 다음과 같다(Prince George's County, Maryland, 1999: 2–6).

단지계획 과정에서의 저영향개발 기법 통합 단계(이도원, 2001: 16)

- 1단계: 적용가능한 지역지구, 토지이용, 구획정리 기타 지역의 규정 검토
- 2단계: 개발 한계 설정
- 3단계: 배수와 수문학을 설계요소로 활용
- 4단계: 불투수성 지역의 총면적을 줄이거나 최소화
- 5단계: 개략 단지배치계획에 통합
- 6단계: 직접 연결된 불투수성 지역을 최소화
- 7단계: 배수흐름통로의 변경 혹은 확대
- 8단계: 개발 전후의 수문 비교
- 9단계: 저영향개발 단지계획 완료

10

자연의 섭리를 잘 활용하는 도시 만들기

전통적으로 우리나라의 마을이나 주택을 만들 때는 풍수지리의 원리에 따라 자연의 지세를 면밀히 검토하여 자연과 조화를 이룰 수 있는 입지를 선택하였다. 건물을 배치할 때도 태양빛을 최대한 많이 받을 수 있는 남향을 택하고, 겨울철에는 바람을 막아주고 여름철에는 바람이 잘 통하도록 배치하였다. 오늘날에는 이와 같은 전통적인 자연활용방법이 거의 무시되었으나 근래에 와서 녹색도시를 조성하거나 생태설계방법의 하나로 인공환경을 설계할 때 자연의 섭리를 활용하는 기법이 제시되고 있다. 자연의 섭리를 잘 활용하는 도시란 자연의 시스템과 생태적 원리를 활용하여 자연과 조화를 이루는 도시를 의미한다. 이 장에서는 자연의 섭리를 활용하는 방안으로 생태통합, 바람통로의 활용, 풍력발전, 생물지역계획 등에 대해 알아본다.

생태통합

Yeang(2006: 22)은 '생태설계(ecodesign)'란 인공적 시스템과 자연적 시스템의 생태통합(biointegration)을 설계하는 것이라고 정의하고 있다. 이때 생태통합은 물리적, 시스템적, 시간적 수준에서 접근할 수 있다. 물리적 통합은 우리의 건조환경(built environment)과 생태계의 물리적 형상과 과정, 지리·입지·배치의 통합을 말한다. 시스템적 통합은 건조환경의 흐름, 기능, 운영 과정과 생태계·생물권의 과정과 기능을 통합하는 것이다. 시간적 통합은 인간이 자연자원과 생태계를 이용하고 소비하는 속도를 생물권과 생태계에서 일어나는 재생과 회복의 속도에 맞추어 지속가능한 속도로 통합하는 것을 의미한다. 이러한 세 가지 수준의 통합은 자연환경에 해가 없고 흠을 남기지 않도록 달성되어야 한다는 것이 생태설계와 생태계획의 기본 원칙이다(Yeang, 2006: 27).

Yeang(2006: 131-132)은 생태통합을 위한 설계원칙을 다음과 같이 제시하고 있다.

① 생태적으로 민감한 부지를 가로질러 분리하는 루트를 최소화하고 기존 생태계의 파편화를 피하는 패턴으로 도시교통시스템, 네트워크, 인프라 루트(infra route)를 계획하고 관리·통합한다. 동시에 한정된 지역의 안팎으로 식생 패턴이 연속성을 갖도록 루트와 경관을 만든다.

② 설계자는 기존의 생태적 연속성을 보존하거나, 경관교량 등을 가진 새로운 생태회랑을 만들도록 지형을 활용해야 한다.

③ 부지의 생태적 기능을 존중하면서 부지의 특징적인 형상, 기이한 암석과 지형, 수려한 조망 등을 강조하여 설계할 수 있다. 경관의

자연형태를 지각하기 위해 생태적 방법이 이용된다.

④ 설계자는 화석연료의 이용과 오염물 배출을 최소화할 뿐 아니라 온실가스의 배출을 감축하는 교통시스템과 패턴을 채택해야 한다.

⑤ 기존의 도시와 계획된 도시 안에서 기존의 자연생태계를 유지하고 지역의 자연환경과 생태적 연결성의 통합을 보호해야 한다.

⑥ 하수배출량과 외부에서 처리하는 오염물 발생량을 제한하도록 설계해야 한다.

⑦ 물에 민감한 배치 패턴에 역점을 두어 물 절약을 증대시키고, 불투수성 포장을 투수성 포장으로 바꾸어 여과된 빗물이 땅으로 되돌아가도록 하며, 건축구조물로부터 빗물을 모으는 것을 촉진하도록 설계해야 한다. 생태설계와 단지계획은 빗물이 인접한 호수, 하천 등에 수용되도록 할 뿐 아니라 표토를 보존하도록 퇴적과 침식을 통제하는 계획이 되어야 한다.

⑧ 조경설계는 이용자와 생태적으로 민감한 지역에서 합리적인 소음 수준을 달성하도록 소음 발생을 통제해야 한다.

⑨ 설계자는 설계된 에너지시스템이 수용되고 관리되도록 평가해야 한다.

⑩ 설계자는 초기에 인공 건조생태계에 투입되고 산출되는 물질의 양을 평가해야 한다.

⑪ 모든 건설활동과 철거활동이 생태계시스템에 미치는 영향을 최소화하도록 관리되어야 한다.

Manning(1979: 30-32)은 도시에서 자연에 대한 설계를 하는 경우 지켜야 할 원칙을 다음과 같이 제시하고 있다.

① 설계대상 부지의 물리적 범위, 접근성, 연결성, 지형, 향, 기후, 토질, 수계, 식생분포, 야생동물 같은 요소의 상호작용에 의해 나오

는 모든 자연적 잠재력을 철저히 파악해야 한다.

② 서식처의 다양성을 보전하거나 발전시킨다. 추이대(ecotone)*의 가치에 특별한 관심을 갖고 부지의 자연조건을 보존하거나 변경함으로써 다양성을 보전한다.

* 추이대
2개의 생물군집이 접하는 부분을 말한다.

③ 부지의 토착종과 부지에 잘 적응할 수 있는 다양한 종들이 번성하도록 한다.

④ 생성에서 소멸까지 성장의 모든 순환이 원활하도록 한다.

⑤ 외부의 간섭을 최소화하면서 단기간에 스스로 재생할 수 있는 균형 있고 자립적인 군집으로 발전시킨다.

⑥ 장래에 요소들의 균형이 적절하게 유지되도록 서식처, 종, 성장단계의 관리를 통해 생태계를 조절한다.

⑦ 인간과 자연이 공존하도록 최대한 다양한 기회를 만든다.

⑧ 부지의 잠재력, 서식처의 다양성, 상충되는 이해의 구분 등을 통해 일치된 경관구조를 만든다.

⑨ 자연을 완전히 통제하는 것을 포기하고 지속적으로 융통성을 갖는 설계가 되도록 한다.

기후를 활용한 계획과 설계

1) 바람통로 계획

자연의 섭리를 활용하는 방법 중의 하나가 기후를 활용하여 도시를 만드는 방법이다. 가장 먼저 활용할 수 있는 기후현상은 바람이다. 바람을 소극적으로 활용하는 방법에는 도시를 만들면서 바람통로를 확보하기 위해 건물의 배치와 높이를 조절하는 방법이 있다. 적극적으로 바람을 활용하는 방법으로는 바람의 힘을 이용해 전력을 생산하는 풍력발전을 들 수 있다. 풍력발전은 바람의 속도나 방향, 항풍성(恒風性) 등 여러 조건이 적합한 지역에서만 가능하기 때문에 모든 도시에 적용하는 것은 한계가 있다.

다음과 같은 판단기준에 근거해 구체적으로 바람통로를 계획하고 설계할 수 있다. 첫째, 바람의 특성에 따라 지역풍(地域風), 산곡풍, 사면풍, 구조적 바람의 순환, 냉기류 등으로 구분해 특정 바람이 유입될 수 있는 바람통로를 계획하는 것이다. 둘째, 바람통로의 기능과 역할에 따라 환기통로, 신선한 공기의 바람통로, 냉기류 바람통로, 차고 신선한 공기의 바람통로 등으로 구분하여 계획을 수립하는 것이다. 셋째, 개발 전 상태에서 자연적으로 형성되는 바람통로를 보존하는 방법과 토지이용계획, 지구단위계획 등을 고려하여 바람통로를 복원하거나 새롭게 설계하는 방법이다(송영배, 2007: 231).

바람을 활용한 도시환경계획을 수립하기 위해서는 도시기후지도(urban climate map)가 필요하다. 다양한 기후분석 결과를 종합적으로 수록한 기후지도는 중기후권(中氣候圈) 이하의 공간영역에서 도시지역의 변화된 미기후 특성을 보여준다(송영배, 2007: 28). 기후지도에는 지형도와 기후톱(klimatop)*이 표시되며 기후톱별 특성, 기후기능(climate function), 차고 신선한 공기의 생성지역과 이동경로, 공기순환 프로세스 등에 대한 도식과 서술이 포함된다.

* 기후톱
Leser(1984)는 기후톱을 '동일한 지형적 특성을 가지며, 이 공간 내에서는 대기와 지표면 간의 물리적인 상호 교환 과정이 동일하게 진행되어 전체적인 기후체계에 동일한 영향을 미치는 가장 작은 기상학적 공간 단위'라고 정의하고 있다. 기후톱은 기상학적인 요소와 기후변화의 요인으로 활용되고 있다.

도시기후지도를 구성하는 주요 요소는 대상지역의 기후톱인데, 관련 자료를 수집하고 현지조사를 통해 '동일한 기후적 특성을 갖는 최소 공간 단위'인 기후톱을 설정한다. 기후톱의 유형은 ① 호수·하천, ② 평지, ③ 산림, ④ 공원, ⑤ 촌락, ⑥ 도시 외곽, ⑦ 도시, ⑧ 도심, ⑨ 상업지·준공업지 기후톱 등 아홉 가지로 분류되며, 경우에 따라서는 촌락과 공원의 전이지역이 다시 두 가지 형태의 기후톱으로 세분되기도 한다(송영배, 2002: 29–30).

기후톱 분류기준을 정립하고 수집된 지형과 토지이용 현황자료 등을 바탕으로 GIS ArcGIS Ver. 8.1(ESRI Inc., 2001)을 활용하여 수치지도에 기후톱을 제시한다. 또한 차고 신선한 공기가 생성되는 지역은 작성된 기후지도를 바탕으로 도출되며, 현지 이동기상관측 자료를 바탕으로 차고 신선한 공기의 이동경로를 파악하게 된다. 이와 함께 대기오염을 측정하여 대상지의 대기오염원에 의한 잠재적인 위험성 등 기타 사항을 파악하여 도시기후지도에 명기한다.

2) 바람통로의 설계기준

계획대상지에 바람통로를 설계하기 위한 조건을 정리하면 다음과 같다(송영배, 2007: 100).

- 대상지의 지표면에서 대기역학적 표면 거칠기는 0.5미터 이하여야 한다.
- 바람이 생성 또는 유입되는 지역에서 바람의 초기 진입 두께는 0에 가까울 정도로 장애물이 없어야 한다.
- 바람통로의 폭은 최소 50미터가 되어야 바람의 원활한 흐름이 유지된다.
- 바람통로의 길이는 바람의 진행방향으로 최소 1킬로미터는 되어야 한다.
- 바람통로의 지표면은 가능한 매끄럽고 평탄해야 하며, 공기의 흐름에 방해가 되는 큰 건축물이나 수목군(樹木群)이 없어야 한다.
- 바람통로에 위치한 방해물(건축구조물 등)의 너비는 바람통로의 10% 이하여야 하고 높이는 10미터가 넘어서는 안 된다.
- 바람통로에 위치한 방해물의 긴 변(또는 축)은 바람통로의 진행방향으로 평행하게 놓여야 한다.

- 바람통로에 개별 방해물들이 위치할 경우 인접한 방해물 간의 '높이(h)와 수평거리(d)의 비율(h/d)'이 건물은 0.1, 수목은 0.2보다 커서는 안 된다.

3) 바람통로 계획의 사례

산림청에서는 도시열섬 현상 및 폭염 완화와 미세먼지 저감을 위한 방안으로 바람길숲을 활용하고자 시도별 1개소씩 도시 바람길숲 17개소를 조성하고 있다. 한국토지공사에서 계획하고 시행하는 양주 옥정신도시의 '환경생태 시범도시 조성계획'에서 제시한 바람통로 계획의 사례를 살펴보면 다음과 같다(양병이 외, 2007: 375).

(1) 바람통로 설계지침*

- 사업지구 경계의 사방으로 비교적 넓은 오픈스페이스(open space)를 형성하고 있어 지역풍(地域風)과 평야풍(平野風)이 원활하게 유동하며, 여름철에는 남쪽에서 지역풍이 원활하게 유입되어 양호한 환경을 갖추고 있다.
- 지구단위계획을 수립할 때는 여름철에는 남→북 방향으로, 겨울철에는 북측 산지의 골짜기에서 시작하여 북→남 방향으로 바람이 유입될 수 있도록 물순환체계와 녹지체계를 따라 바람통로를 계획해야 한다.
- 사업지구의 남쪽지역으로 자연녹지와 계획지구 사이에 완충지역(녹지 등)을 설정하고, 차고 신선한 공기의 생성 · 유입지역으로 녹지와 초지를 형성하되, 엽면적(葉面積) 지수가 높은 산림녹지보다는 공원형 녹지를 보존하거나 조성하는 것이 필요하다.
- 특히 북쪽에서 유입되는 바람의 에너지가 미약하여 고층 건물군이 건축될 경우 저풍속(低風速) 지역이 발생하기 쉽고, 지구경계

* 제한사항
(1) 이 설계지침은 2004년 여름철 국지기상 관측자료를 바탕으로 작성되었기 때문에 무풍현상과 역전층 형성이 심한 겨울철에 대한 기상관측과 바람장 분석이 수행될 필요가 있다. 따라서 풍향, 풍속, 습도 같은 기상요소에서 많은 차이가 나타날 수 있다.
(2) 계절 변화에 따른 국지기상 변화와 바람통로의 형성에서 변화의 개연성이 있다.

북쪽으로 준공업시설 등이 들어서 있어 대기오염물질이 사업지구로 확산되거나 해소되기 어려울 수 있다. 따라서 지구단위계획을 수립할 때는 건축물 배치별 미세 규모에서의 바람장(場)과 대기오염 확산 모델링을 통해 영향평가를 수행할 필요가 있다.

(2) 건물배치(지구단위계획)와 연계된 바람통로 설계(양병이 외, 2007: 376)

① 사업대상지 분석과 평가

- 지구단위계획을 수립할 때는 대기오염 민감성 분석과 전략적 평가를 실시하여 공간구조 개편 구상에 반영할 필요가 있다.
- 개발 전후의 건축물 배치를 고려하여 바람장 수치 모델링을 통해 도시의 통풍 및 환기능력을 산출하고 비교·분석하여 대기환경에 미치는 민감도를 파악할 필요가 있다.
- 개발 후의 토지이용 변화에 따른 '에너지 소비량'과 '대기오염물질 배출량'을 예상하고, 이의 대기환경에 미치는 악영향을 예측평가하여 개발 정도의 적절성을 평가할 필요가 있다.
- 사업지구의 건축물 배치와 녹지유형을 고려하여 바람장 시뮬레이션을 통해 대기오염 해소를 위한 공간구조를 평가할 필요가 있다.

② 미세 규모의 바람통로 분석과 설계

- 개발 전후의 바람통로를 비교·분석하여 저풍속지역과 바람정체지역을 도출한다.
- 위의 지역을 대상으로 제안된 토지이용계획(안), 공간계획(안), 지구단위계획(안)에 대한 대기오염물질의 확산과 정체에 따른 대기오염도평가와 대기환경평가를 실시한다.
- 위의 지역에 대해 지형과 토지이용을 고려하여 대기오염물질을 신속하게 해소하고 대기환경을 개선하기 위한 미세 규모의 바람통

로를 설계한다.

- 국지기상관측과 미세규모 바람장 수치모델링 결과를 바탕으로 바람통로를 예측하며, 차고 신선한 공기를 저풍속지역 또는 바람 정체지역과 대기오염예상지역으로 유입시키기 위해 기후생태적 보호지역, 공기생성지역, 집결지역, 유입지역을 설정한다.
- 대기오염 자료와 바람통로 수치모델링을 바탕으로 바람통로를 제시한다.

(3) 권역별 바람통로의 도시계획적 적용방법(양병이 외, 2007)

① 차고 신선한 공기의 바람통로 조성방법

- 골짜기와 산, 언덕 등을 관통하여 조성된 바람통로의 방향이 계획지구를 향하게 될 경우, 신선한 공기를 운반하기 위한 양호한 자연조건이 형성된다(그림 10-1 참조).
- 차고 신선한 공기의 강도는 유입영역의 크기, 경사도, 골짜기, 자연적인 방해물의 폭 등에 의해 좌우된다.
- 찬 공기의 흐름에 방해가 되는 요소는 좁아지는 골짜기, 제방, 도로의 소음방지벽, 큰 건축물 등이다.
- 방해물은 계획지구 전후방지역의 공기교환을 감소시키며, 차고 신선한 공기의 흐름을 정체시킨다. 건축물이 있는 지역에 차고 신선한 공기가 도달하는 거리와 그 영향을 감소시켜 도시의 온도를 높이고 열섬현상을 초래한다.
- 도로뿐만 아니라 벌채해서 만든 숲길도 차고 신선한 공기의 흐름을 방해하는 요소로 작용한다.
- 계획지구와 주변 산림녹지 사이에 충분한

그림 10-1. 통풍이 양호한 도시구조

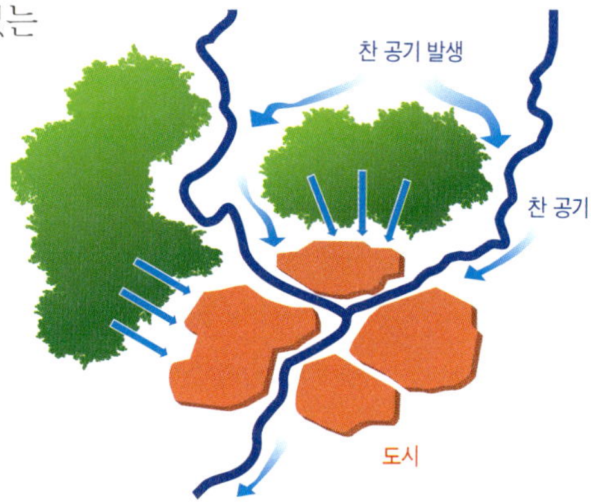

출처: 양병이 외(2007), p. 378.

그림 10-2.
바람통로 조성을 위한 경사지 기능

산림녹지에서 생산된 차고 신선한 공기가 경사면을 따라서 도시 내부까지 유입되도록 바람통로를 계획해야 한다.

출처: 양병이 외(2007), p. 378.

오픈스페이스를 두고, 비탈면을 따라서 도시 내부까지 차고 신선한 공기가 유입될 수 있도록 바람유입지역을 확보한다(그림 10-2 참조).

② 기후생태적으로 유리한 지구단위계획과 건축물 배치

- 계획지구를 둘러싼 산림녹지로부터 약하게 유입되는 차고 신선한 공기의 원활한 흐름을 위해 대규모 개발과 고밀 주거지역의 개발을 지양한다.
- 바람통로가 차단된 외곽지역에 오픈스페이스를 두는 것을 고려한다(그림 10-3 참조).
- 경사지 개발의 경우 바람통로를 고려한 계획지구와 산림녹지 사이의 오픈스페이스와 경사지 개발 형태는 다음과 같다.
  - 개발이 불가피한 경우 고층 및 고밀 개발을 지양하고, 개별 건축물은 큰 간격을 유지하면서 배치한다(그림 10-4 참조).
  - 경사를 향해 평행하게 늘어선 배치 형태는 바람의 흐름을 근본적으로 방해하기 때문에 경사를 향해 수직인 건축열 배치를 적

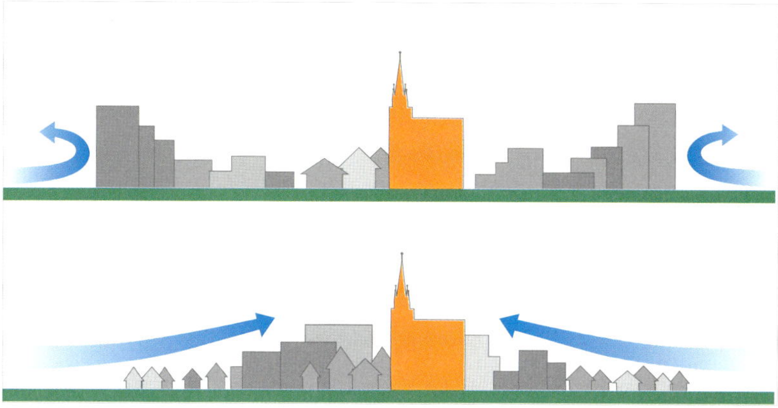

출처: 양병이 외(2007), p. 379.

그림 10-3.
바람의 흐름을 고려한 도시구조

계획지구의 외곽을 오픈스페이스로 두어 바람의 흐름을 차단하지 않도록 설계해야 한다.

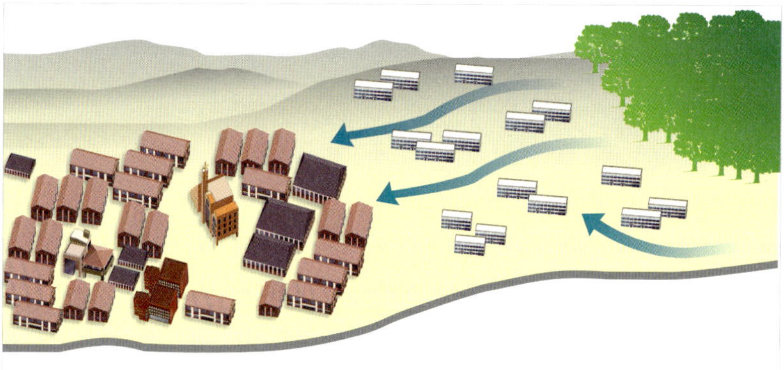

출처: 양병이 외(2007), p. 379.

그림 10-4.
계획지구와 산림녹지 간 전이지역의 개발 형태

계획지구와 산림녹지 사이의 경사지 개발이 불가피할 경우에는 건축물 간의 간격을 크게 유지하도록 설계해야 한다.

극적으로 고려한다(그림 10-5 참조).

- 통풍길에 수직인 경사지의 경우 일반적으로 공지가 산재되어 있으나 포장 수요가 많기 때문에 반드시 관목이나 잔디가 있는 오픈스페이스로 둔다. 또는 지하고(枝下高)가 높고 엽면적 지수가 낮은 교목을 성기게 식재하고 밀식을 방지한다.
- 경사지 개발은 원칙적으로 저밀도 수준을 유지하고, 지면 근처에서의 바람 흐름을 유지하는 수준에서 자연적인 방해물의 높이를 결정한다(그림 10-6 참조). 특히 완만한 경사지에서는 통풍을 좋게 하고 차고 신선한 공기의 생성과 유입을 위해 큰 녹지와 오픈스페이스를 통풍에 유리한 형태로 개발되도록 절충할 수

그림 10-5.
경사지 개발과
바람 유입 형태

경사지를 향해 평행한 배치 형태(위)는 바람의 흐름을 막기 때문에 경사에 수직 방향(아래)으로 건축물을 배치해야 한다.

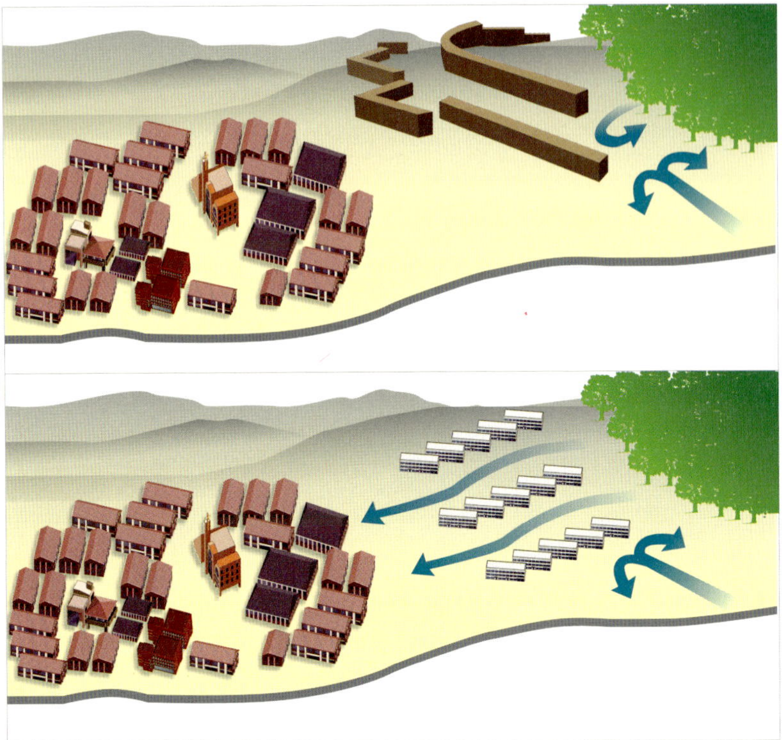

출처: 양병이 외(2007), pp. 379-380.

그림 10-6.
건축물 높이에 따른
바람 유입 특성

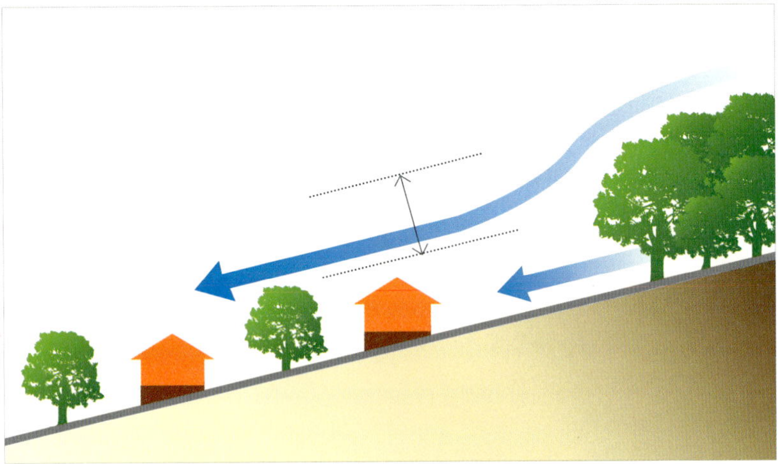

출처: 양병이 외(2007), p. 380.

있다(그림 10-7 참조).

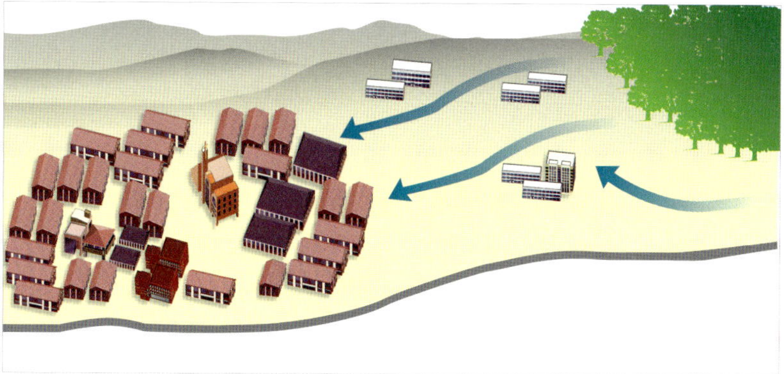

그림 10-7.
계획지구와 산림녹지 간 전이지역의 건물배치 및 개발 형태 (점 형태의 경사지 개발)

출처: 양병이 외(2007), p. 380.

4) 독일 슈투트가르트의 기상 특성을 고려한 도시계획

독일의 경우 특별한 '기후보호법'이나 '기후지침'은 별도로 제정되어 있지 않으나, 연방정부의 건축법 규정을 통해 공기와 기후를 고려할 수 있는 근거를 마련하고 있다. 그러나 주거공간에서 나타날 수 있는 미기후의 변화에 따른 열섬현상, 에너지 과다소비, 대기오염, 불쾌감 등을 최소화하기 위해 도시계획·건축계획 과정에 기후요소를 도입하는 '기상 특성을 고려한 도시계획'에 각별한 관심을 두고 있다(김운수 외, 2001: 8).

분지형 도시인 슈투트가르트는 스모그가 정체해 있어서 대기오염이 독일연방의 환경기준을 크게 웃도는 수준이다. 따라서 분지 내에 정체된 대기를 확산시키는 방법으로 바람통로를 만들어 도시가 호흡하도록 하는 계획을 수립하였다. 이를 위해 상위개념의 토지이용계획(Flächennutzungsplan, F-Paln)에서 도시 전체를 대상으로 바람통로 활용에 대한 기본지침을 제시하고, 이 지침에 따라 지구상세계획(Bebauungsplan, B-Plan)에서는 구체적인 규제방안이 강구된다. 슈투트가르트는 바람의 흐름이 느리기 때문에 통풍이 원활하도록 바람통로를 만들어주고 있다.

슈투트가르트는 바람통로를 확보하기 위해 그뤼네 U(Green U) 프로젝트를 완성했다. 그뤼네 U 프로젝트는 바람통로와 조망을 염두에 두어 남쪽의 네카 강변에서 시작하여 북으로 능선에 이르기까지 8킬로미터에 달하는 9개의 공원을 연결하여 녹지벨트를 조성한 프로젝트이다. 바르트베르그를 시작으로 마지막으로 킬레스베르크 공원이 조성되면서 그린벨트가 형성되고 도심을 가로지르는 바람통로가 확보되었다.

(1) 바람통로의 조성

슈투트가르트 시의 토지이용 기본계획은 신선한 공기의 도시 유입을 억제하는 요인에 대비하고, 찬 공기 발생지역의 기능을 확보할 수 있도록 했다. 예를 들면, 공지를 존치시키고, 숲으로부터 방출되는 찬 공기를 확보하기 위해 삼림지와 개발지 사이에 충분히 큰 공지를 조성했다. 계곡은 신선한 공기의 이동통로로서 유지하고 개발사업을 금지했다. 바람의 통로가 되는 공원도로(parkway)나 도시공원은 100미터의 폭을 확보하고, 바람이 빠져나갈 길을 만들었다. 또한 높은 나무를 빽빽하게 심어 신선하고 차가운 공기가 나올 수 있는 공기댐을 형성함으로써 공기의 흐름이 강력하게 확산될 수 있도록 했다.

(2) 바람통로를 고려한 건축물 배치

지구상세계획인 B-플랜에도 바람통로 계획이 반영되었다. 도시의 외곽으로부터 바람을 유도하고, 유입된 공기의 원활한 통풍을 위해 대규모 개발이나 고밀 주거지역의 개발을 지양한다. 특히 교외지역의 개발은 바람통로를 차단할 수 있으므로 가능한 한 신규건축을 억제하도록 했다. 경사지 개발이 불가피한 경우 고층·고밀 개발은 지양하고, 개별 건축물이 큰 간격을 유지하도록 했다. 특히 경사를 향해 수직으로 건축열 배치가 이루어지도록 하고 바람통풍에 수직인 경사지역은 반드시 비워두었다. 도시 중심에 바람통로가 되는 특정 지구의 건축물에 대해서는 5층 건축을 상한으로 하고 건물 간의 간격을 3미터 이상으로 규정하였다. 도심에 가까운 구릉부에서는 녹지의 보전, 도입, 교체 이외의 신규 건축행위를 금지했다. 주차장 등도 콘크리트로 피복하지 않고 구멍이 있는 블록을 깔아 식물이 살 수 있도록 하고, 지표면을 가능한 녹지로 유지해 건조해지지 않도록 했다(박석봉, 2007).

풍력발전

바람을 적극적으로 활용하는 풍력발전은 바람의 세기나 지속시간 등 조건이 적합한 지역에서만 가능하기 때문에 입지적인 조건이 관건이 된다. 풍력발전을 통해 전력을 공급하는 사례로는 캐나다 캘거리 시의 경전철인 C-트레인을 들 수 있다. C-트레인은 가공선(공중에서 연결된 전력선로)에 의해 전기를 공급받는 전기동력 모터를 사용하여 매일 약 20만 명의 승객을 운송한다. 캘거리 남쪽에는 로키산맥으로부터 불어오는 강력한 서풍을 이용하는 650킬로와트의 풍력 터빈 12개가 건설되었는데, 캘거리 시의회는 승객 1회 통행당 약 0.005 캐나다 달러의 추가적 비용을 지불해야 하는 상업적 풍력을 C-트레인의 주요 전력원으로 구입하기로 결정하였다. 이는 풍력발전으로 운행되는 북아메리카의 첫 번째 경전철 시스템으로, 현재 열차운행으로 인한 온실가스 배출은 사실상 제로이다.

풍력은 풍속의 3제곱으로, 풍속이 2배가 되면 풍력은 8배가 된다.

풍력발전에 이용되는 풍차의 이상적인 입지는 대평원의 바람이 흘러 내려가는 측면의 완만하게 올라가는 산등성이의 꼭대기 근처이다. 선택된 지점은 모든 방향에서 장애물이 없어야 한다(Edwards, 1999: 109).

일반적으로 풍속이 초당 4미터 이상인 경우를 풍속에너지 이용 조건으로 규정하므로 연간 풍력의 30% 정도를 에너지화할 수 있다. 해당 지역의 연간 풍력은 풍속분포도를 통해서 확인할 수 있으며, 기후와 지형조건에 따라 풍속이 달라진다. 특히 지형의 높낮이는 풍속에 직접적인 영향을 끼친다. 풍속은 언덕이나 동산, 구릉지역, 산, 건물에 의해서도 큰 영향을 받기 때문에 풍력발전기의 높이가 10미터 이상인 것도 풍속의 방해를 받지 않는 공중에서 안정적인 풍력을 얻기 위함이다(이응직, 2009: 186).

국내의 경우 중·대형 풍력발전기의 설치는 소음과 안전상의 문제로 풍력자원이 풍부한 비주거지역으로 한정되어 주로 해안지방이나 산등성이에 설치된다. 도시에서 풍력을 사용하기 위해서는 출력이 100킬로와트 미만인 소형 풍력발전이 우선적으로 고려되어야 한다. 근래 유럽 국가에서는 좁은 공간에 설치할 수 있는 소형 풍력발전기로 수직축 발전기가 주목을 받고 있다. 또한 최근 들어 바레인의 세계무역센터 건물에서 초고층빌딩과 풍력발전기를 통합하는 기술이 시도되어 건물에서 사용되는 전력의 15%를 자체 생산하고 있다(이응직, 2009: 191).

그림 10-8.
수직축 풍력발전기

풍력발전기는 회전축 방향에 따라 수평축 풍력발전기와 수

그림 10-9.
수평축 풍력발전기

직축 풍력발전기로 구분된다. 수직축 풍력발전기의 장점으로는 ① 낮은 풍속에도 일정 출력 확보가 가능하고, ② 높은 풍속에서도 운전한계나 정지가 없고, ③ 최소한의 설치면적으로 마당, 지붕 등에 적용할 수 있으며, ④ 저소음에 음영 문제가 없고, ⑤ 프로펠러 와류가 없으며, ⑥ 운전과 유지·보수가 간편하다는 점을 들 수 있다. 그러나 소재가 비싸고 수평축 풍력발전기에 비해 효율이 떨어지는 것이 단점이다(그림 10-8 참조). 수평축 풍력발전기는 구조가 간단해 설치하기 편리하지만 바람의 방향에 영향을 받는다(그림 10-9 참조). 일반적으로 중·대형급 이상은 수평축을 사용하고, 100킬로와트급 이하의 소형에서는 수직축도 사용된다. 풍력발전시스템은 운전방식에 따라 정속운전방식인 기어드형(geared type)과 가변속운전방식인 기어리스형(gearless type)으로 구분된다. 또한 출력제어방식에 따라 피치 컨트롤(pitch control) 방식과 스톨 컨트롤(stall control) 방식이 있다. 피치 컨트롤 방식은 날개의 경사각(pitch) 조절로 출력을 능동적으로 제어하는 방식이고, 스톨 컨트롤 방식은 한계풍속 이상이 되었을 때 양력이 회전날개에 작용하지 못하도록 날개의 공기역학적 형상에 의해 제어되는 방식이다(표 10-1 참조).

표 10-1.
풍력발전시스템의 분류

회전축 방향	수평축: 프로펠러형
	수직축: 다리우스형, 사보니우스형
운전방식	정속운전(fixed rotor speed type): 통상 기어드형
	가변속운전(variable rotor speed type): 통상 기어리스형
출력제어방식	피치 컨트롤(pitch control)
	스톨 컨트롤(stall control)
전력사용방식	계통연계: 유도발전기, 동기발전기
	독립전원: 동기발전기, 직류발전기

출처: 에너지관리공단 신·재생에너지센터 홈페이지.

생물지역계획

지구는 생태계로 구성되어 있으므로 지역의 경계는 정치적인 경계보다는 자연의 등고선이나 수계 등을 따르는 것이 자연의 순리에 따르는 계획이 된다. 수계, 지형조건, 동식물 생태계 등의 자연적인 경계에 의해 획정된 지역을 '생물지역(bioregion)'* 혹은 '생물영역(life territories)'이라 부른다. 생물지역은 다른 지역과 구별할 수 있는 자연적 특성에 의해 특히 동식물, 물, 기후, 토양, 지형의 특이한 속성과 이러한 속성에 의해 발생된 인간 정주와 문화에 의해 대략적인 경계가 결정된 지표의 부분을 의미한다. Thayer(2003: 4)는 '생명-장소(life-place)'라는 개념을 '생물지역(bioregion)' 개념과 동일하게 사용하고 있다. 생물지역주의(bioregionalism)의 이론과 실행은 ① 자연지역에 대한 믿음과 자연시스템 보존, ② 지방의 문화적 다양성 존중과 아나키 신념, ③ 토지윤리 구현과 정신이라는 세 가지 핵심 축을 중심으로 이루어진다(이준미, 2006: 14-15).

* bioregion
자연적 경계에 의해 획정된 지역인 'bioregion'은 희랍어에서 bio는 '생물'을, 라틴어의 'regio'는 영역을 의미하는 데에서 유래하여 '생물영역(life territories)'을 말한다.

생물지역계획(bioregional planning)이란 지역의 문화와 연관시켜 생태계의 복합성을 이해하고 생태계의 특성에 의해 한정되는 자원관리의 통합적 접근방법이다. 생물지역계획은 자연의 섭리와 자연생태계의 특성에 맞추어 지역을 구분하고 구분된 지역을 생물자원과 생태계의 특성에 맞게 계획하는 것을 말한다. 생물지역의 생태계를 이해하기 위해서는 생물지역자원의 인벤토리(inventory)를 작성해야 한다. 즉 태양, 바람, 물, 바이오매스 같은 자연에너지원뿐 아니라 기후, 강우, 식생, 토양, 지질, 동물상, 대기질, 수문, 지하수 깊이, 지표수 배수, 지형, 토지이용 패턴, 인구밀도, 정주형태, 대도시 개발 추세, 경제 패턴에 대한 상세한 분석을 제공하는 것이다. 이 요소들은 동태적이어서 에너지, 물, 재료 등이 이들을 통해 흐르고 이것은 생태계에 생명을 주게 된다. 이를 이해하는 데 중요한 개념은 생물지역이 생태계로서 기능한다는 점이다. 기본적으로 생물지역은 식생을 통해 태양에너지를 흡수하여 성장과 유지, 저장, 종의 재생산, 시스템의 재생 과정을 통해 이들 에너지를 변화시킨다. 이러한 구성요소들과 이들 간의 관계가 생물지역의 구조를 이루며 이러한 요소들은 동태적이다.

생물지역의 관점은 우리가 재생가능한 자원을 획득하고 우리의 생명과 생계를 의존하는 자연생태계를 건강하게 유지할 필요성을 받아들이게 한다. 생물지역주의는 인간의 경제를 생태계 내의 생태계이자 전체 시스템의 부분으로 파악한다. 생물지역계획은 수용능력과 지속가능성을 단기적인 비용과 편익뿐 아니라 장기적인 비용과 편익의 균형을 추구하는 방식으로 통합하여 측정한다. 생물지역주의적 접근방법은 실리적인 가치를 초월하여 인간 삶의 질은 모든 생물의 건강에 의존하고, 우리의 건강은 우리가 살고 있는 생태계의 건강을 비추고 있으며, 생태계의 건강이 우리의 건강을 비추어주고 있다는 점을 밝히고 있다(Reiniger, 1997: 185-187).

생물지역계획의 주요 기능은 사회에 대한 이익을 극대화하고 해악은 극소화하면서 최대다수의 최대이익을 추구하거나, 단기적 이익과 장기적 이익의 균형을 이루는 전반적인 윈윈 해결책(win-win solution)을 추구하는 데 있어서 상충되는 기관과 이해당사자들을 중재하는 것이다. 생물지역주의적 관점은 인간, 동물, 식물, 물, 토양, 대기 등 모든 생물시스템을 하나의 살아 있는 동태적인 시스템으로 보고 있다는 점에서 혁신적이다. 생태적 개념, 지역계획과 대중 참여에 대한 훈련이 생물지역계획의 접근방법에서 활용되는 기본적인 도구이다(Reiniger, 1997: 192-197).

Aberley(1999)와 Sale(1985)이 제시하는 생물지역 패러다임에 관해 요약하면 표 10-2에서 보는 바와 같으며, 기본적으로 인간과 다른 종들 모두는 공진화(共進化)할 본연의 권리를 가진다. 따라서 생태 과정, 특히 토착적 다양성과 생태계 건강의 보전과 회복에 대한 인간의 주의 깊은 이해가 필요하다. 생물지역 패러다임은 지역과 지역커뮤니티의 규모에서 접근하며, 그 경제활동의 목표는 지역시스템에 대한 이해를 바탕으로 협동적 자존을 최대한 성취하는 것이다. 생물지역의 문화는 과거와 현재의 그 지방 특유의 문화적 토대를 파악하여 이를 미래로 통합하는 것을 추구한다. 그리고 이러한 문화는 참여적 의사결정 과정을 통해 적법성을 부여받고, 이것이 생물지역의 거버넌스를 형성한다. 이와 같은 적법성과 거버넌스 형성은 각 생물지역의 다양성을 인정하는 것이며, 그 다양성을 바탕으로 다른 생물지역들과 연계하고 보완하면서 연합 네트워크를 짜기를 제안한다(이준미, 2006: 7-8).

각각의 생물지역에는 토지를 계획·설계·관리하는 독특한 방법이나 관행이 있으며 결과적으로 독특한 경관 패턴을 나타낼 것이라는 점이 생물지역계획의 가정이다. Thayer(2003: 172-173)는 생물지역계획의 속성으로 네 가지를 들고 있다. 첫째, 생물지역계획은 가장 지역

구분	산업과 과학 중심의 패러다임	생물지역 패러다임
규모(scale)	국가	지역
	국민, 세계	커뮤니티
경제(economy)	착취	보전
	진보	안정
	세계 경제	자립(자족)
	경쟁	협동
정책(policy)	중앙집권화	분산화
	위계	보완
	균질	다양성
사회(society)	양극화	공생
	성장, 폭력	진화
	단일문화	다문화

출처 : Sale(1985), p. 51; 이준미(2006), p. 8에서 재인용.

표 10-2.
산업사회 패러다임과 생물지역 패러다임

적이다. 어떤 두 개의 접근방법이 같을 수 없으며, 생물지역계획은 특정 생물지역의 독특한 자연과 문화에 대응한다. 생물지역이 많은 만큼 생물지역계획도 그만큼 많은 접근방법이 있다. 둘째, 전통적인 부문별 지역계획의 특징인 하향식 전문가적 접근방법은 복잡한 사회적, 환경적, 관리적 이슈를 해결하는 데 부적절하다는 것을 인정한다. 진정한 해결방안은 시민과 이해당사자들의 참여, 사회적 자본의 축적과 협력으로부터 나온다. 셋째, 생물지역계획은 시간성(sense of time)과 장소성(sense of place)의 재확립을 필요로 한다. 생물지역계획은 사람들이 대안을 고려하고 비교하기 위한 시간, 재생가능한 자원이 재생이 되는 시간, 사람들이 상호 소통하고 신뢰를 구축하기 위한 시간, 토지가 변화에 어떻게 대응할지를 배우는 시간 개념을 회복하도록 추구한다. 넷째, 생물지역계획은 계량적 결정보다는 오히려 질적 결정을 강조한다. 생물지역계획의 과정을 살펴보면 다음과 같다(Thayer, 2003: 178–179).

① 동식물군집, 수계, 지형적 지역, 토착의 영역, 과거와 현재의 토지 이용 패턴, 기후, 토양, 성스러운 공간, 인지적 고향 같은 특수 범주의 자료를 지도화함으로써 생물지역의 경계를 획정한다. 생물지역의 경계를 결정하기 위해 이들 정보를 중첩한다.

② 많은 사람들의 작업과 지혜를 통합하여 장기간에 걸친 자연적 요소와 인간적 요소의 광범위하고 상세한 지도책을 편집한다. 이들 정보는 지도와 설명문 형식으로 기록한다.

③ 환경이 인간과 동식물의 건강과 행복을 증가시키거나 감소시키는 데 어떻게 활용했는지에 관심을 가지고 생물지역의 역사, 즉 생물물리적, 문화적 역사자료를 함께 수집한다. 표준적인 경제 측정치뿐 아니라 이전에는 외부화했던 생태적 변수와 가치를 포함한 생물지역자원의 양과 가치를 나타낼 수 있도록 생물지역의 역사를 확대한다.

④ 현재 정부시스템과 개발시스템의 구조가 어떻게 생물지역에서 조직되고 운영되는지에 대해 조사한다. 어떤 영향이 지역의 통제를 벗어나는지 그리고 어떻게 더 많은 지역통제가 포함될지를 구명하면서 기존 시스템의 긍정적 영향과 부정적 영향을 문서화한다.

⑤ 어떤 법과 정책, 제도적 힘이 장기적으로 생물지역의 건강에 반해서 작용하는지를 구명하고 이들 힘에 대한 지속적이고 비폭력적인 대응방안을 만든다.

⑥ 퇴행적 힘에 대한 대안을 발전시키는 데 시간과 노력을 투입하여 새로운 기구와 새로운 형태의 생물지역교육을 제안하고 새로운 대중 참여 프로젝트와 행동, 공공청사의 새로운 후보지와 플랫폼을 도입하며 다른 창조적이고 건설적인 행동을 촉진한다.

⑦ 과거와 현재의 커뮤니티와 생물지역 구성원들의 지혜에 의해 이루어진 지역사회에의 기여와 효율적으로 드러난 관리 실무를 포

함한 성공스토리를 목록화한다. 이러한 지혜에 관한 정보의 흐름이 생물지역의 주민들에게 확실히 확산되도록 한다.

⑧ 생명–장소(life–place)에 대한 발전된 비전을 구체화하면서 개인과 그룹의 기여로 나타난 생물재생적 패턴(bioregenerative patterns)을 구명하고 이것들을 모아 패턴언어(pattern language)로 만든다. 이러한 패턴언어는 많은 견해를 포함할 것이고, 계속적으로 변화될 것이며, 생명–장소의 미래를 인도할 어휘 역할을 할 것이다.

⑨ 당사자들의 견해가 다름에 불구하고 생물지역의 비전을 만드는 일을 진행하는 데 모든 당사자들이 참여하도록 한다. 비전 설정 과정에서 커뮤니티의 참여가 필수적이다. 참여 과정에서 당사자들 간의 자연적 신뢰가 결실을 맺는 해결책으로 성숙될 수 있도록 충분한 시간을 허용한다.

생물지역계획의 사례로서 뉴질랜드의 생물지역계획을 살펴보면, 뉴질랜드는 지방정부개혁법(Local Government Reform Act)과 자원관리법(Resource Management Act)을 통과시켰다. 지방정부개혁법에서는 2열(two–tiered)의 지방정부 체제를 만들어 대규모의 전략계획 이슈를 지방에 책임을 부여하고 도시확장, 교통계획과 같은 사회 · 경제적 이슈와 환경자원 이슈를 함께 해결하도록 하였다. 이 법에 의해 설립된 지역위원회(regional council)는 수문학적 유역을 관장하고 있다. 자원관리법은 뉴질랜드의 지속가능한 관리전략에 맞추어 국가의 건강, 안전, 자연 및 물리적 자원과 공기, 물, 토양, 생태계의 수용능력을 지속가능하게 하고 인간 활동의 악영향을 회피하고 치유 또는 완화하기 위한 성과에 기초한 규정을 법률에 명시했다(Thayer, 2003: 171–172).

11

물을 절약하고 빗물을 활용하는 도시 만들기

물은 인간을 비롯하여 생물들이 살아가기 위해 꼭 필요하며 도시에서도 없어서는 안 될 자원이다. 녹색도시에서는 물의 공급을 대규모 하천이나 상수원에만 의존하지 않고 빗물을 모아 재활용하여 물 공급량을 확보하고 비용도 절약할 수 있다. 또한 생태적 배수체계 같은 기법을 적용하면 빗물이 유출되는 속도를 줄여 홍수를 예방하고, 여과기능을 통해서 지하수 오염을 방지할 수 있다. 최근 우리나라의 사례처럼 폭우로 인한 산사태와 침수피해를 당하는 도시 지역이 늘고 있다. 집중호우로 인한 침수피해를 줄이기 위해서도 빗물저류, 침투 등 빗물관리기법이 필요하다. 여기서는 녹색도시에 적용할 수 있는 빗물관리기법을 알아보고, 외국의 사례를 통해 우리나라에 적용할 수 있는 방법을 모색하며, 생태적 배수계획을 위한 방안도 제시하였다.

빗물관리기법

빗물은 지표면을 흐르기도 하지만 지하로 침투되어 지하수로 저장되거나 지하수로 흐른다(그림 11-1 참조). 도시에서 물을 절약하기 위해서는 물의 소비를 줄이는 것뿐만 아니라 빗물을 적극적으로 활용하는 것이 중요하다. 빗물을 적극적으로 활용하기 위해서는 빗물을 관리하는 기법이 필요하다. 빗물관리를 위한 저영향개발기법의 목표는 유출되는 빗물의 양을 줄이고 땅속으로의 침투는 증가시키며, 남아 있는 빗물을 침전, 여과, 생물학적 처리하는 데에 있다. 저영향개발기법에는 다음과 같은 방법들이 있다(Randolf, 2004: 447–462).

그림 11-1. 경사면에서의 물순환 개념

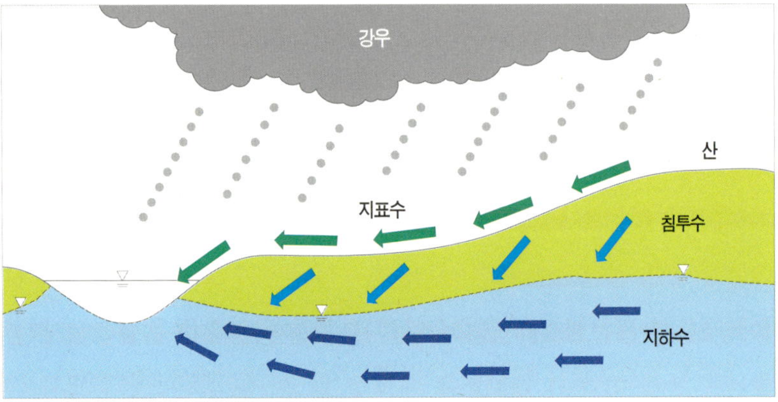

1) 생물학적 저류

생물학적 저류(bioretention)란 침투가 이루어지면서 빗물을 저류·여과시키는 식생이 된 웅덩이를 말한다. 생물학적 저류 기법에서는 주차장 분리대나 주거지의 토지가 움푹 들어간 곳에 조경요소가 항상 입지하며, 자연적인 오염물을 제거하는 기능을 하도록 설계된 멀칭재(mulching material), 토양, 식생이 포함된다. 생물학적 저류 시설에는 저류수로(bioretention channel)와 저류둔덕(bioretention bench)이 있다. 저류수로는 습한 저습지(wet swale)와 유사한 것으로 수송·여과·침투의 기능을 한다. 저류둔덕은 빗물이 유출되는 속도를 늦추고 저류하며 여과시키기 위해 경사지에 단을 가진 둔덕의 역할을 하는 퇴적된 토양층, 멀칭재, 식생을 말한다.

2) 빗물저류지

빗물저류지(stormwater ponds)는 빗물이 서서히 방류되도록 저류해두는 저류지를 말한다. 건식저류지(dry pond), 연못형 저류지(wet pond), 연못형 이중목적 저류지(wet extended detetntion pond), 다단계 저류지(multiple pond system), 소규모 저류지(pocket pond) 등이 이에 속한다.

3) 인공빗물습지

인공빗물습지(constructed stormwater wetlands)는 빗물을 모아 생물학적으로 처리하는 습지로, 오염물은 침전되어 생물학적으로 흡수된다. 인공빗물습지는 자연습지보다 생물다양성이 낮다. 인공빗물습지에는 얕은 늪(shallow marsh), 다목적 저류습지(extended detention wetland), 연못과 결합된 습지(wetland–pond system), 소규모 습지(pocket wetland)가 있다.

4) 여과

오염물을 제거하기 위해 여과장치를 사용하는 공학적으로 이루어진 시스템을 말한다. 여과장치로는 유기물여과(organic filter), 표면모래여과(surface sand filter), 지하모래여과(underground sand filter), 주변지하여과(perimeter underground filter), 여과띠(filter strip) 등이 있다(그림 11–2, 그림 11–3, 그림 11–4 참조).

그림 11-2.
유기물여과 개념도

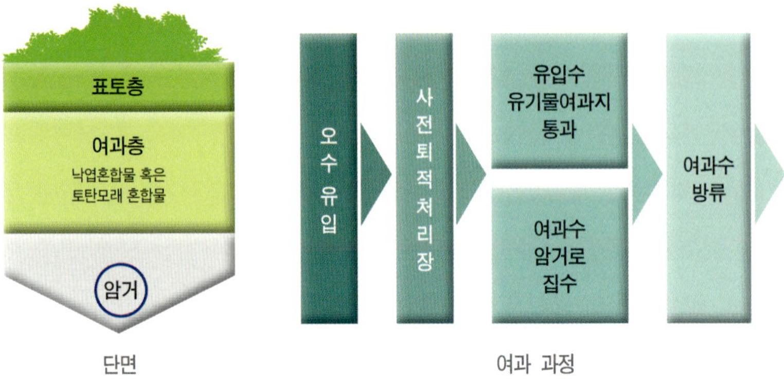

그림 11-3.
표면모래여과 개념도

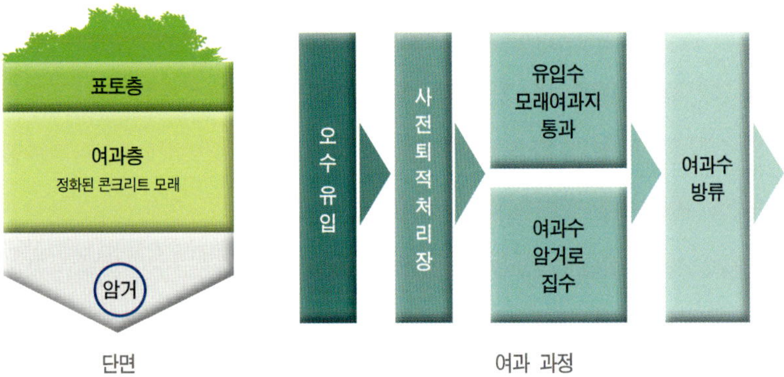

그림 11-4.
지하모래여과 개념도

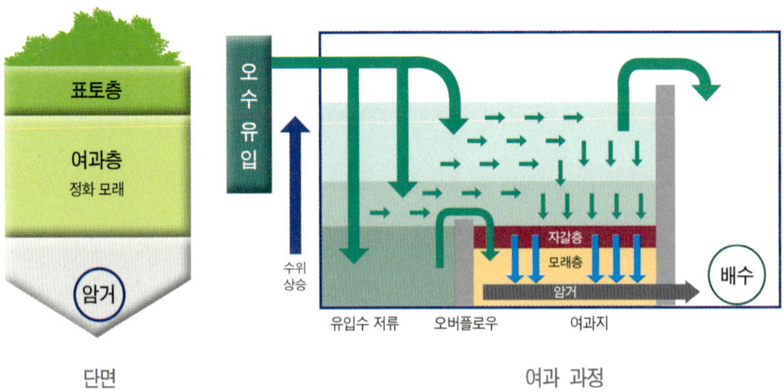

5) 침투

빗물이 지하수에 침투하도록 하는 파인 도랑이나 배수구를 말한다. 침투시설로는 침투도랑(infiltration trench), 침투웅덩이(infiltration basin), 공극형 포장(porous pavement), 건식 우물(dry well)이 있다.

6) 수송 및 개수로

수송 및 개수로(conveyance and open channels)는 부지로부터 빗물을 서서히 이동하거나 투수지역까지 이동하도록 하는 수로를 말한다. 건식저습지, 습식저습지, 평지 확산수로(level spreader), 전환둑(diversion berm) 등이 있다.

7) 빗물저류 식생대

빗물저류 식생대(stormwater planter)*란 지붕의 물을 유도하여 활용하는 지상에 있는 식재(植栽) 용기를 말한다. 빗물저류 식생대는 물의 침투·증발·증산·저장을 통해 유출수를 줄이고 오염물질을 제거하며 건축물 디자인에 결합되어 조경적인 사항을 충족시킨다.

식생대의 깊이는 최소 30센티미터를 유지해야 하며(포틀랜드 매뉴얼 권고사항), 45센티미터 정도가 적합하다. 깊이와 환경에 따라 큰 관목이나 작은 교목을 심을 수 있지만, 소형에서 중간 정도의 관목과 지피식물이 더 일반적으로 사용되고, 절반 정도는 잔디나 그와 유사한 식물로 구성된다. 물이 식생대에 12시간 이상 머물지 않게 하며, 2~6시간 내에 식생대에서 배수되는 것이 가장 좋다. 선정된 식물은 반복적인 과습상태를 견딜 수 있어야 하나, 항상 과습상태는 아니기 때문에 수생식물의 식재는 적합하지 않다. 식생대에는 두 가지 유형이 있는데, 침투식생대(infiltration planter)는 물이 토양으로 직접 침투하고, 침투통과식생대(flow-through planter)는 기존 배수시스템이나 배수체인(drain

* 빗물저류 식생대
미국 오리건주의 포틀랜드에서 처음 사용했으며, 포틀랜드 빗물관리 표준매뉴얼에서는 '빗물저류 식생대'를 '구조적인 녹화저수장치(structural landscape reservoir)'로 설명한다(City of Portland, 2004).

그림 11-5.
빗물저류 식생대

침투식생대

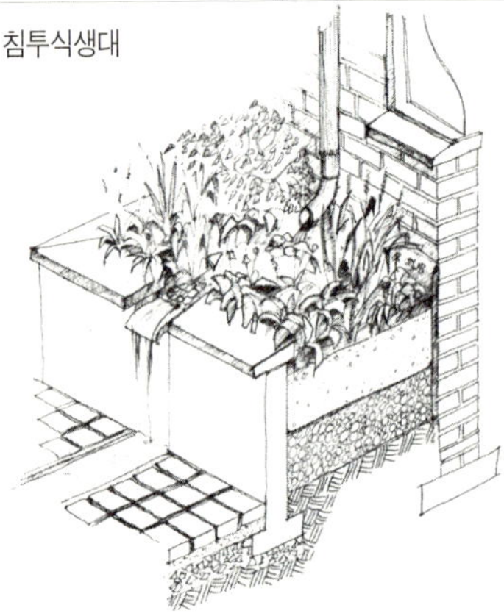

침투식생대는 지붕에서 흘러 내리는 물을 받아들인다. 돌과 조약돌은 수직 홈통에서 흘러나오는 물의 에너지를 분산시켜 도랑과 토양의 침식을 막아준다. 빗물은 식생대 바닥에 있는 토양과 자갈층에 일시적으로 저장되었다가 지하수로 점차 유입된다. 식생대에 흘러 들어오는 물의 양이 침투량을 초과할 경우 흘러넘쳐, 연결된 빗물처리장치의 다음 단계로 들어간다.

침투통과식생대

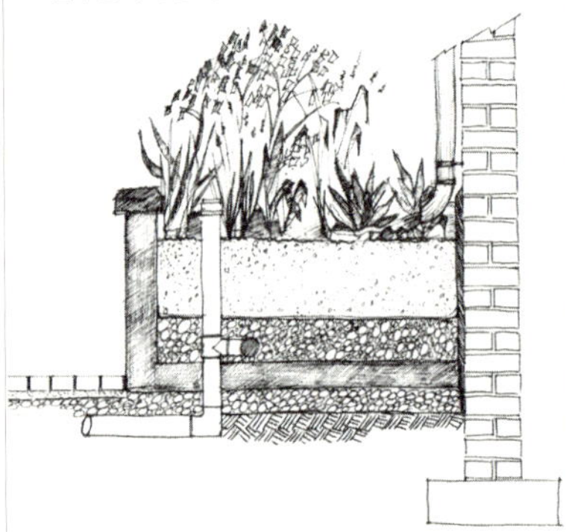

침투통과식생대는 밀폐된 용기를 사용한다. 이 용기에서는 증발산되거나 빗물처리장치의 다음 단계로 물을 점차 방출한다. 침투통과식생대에는 수직 홈통이 설치되어 있으며, 넘치는 물을 처리장치의 다음 단계나 기존 배수 네트워크로 흘려보낸다.

출처: 던넷·클레이든(2009), pp. 102-106.

chain) 과정의 다음 단계로 물이 넘치도록 한다(그림 11-5 참조).

8) 경관수로

경관수로(landscape swales)는 식생수로와 선형의 침하지(沈下地)를 의미한다. 물을 운반하고 침투하게 하며, 오염물질을 침전시켜 여과하는 것이 수로의 주요 기능이다. 수로는 지속적으로 물을 채워두는 것이 아니라, 비가 많이 내릴 때 빗물을 몇 시간 동안 저장해두면서 물이 토양으로 침투되거나 저장연못과 분지로 흘러나가도록 하는 것이 목적이다. 수로는 인접한 주위 환경을 위해 물을 저장하고 공급하는 데 유용하고, 정원이나 상업건축물의 수자원뿐만 아니라 주차장, 가로, 주요 도로를 따라 흐르는 수자원의 보존을 위해 가장 효과적인 해결책의 하나이다. 수로의 가장자리에 심겨진 다양한 관목과 교목, 다

빗물관리기법		처리 능력				오염감소 비율				비용과 수용 여부		
		오염물제거 능력	지하수충전 능력	수로보호 능력	overbank 홍수 보호능력	TSS	TP	TN	DA	비용	유지	지역 사회 수용
생물학적 저류		G	G	L	L	NA	65	49	〈2	2½	2	2
빗물저류지	건식저류지	L	L	G	G	7	19	5	–	–	–	–
	연못형 저류지	G	L	G	G	79	49	32	〉25	2	1½	1½
	연못형 이중목적 저류지	G	L	G	G	80	55	35	〉25	2	2	2
	다단계 저류지	G	L	G	G	91	76	NA	〉25	3	2	1½
	소규모 저류지	G	L	G	G	87	78	28	〈5	1½	4	3
인공빗물습지	얕은 늪	G	L	G	G	83	43	26	〉25	3	3½	2
	다목적 저류습지	G	L	G	G	69	39	55	〉25	3	3	2½
	연못과 결합된 습지	G	L	G	G	71	56	19	〉25	3	2	1½
	소규모 습지	G	L	L	M	57	57	44	〈5	2	4	3
여과	표면모래여과	G	G	M	L	87	59	32	〈10	4	3½	2½
	지하모래여과	G	L	L	L	80	50	35	〈2	4.5	4	1
	주변지하여과	G	L	L	L	79	41	47	〈2	4	3½	1
	유기물여과	G	L	L	L	88	61	41	〈10	4	3½	2½
침투	도랑	G	G	M	M	100	42	42	〈5	3½	5	2
	웅덩이	G	G	M	M	90	65	50	〈10	3	5	4
	공극형 포장	G	G	M	M	95	65	83	〈5	3	5	1
개수로	건식저습지	G	G	L	L	93	83	92	〈5	2½	2	1½
	습식저습지	G	L	L	L	74	28	40	〈5	2	2	1½
	초지수로	L	L	L	L	81	34	31	–	–	–	–

출처: Randolf(2004), p. 460.

표 11-1.
빗물관리기법 비교

TSS: 총부유물질제거
TP: 총인
TN: 총질소
DA: 최대배수지역(에이커)
비용(최초비용): 1=저비용, 5=고비용
유지: 1=낮음, 5=높음
지역사회 수용: 1=높음, 5=낮음
능력평가: G=좋음, M=한계, L=약간 혹은 거의 없음

년생 식물이나 야생초화류는 수로에서 물이 증발하는 것을 막고 식물에 물을 공급해준다. 포틀랜드 매뉴얼에서는 개인 정원이나 상업건축물의 경우 수로는 약 15센티미터의 물 저장 깊이에 최대 폭은 60센티미터를 유지하고, 고속도로를 따라 형성된 공공수로의 경우 최대 1.2미터 폭을 유지하도록 권고하고 있다(던넷 · 클레이든, 2009: 114–118).

지금까지 살펴본 도시의 빗물관리기법을 처리능력, 오염감소 비율, 비용과 수용 여부의 관점에서 비교해보면 표 11–1과 같다.

빗물관리의 사례

1) 미국 포틀랜드 시의 녹색가로 프로젝트

미국 오리건주 포틀랜드(Portland) 시의 SW 12번가 녹색가로 프로젝트는 빗물처리기능을 침투식생대에 배분한 것으로, 기존의 가로 폭 내에서 많은 양의 물을 처리할 수 있다. 이 시스템은 주차가 가능한 3차선 가로의 빗물을 60%(연간 818.2세제곱미터) 처리할 수 있도록 설계되었다. 빗물은 도로 턱을 따라서 흘러가 4개의 빗물식생대(1.2×5.2미터) 중 첫 번째 식생대에 도달한다. 식생대의 15.25센티미터까지 빗물이 모아지고 나면 넘치는 물은 다음 식생대로 흘러든다. 4개의 식생대의 용량을 초과하여 넘치는 물은 빗물배수관으로 흘러 들어간다. 식생대의 빗물은 시간당 10.16센티미터의 속도로 땅속으로 스며든다. 식생대의 바닥은 보도면보다 22.9센티미터까지 파들어 갔으며 원래의 토양을 모래, 퇴비, 걸러진 양토를 혼합한 것으로 채운다. 퇴적물이나 잔해를 제거하기 위한 공간을 남기고 토종 골풀(Juncus patens)을 중앙에 45.7센티미터 열식하였다. 토종 골풀은 비가 올 때 물의 흐름을 늦추고 오염물을 거르는 역할을 한다(Margolis and Robinson, 2007: 70).

2) 크론스베르크의 빗물관리 시스템

크론스베르크(Kronsberg)는 독일 니더작센주 하노버(Hanover) 시에 있는 주거단지로서 총계획면적은 140ha에 달하며, 2006년까지 1차 사업구역의 총면적은 70ha이다. '정원으로서의 도시와 사회적 삶의 공간으로서의 도시 건설'을 기조로 한 크론스베르크의 빗물 운영과 활용, 관리방법을 알아본다(김원현, 2006).

크론스베르크의 빗물활용방안에서는 주거지역이나 건축물이 들어서기 전에 수로나 물 저장공간의 위치를 우선적으로 계획하였다. 이러한 계획은 ① 물덴-리골렌-시스템(Mulden-Rigolen-System),* ② 상수도용 수로, ③ 빗물의 정체 및 장애지역, ④ 빗물저장고, ⑤ 하수구 등 다섯 가지 기능적 요소를 포함한다.

* Mulden은 빗물 수집 및 침투를 위한 투수구덩이를 의미하며, Rigolen은 Mulden의 하층부에 모래와 자갈로 이루어진 필터층으로 빗물이 침투하여 지하수로 유입되는 것을 돕는 장치이다.

(1) 빗물 수집과 연계된 공원의 조성

크론스베르크에는 주민들의 삶의 질을 확보하기 위해 여러 가지 기능적 공원이 조성되었는데, 이 공원들은 빗물의 수집과 운영, 이용 등의 측면을 고려하여 설계되었다(그림 11-6 참조). 지구 북측에 조성된 주거공원(Quartierpark)의 경우 빗물이 이동할 때 소리가 나게 하여 이용자들이 이를 즐길 수 있도록 만들어졌다(그림 11-7 참조). 또한 빗물의 이동수로는 모두 공원 안의 연못으로 향하는데, 이들 수로는 각각 문어발 형식으로 연결되어 있고 연못으로 유입될 수 있도록 공원 내에 또 다른 수로를 마련해두었다(그림 11-8 참조). 이 공원은 경사면에 조성되어 있기 때문에 가장 아랫부분에 빗물을 저장하는 장치를 두어 효과적으로 빗물을 모으고, 기존 빗물수집장치와는 달리 빗물을 수집할 뿐 아니라 물의 흐름을 감상할 수 있게 설계하였다.

그림 11-6.
독일 크론스베르크의 마스터플랜

출처: 김원현(2006), p. 61.

그림 11-7.
빗물 집수 시 음향효과를 유도하는 장치

출처: 김원현(2006), p. 62.

그림 11-8.
빗물을 연못으로 유도하는 수로

출처: 김원현(2006), p. 62.

(2) 수로의 건설

물덴-리골렌-시스템(Mulden-Rigolen-System, MRS)은 독일 내에서 빗물의 흐름과 운영을 위한 가장 중요한 시스템 중의 하나이다(그림 11-9와 그림 11-10 참조). 크론스베르크의 경우 지상과 지하부를 접목한 침투 방법(Mulden-Rigolenversickerung)을 통해 빗물의 운영과 수집을 유도하였다. 이 시스템은 그림 11-11에서 볼 수 있듯이 도로와 공원 사이에 수로를 건설하여 빗물을 이동시키고, 중간 중간에 캐스케이드(cascade)를 두어 산소의 유입과 유속의 약화를 유도하며, 고인 빗물을 지면으

그림 11-9.
물덴-리골렌-시스템

출처: 김원현(2006), p. 63.

그림 11-10.
물덴-리골렌-시스템의 시공 모습

출처: 김원현(2006), p. 63.

로 침투시키기 위해 중간에 모래와 자갈로 된 필터층을 삽입하였다.

크론스베르크에서는 1차로 물덴-리골렌-시스템을 통해 빗물을 수집하고, 좀 더 크고 넓은 침투경사로가 단지 양쪽에 분리되어 앞서 수집된 빗물과 직접 얻어지는 빗물을 모아서 흘러가게 하는 2차 수집장치가 있다. 최종적으로 조성된 연못에 빗물이 모이게 된다. 이 장치는 여러 곳에서 모아지는 빗물을 한곳에 모으기 위한 통로 역할을 하는 것으로, 단순히 연결하는 데 그치지 않고 흐르는 도중에 침투 및 담수 역할을 할 수 있도록 만들어져 있다. 또한 빗물의 빠른 증발을 억제하

그림 11-11.
물덴-리골렌-시스템의 단면도

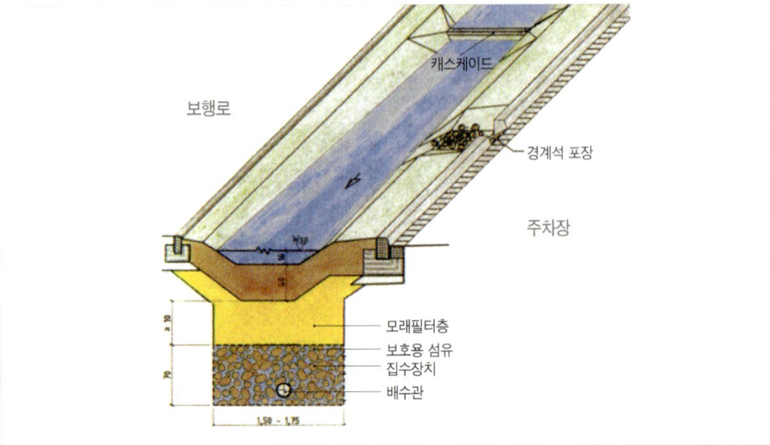

출처: 김원현(2006), p. 63.

그림 11-12.
폭우 대비용 수문

출처: 김원현(2006), p. 63.

고 미적인 효과를 위해 물이 모이는 가장 윗부분에는 잔디를 식재하고 지역의 양옆에 설치해둔 2차 수집장치에는 작은 수문을 만들어 폭우가 내릴 때 빗물이 범람하지 않도록 하였다(그림 11-12 참조). 이 시스템은 크론스베르크 전역에 보행자 도로나 차도 주변에 함께 만들어져 있으며, 가정에서 수집된 빗물과 지면으로 바로 유입되는 빗물 등을 모아서 또 다른 빗물수집저장탱크로 이동하게끔 설계되어 있다. 낮은 서쪽 지역으로 빗물이 수집될 수 있도록 유도하고, 이들이 커다란 연못에 전부 모일 수 있도록 전체적인 수로의 계획을 마련한 것이다.

(3) 빗물저장장치

① 초등학교 주변 공간의 활용

빗물을 이용하기 위해서는 빗물을 모아두는 장치가 꼭 필요하다. 주거지역의 경우 대부분 건물 외벽에 있는 빗물받이를 통해 흘러내려온 빗물을 지하의 저장고에 모아두었다가 사용하지만, 마을 단위 지역계획에서 이 모든 장치를 지하에 매설하기란 쉽지 않다. 그래서 대개의 경우 연못을 설치하여 활용하고 있다. 크론스베르크의 경우 초등학교 뒤편에 연못을 조성하여 여러 식물들을 식재하고, 동물들의 유입을 위해 별다른 설치물 없이 자연과 비슷한 조건으로 만들었다. 이를 위해 이 연못은 특별한 생태학적 장치나 조치 없이 기존의 생태계에 연못의 생태적 공간을 자연스럽게 연결시키는 방법으로 조성된 것이다. 이 연못에서 아이들이 낚시를 하는 모습도 볼 수 있는데, 이를 통해 초등학교 학생들이 생태학적 지식을 자연스럽게 습득할 수 있고 학교 측에서는 초등학교 교과과정에 이와 연계된 환경과 생태, 물과 관련된 사항을 수록하여 교육하고 있다. 또한 학교 앞 연못에 모인 물은 화장실 용수로 사용된다. 이렇게 빗물수집장치를 적극적으로 활용함으로써 연간 약 550세제곱미터의 물을 절약하고 있다.

② 주거단지 내 정원의 활용

크론스베르크 내 주택단지계획은 우리나라의 아파트단지와 비슷하게 단지를 ㄷ자 혹은 ㄱ, ㄴ자형으로 배치하고 그 사이의 공간을 정원으로 적극 활용하고 있다. 이 공간에 연못을 만들어 빗물을 모아둠으로써 또 하나의 기능적 공간으로 활용하고 연못 주변부를 좀 더 친숙하고 활동적이며 생태적 공간으로 이용할 수 있도록 조성한다. 특히 놀이터 외에 아이들을 위한 이렇다 할 놀이공간이 없던 곳에 친수공간을 조성하여 이를 도섭지(徒涉池)*와 빗물저장고로도 활용한 것

* 도섭지
아동의 물놀이를 위한 얕은 연못의 일종.

이다. 빗물수집장치에 의해 빗물저수관에 모인 물은 집집마다 설치된 태양에너지 시스템에 의해 온수로 이용되도록 하여 에너지 절약에도 긍정적으로 작용한다.

3) 미국 우들랜드 신도시의 생태적 배수설계

우들랜드(Woodlands) 신도시는 텍사스에 있는 2만 5천 에이커 규모의 주거단지로, 1만 5천 채의 주택과 1만 3천 여 명을 고용하는 600개의 회사와 병원, 공연예술회관, 회의센터 등이 있다. 이 단지의 목표는 자연과 조화롭게 사는 것이다. 주택은 미송, 참나무, 미국 풍나무, 붉은 단풍나무로 가려져 있고 상업지역마저도 캐노피 수목이나 하층수목으로 차폐되어 있다.

우들랜드 신도시계획은 생태계획에 의해 이루어진 최초의 도시계획으로서 종합적인 생태적 연구를 개발 과정에 통합시켜 그린웨이를 설계하였다. 연구와 계획은 1970년부터 시작되어 1974년에 건설되었는데, 총면적의 약 25%인 2만 5천 에이커가 오픈스페이스로 유지되었다. 우들랜드의 오픈스페이스는 도시에 야생동물의 서식지, 레크리에이션 지역, 자연적인 숲환경을 제공할 뿐 아니라 자연배수와 홍수를 통제하도록 통합된 그린웨이 네트워크를 구축하고 있다. 자연과 조화를 이루며 숲속에서 솟아나는 도시를 꿈꾸었던 개발업자 George Mitchell은 이를 위해 Wallace, McHarg, Roberts and Todd(WMRT) 사에 도시의 생태개발계획을 위탁하였다.*

우들랜드 시는 몇 개의 하천이 굽이쳐 흐르는 것 외에는 평탄하고 대부분 배수가 불량한 토양이었기 때문에 배수불량이 우들랜드의 설계자에게 주요한 도전이었다. 생태적 배수(ecological plumbing)의 특징은 하천과 범람원을 자연상태로 유지하고 불투수성 토양을 집중 개발하는 것, 빗물을 투수성 토양과 자연연못, 인공습지로 유도하는 것

* 우들랜드 신도시와 George Mitchell

George Mitchell은 주민들이 거주하고 일하며 즐기고 교류하는 진정한 자족적인 고향을 구상했고 Ian McHarg에게 의뢰해 새로운 커뮤니티의 환경계획을 수립하였다. McHarg는 10주년 기념식에서 우들랜드의 개발은 환경에 민감하면서도 이익을 얻는 사업이 되고 살기 좋은 커뮤니티를 만들 수 있음을 보여주기 때문에 매우 중요하다고 언급했다. 주민들은 식생과 성장습성 등을 기술한 세부적인 식물목록이 포함되어 있는 조경지침서를 받았다. 불행하게도 이 제안은 주민규약으로 채택되지 못했고, 그 결과 주택소유자들은 당초의 개념에서 벗어나고 있다.

목표	지침
범람원과 하천수로를 자연상태로 보존	• 자연하천수로와 범람원을 유지 • 25년 빈도의 범람원을 보존하기 위해 배수지역권(drainage easements)을 결정 • 지역권은 1차 배수를 위해서는 최소 300피트, 2차 배수를 위해서는 최소 100피트 설정 • 2개의 중요한 상시 하천은 50년 빈도의 범람원 내에서 개발을 금지 • 100년 빈도의 범람원 내에서는 벌채는 최소로 허용하고 잔디는 금하며 건물은 100년 빈도 홍수위를 넘는 높이로 올려지음
빗물을 지연시키고 하천 기초 유량의 재충전 최대화	• 재충전을 증가시키기 위해 투수성 토양 위에서 물의 유속을 느리게 하도록 주택지의 저습지 저수댐을 이용 • 빗물을 여분의 저수능력이 있는 연못과 습지, 투수성 토양으로 유도
좋은 수질과 야생동물서식지의 완충을 위해 연못 주위에 식생 유지	• 좋은 수질과 야생동물 서식지를 확보하기 위해 연못 주변에 완충지대로서 충분한 식생 유지 • 연못 주변의 40%는 개발할 수 있으나 50피트의 산림완충대를 유지해야 함 • 남은 60%는 150피트의 완충대를 가져야 함
중요한 산림유형 보존	• 개발에 대한 내성이 적고 야생동물 서식지로 더 좋은 순수한 활엽수를 보존하거나 벌채를 최소화
주택지에서 벌채되지 않은 개별 수목과 작은 수목의 보존	• 개별 수목의 주위에 완충지대 유지
단지계획과 설계에서 식생을 이용해 아름다움 유지	• 도로를 따라 인공환경을 제한하고 좁은 앞마당에 완충지대를 조성하기 위해 향토식생 이용
야생동물 이동을 제공	• 먹이와 은신처, 물을 포함한 연속된 야생동물 이동통로 조성 • 주요 통로: 500~600피트 폭 • 작은 통로: 100피트 폭
인간의 교란으로부터 야생동물의 완충	• 야생동물의 피난처로서 적합한 다양한 식생 은신처와 물을 제공하는 대규모 지역 마련 • 적극적 레크리에이션에 적합하지 않은 자연지역은 피난처로 선정 • 주요 통로는 이들 자연지역을 연결해야 함 • 야생동물 이동통로는 보행이나 차량의 교차를 최소화 • 교란을 최소화하기 위해 야생동물 이동통로의 주변에 인간의 활동 제한

출처: Smith and Hellmund(1993), p.198.

표 11-2.
미국 우들랜드 신도시의 단지설계 목표와 지침

이었다. 자연배수방식을 보존하는 것이 수질, 수변식생, 야생동물과 같은 다른 생태적 특징 요소를 유지하는 열쇠임이 분명하다(Smith and Hellmund, 1993: 196). 우들랜드 신도시의 단지설계의 목표와 지침은 표 11-2와 같다.

우들랜드 신도시는 빗물배수관을 설치하지 않고 자연생태계의 배수시스템을 활용해 생태적 배수가 이루어지도록 한 신도시이다. 건축물들은 지하수의 보존과 지하수면의 유지, 토양의 수분 침투성과 침식 등을 고려해 배치했다. 투수성이 떨어지는 토지 위에 도로와 건축물을 집중적으로 배치하고 투수성이 우수한 토지는 오픈스페이스로 보존하였다. 우들랜드 신도시의 생태적 배수설계의 계획내용을 살펴보면 다음과 같다(McHarg and Sutton, 1975: 78-89).

(1) 대상지의 부지조건

① 완전한 산림지, ② 바람이 부는 방향을 알지 못하면 물이 어느 쪽으로 흘러갈지 모를 정도로 평탄한 곳, ③ 대부분의 토양이 배수불량인 곳, ④ 부지 내의 하천은 매우 낮은 흐름과 매우 높은 흐름으로 특징지어져 범람원이 얕고 넓은 지역이었다. 주요한 생태적 관심사는 신도시 개발 대상지에 배수를 시키면서 산림환경을 어떻게 보존하느냐 하는 것이다.

(2) 생태적 배수관의 개요

유수를 관을 통해 빠르게 처리하는 재래식 배수방법에 소요되는 비용은 1,867만 9,300달러로 추산되었다. 이에 비해 저류(recharge)를 최대화시키기 위해 유수를 지체시키는 방법인 생태적 배수관에는 420만 400달러(재래식의 25%에 해당)가 소요되었다.

(3) 우들랜드 1차 종합계획에서의 생태적 요구조건

① 저류의 최대화, ② 투수성 토양의 보존, ③ 지하수위의 유지, ④ 유수의 감소, ⑤ 유실이나 침강 억제, ⑥ 하천의 기초유량의 증대, ⑦ 자연식생과 야생동물 서식처의 보호였다. 1차 계획에서는 배수지역에

서 떨어진 산등성이에 간선도로와 지선도로를 위치하도록 하고 폭우가 내릴 때 저수능력을 향상시키기 위해 투수성 포장이 권장되었다.

(4) 생태적 배수관 계획

1단계 계획을 통해서 기존 배수체계(하천, 늪, 호수, 자연식생, 토양의 저수능력)의 속성을 이용하는 방법을 개발하고, 모든 하부구조를 수계관리 목표를 충족하도록 설계함으로써 자연배수체계를 개선하였다. 자연배수체계에 적응하는 전략으로는 물의 수집, 침전지, 유역, 물막이 등을 통해 저류능력을 높이고 골프장, 도로, 고속도로의 건설도 자연배수체계에 적응하도록 하였다. 구체적으로는 다음 그림과 같은 생태적 배수계획 지표와 과정을 거쳐 생태적 배수관계획을 수립하였다.

(1) Landscape torelance의 결정

- Tolerance는 식생군집과 야생동물 서식지를 과도하게 손상하지 않고 식생을 제거할 수 있는 지역의 비율 혹은 전형적인 높은 빈도의 폭우 시 대상지로부터 유출되는 빗물의 양을 증가시키지 않고 불투수성 포장을 할 수 있는 지역의 비율로 정의함.
- 자연배수체계의 요구조건과 식생유형의 적응성과 질을 토대로 만든 지표인데 불투수성 지표면으로 덮이거나 제거되었을지 모를 토양과 식생유형의 비율(coverage/clearing ratio)로 나타냄.
- Permissable coverage란 폭우 시에 유출되는 빗물을 흡수할 수 있는 기존 토양의 능력에 영향을 미치지 않고 불투수성의 지표로 전환할 수 있는 면적 비율임.
- Permissable clearing은 벌채해도 좋은 지역의 비율로서 이는 식생의 질과 경관가치, 야생동물의 먹이원, 개발활동에 대한 내구성을 반영함.

▼

(2) Coverage/clearing ratio에 의해 측정된 토지이용영향의 결정

- 각각의 토지이용을 불투수성 지표면과 벌채량에 의해 평가함.

▼

(3) Design synthesis

- Landscape tolerance와 개발영향을 결합시키기 위해 design synthesis가 이루어짐.
- 토양유형, 식생의 종류, 배수형태를 일치시켜 permissable coverage/clearing의 정도가 설정됨.

▼

(4) 개발영향과 landscape tolerance의 결부

- 주어진 토양과 식생유형의 landscape tolerance와 permissable coverage/clearing, 토지이용요구조건을 결부시킴으로써 개발영향을 경사를 이루도록(완전한 보존에서부터 광범위한 수정까지) 배분시킴.
- 광범위한 coverage/clearing impact를 가지는 개발활동 유형은 투수성이 낮은 토양, 저질의 식생과 결부시키고 약간의 영향만 갖는 개발활동은 저수능력이 높은 토양과 양질의 식생과 결부시킴.
- 부지가 갖는 제약조건으로 인해 추가개발비용이 필요할 때는 비용과 자연과 인공적 시설이 갖는 쾌적성에 의해 창출되는 이익과 비교해 최소비용 최대이익의 대안을 선정함.

12

오수를 재활용하는 도시 만들기

오늘날 29개 국가의 4억 5천만 명의 인구가 물부족에 직면해 있다. UNDP에 따르면 2025년에는 전 세계인구의 3분의 2가 물부족지역에 거주하게 될 것으로 내다보고 있다. 우리나라도 물부족국가에 해당하기 때문에 물부족을 해소하는 방안의 하나로 오수를 재활용할 필요가 있다. 도시에서 발생하는 하수나 오수를 처리하기 위해 별도의 하수처리장을 건설하고, 깨끗하게 정화된 상수를 식수나 산업용수로 도시 전체에 공급하는 것은 일반화된 방식이다. 녹색도시에서는 대상지역에서 발생하는 하수·오수와 빗물을 생태적으로 정화하여 생활용수로 활용함으로써 자원순환과 절약을 기대할 수 있다. 이 장에서는 오수를 재활용할 수 있는 인공습지의 개념과 구조, 기법, 사례를 알아보고 생활하수를 중수로 처리할 수 있는 방법을 살펴본다.

인공습지

비점오염원(非點汚染源)* 처리에는 여러 가지 방법이 있는데 그중 하나가 인공습지를 이용한 방법이다. 인공습지는 1960년대 독일에서 시작되어 1980년대에 미국에 도입되었다. 미국 환경청은 재래식 하수와 빗물처리장에 대한 대안으로 습지를 보급해왔고, 미국에만 1천 개가 넘는 인공습지가 있다. 인공습지는 흔히 셀(cell)로 나누어진 얕은 연못으로, 기계적 장치는 포함되지 않는다. 오수는 식생을 지탱하는 자갈층 위를 흘러가고, 식물뿌리와 뿌리지대에 살고 있는 많은 미생물이 오염물을 분해 · 흡수한다(그림 12-1 참조).

인공습지의 주목적은 빗물이나 오수를 처리하는 것이고 추가로 다목적의 어메니티(amenity)**를 제공할 수 있다. 많은 인공습지는 야생동물의 서식처를 제공하고 대중에 매력요소가 되고 있다. 미국에서는 TVA(Tennessee Valley Authority)가 여러 가지 적용사례의 가이드라인을 개발했다. 대규모의 인공습지는 도시나 지역의 하수처리시설로 채택되고 있는데, 가장 규모가 큰 시설로는 텍사스주 보몬트(Beaumont)에

* 비점오염원
광범위한 배출경로를 갖는 오염원으로, 오염물질이 포함된 채 배출되는 빗물이 실제로 주된 비점오염원이 된다.

** 어메니티
어떤 장소나 기후 등에서 느끼는 쾌적함을 일컫는 용어. 영국에서 18세기 이래로 형성되어온 개념이다. 1909년에 영국의 주거도시계획법에서 처음으로 '어메니티'라는 용어가 실정법에 등장했다.

그림 12-1. 오염물을 분해하는 식물뿌리의 미생물

그림 12-2.
여과형 습지의 정화개념 단면

있는 부들습지(Cattail Marsh)로 알려진 650에이커의 조성된 습지를 들 수 있다. 250에이커의 기존 자연습지를 보존하면서 개량 확장한 습지이다. 그레이터 바톤 루즈(Greater Baton Rouge) 동물원은 혁신적인 습지시스템을 건설해 1일 40만 갤런의 오수를 처리하고 있어 연간 20만 달러의 하수처리비를 절약하고 있다(Hopper, 2007: 811).

수질개선을 위한 인공습지는 여과형 습지, 자유수면형 습지와 부유식물습지로 분류된다(Thompson and Sorvig, 2008: 189–191).

여과형 습지는 이론적으로는 유입수가 하부층으로 흘러 표면에서는 물의 흐름을 볼 수 없는 시스템이다(그림 12–2 참조). 하부층은 여러 크기의 자갈, 쇄석, 토양으로 이루어진다. 전형적인 여과형 습지는 1~3피트의 깊이로 바닥과 옆은 불투수성이고 자갈로 채워져 습지식물이 식재된다. 하수처리용으로 여과형 습지를 도입하는 경우는 북미에서는 상대적으로 적은 반면 유럽에서는 대부분을 차지하고 있다. 주거지나 사무실 주변에서는 흔히 여과형 습지가 추천되나 자유수면형 습지보다 신뢰성이 낮다.

자유수면형 습지는 유입수가 대부분 하부 토양층 위로 흐르며, 하부 토양층은 주로 원래의 토양이다(그림 12–3 참조). 몇몇 예외를 제외하고는 자유수면형 습지가 광산배수, 농업배수, 도시 강우 유출수, 산업폐수, 오염하천 등에 적용되었다. 여과형 습지를 운영한 결과 심각한 폐쇄현상을 경험하였기 때문에 개별 가정의 하수처리시스템과 같은 소규모 시설의 저농도 유출수 처리를 제외하고는 대부분 자유수

그림 12-3.
자유수면형 습지의 정화개념 단면

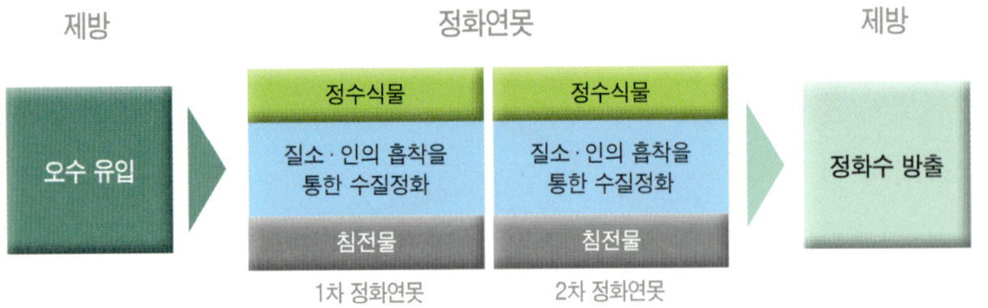

그림 12-4.
부유식물습지의 정화개념 단면

면형 습지가 추천된다. 자유수면형 습지는 비용이 적게 들고, 오염물 제거 효율이 높으며, 야생동물에게 서식처를 제공한다.

부유식물습지는 부레옥잠, 개구리밥과 같은 부유식물을 이용하는 시스템이다(그림 12-4 참조). 부유식물이 영양염류를 흡수하여 정화하며, 부유식물의 뿌리와 잎에 형성된 미생물막이 오염물질을 분해하는 역할을 한다. 부유식물습지는 1차 또는 2차 처리 후 남아 있는 영양염류를 흡수하는 데 이용되고, 시스템에서 영양염류를 제거하기 위해서 식생을 수확한다. 이 시스템은 유지관리비, 그중에서도 식생제거비용과 처리비용이 매우 높은 편이다(박병흔, 2003).

인공습지는 3단계의 처리를 한다. 1단계에서는 고형물을 제거하고, 2단계에서는 대부분의 남아 있는 병원균을 제거하며, 3단계는 유출수를 정제하는 단계이다. 3단계 처리된 유출수는 도시 음용수 기준을 초과해 호수나 하천에 방류하거나 수영과 관수용으로 사용된다. 미국의 인공습지 대부분은 3단계 처리 습지이다. 규모가 큰 인공습지에는 재래식의 하수처리장처럼 기계적 1차 처리시스템이 사용된다.

도시 하수를 처리하기 위한 인공습지는 '얕은 습지 – 깊은 습지 – 얕은 습지'와 같이 연속적으로 구성된다(박병흔, 2003).

첫 단계는 갈대, 부들, 줄 등 습지식물이 조밀하게 성장하고 있는 수심 10~20센티미터인 얕은 습지이다. 이 습지는 BOD(생물학적 산소요구량), 총부유물질(total suspended solids, TTS), 금속성분, 병원균과 복합 유기물을 제거하고 유기성 질소를 암모니아로 변화시키는 기능을 한다. 설치 초기에는 토양면 위 8~10센티미터 수심을 유지하다가 향후 15~20년 동안은 습지에 이탄(peat)이 쌓임에 따라 15~20센티미터까지 점진적으로 수심을 증가시킨다.

두 번째 단계는 깊은 습지로 호기성 산화지(酸化池)와 비슷하게 수심 0.75~1.0미터인 연못 형태이다. 연못의 수표면에는 개구리밥 같은 부유식물이 자라고 물속에는 여러 가지 조류가 생성된다. 미생물의 부착 면적을 증가시키기 위해 연못의 얕은 부분에 침수식물을 식재한다. 질산화와 탈질(脫窒)이 연못의 가장 중요한 기능이며, 이 외에도 BOD를 줄이는 기능을 한다.

세 번째 단계는 첫 번째 단계와 같은 얕은 습지이다. 이 습지는 연못에서 생성된 총부유물질(주로 조류로 구성)을 제거한다. 이와 같이 습지는 얕은 구간과 깊은 구간, 얕은 구간이 연속되면서 오염물질을 효과적으로 제거한다.

인공습지의 사례

산업용 폐수를 처리하기 위한 습지의 예로는 중국 서부의 청두에 있는 푸난(Fu-Nan)강의 둑을 따라 6에이커의 오염처리습지인 'Living Water Garden'을 들 수 있다. 푸난강에서 매일 200세제곱미터의 물을 오염처리습지로 끌어와 박테리아 오염물과 중금속을 제거한 후 강으로 흘려보낸다(Thompson and Sorvig, 2008: 193-194).

자연하수처리를 위한 인공습지의 사례로 미국 캘리포니아주 아르카타(Arcata)*의 자유수면형 인공습지를 들 수 있다. 원래 아르카타는 1949년에 1차 처리만 하는 하수처리장이 가동되어 소독처리가 안 된 유출수가 아르카타 만에 방류되었는데, 1957년에 산화연못이 추가되었고 1966년에는 염소소독장치가 추가되었다.

* 아르카타
샌프란시스코에서 북측으로 약 240마일 떨어진 캘리포니아 해안에 위치한 인구 1만 5,000명의 소도시로, 주요 산업은 벌목과 목재생산, 어업이며, 훔볼트 주립대학이 소재하고 있다.

아르카타 습지형 자연하수처리시스템을 통해 흐르는 하수는 네 단계의 처리를 거친다(그림 12-5 참조). 1단계 처리는 큰 부유고형물질을 제거하는 것이 주목표이다. 1단계의 처리는 고형물과 모래 제거시설(headworks), 정화기(clarifier), 소화조(digesters)를 포함한다. 침전물과 기타 무기물질을 막대스크린(bar screens)과 모래분리기(grit separators)를 이용해 제거한다. 정화기는 부유고형물을 침전시키고, 소화조는 고형물을 퇴비와 메탄으로 만든다. 2단계의 처리는 유기물을 퇴화시키는 것이 주목적이다. 정화기에서 배출된 하수가 2단계의 산화연못으로 보내진다. 연못에서 기른 녹조류(algae)가 물에 산소를 공급하여 미생물이 번성하게 하는데, 미생물들이 하수의 BOD를 50%까지 제거한다. 배출수는 계속해서 4개의 처리습지(6에이커 규모)를 지나면서 하수처리가 이루어진다. 연못의 녹조류가 하수를 침전시키고 토착식물의 뿌리에 서식하는 미생물이 BOD를 감소시키고 침전된 조류를 분

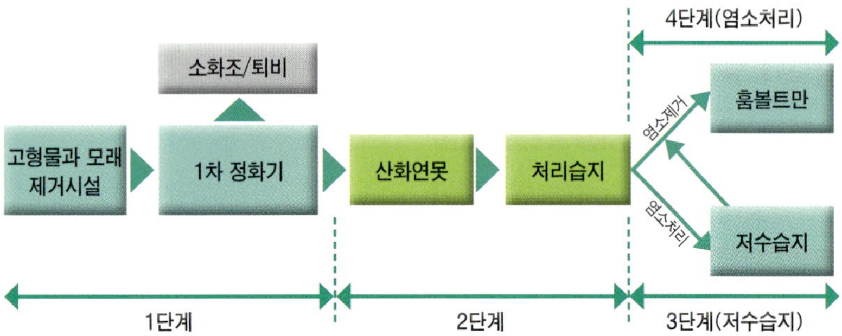

그림 12-5. 아르카타 습지형 자연하수처리장의 처리 과정

그림 12-6.
제3단계의
저수습지

해한다. 3단계의 처리는 질소나 인과 같은 과잉영양물을 제거하는 것이다(그림 12-5 참조). 3단계의 처리는 저수습지(enhancement marsh)에서 이루어지는데 이 습지연못은 계속적으로 BOD를 낮추며 질소와 인을 제거한다. 저수습지는 지역주민을 위한 조류 탐조와 레크리에이션 지역으로 활용된다(그림 12-6 참조). 4단계의 처리는 염소처리를 통해 방류된 물의 병원균을 제거하고 최종적으로 염소를 제거하여 방류하는 것이 주목표이다(US EPA, 2000a: 139–142).

중수처리

부엌, 세탁기, 욕실 등 가정에서 발생하는 오수가 중수(graywater)의 원천이다. 미국의 경우 1일 200갤런의 물을 소비하는 가정에서 150갤런의 물은 중수로 재활용이 가능하다. 살균처리를 하지 않은 중수는 보통 수목이나 식물의 관수로 사용하는데, 중수는 흔히 질소나 인, 칼륨을 함유하기 때문에 식물에 유용하다. 중수가 목적지에 도달하기 전

표 12-1. 토양필터의 오염물 제거 효과

오염물질의 유형	제거효과
부유고형물, 유기화합물	90~99%
병원균	95~99.9%
인	30~95%(토양입자와 물의 양에 따라)
질소	30%

자료: Hopper(2007), p. 362.

에 토양층이 필터로 이용될 수 있다. 토양필터로는 중간 정도 입자의 토양이 선정되어야 하며, 효과를 보려면 물이 필터 전체에 균등하게 배분되도록 해야 한다(Hopper, 2007: 362). 토양필터의 오염물 제거 효과를 살펴보면 질소는 30%, 병원균은 95% 이상의 제거 효과가 있다(표 12-1 참조).

샤워장이나 개수대, 세탁기 등에서 배출되는 오수를 필터로 정화한 중수를 조경 용수로 사용하면 가정에서 하루에 100갤런의 물을 절약할 수 있다(Yeang, 2006: 266). 미국 가정의 경우 매년 가구당 28만 리터의 오수가 화장실이 아닌 개수대, 샤워장, 목욕탕, 식기세척기, 세탁기 등으로부터 배출되는데 이 오수를 필터시스템을 거쳐 정화하면 조경용수나 화장실 용수로 안전하게 재활용할 수 있다. 오수를 정화해 중수로 재활용하기 위해서는 화장실 오수와 생활 오수를 분리해 별도의 오수관과 정화시설을 설치해야 한다(Yeang, 2006: 271).

1980년대 John Todd는 빌딩의 배수를 처리하기 위해 습지나 늪지의 자정작용을 모방한 'Living Machine'을 발명했다. 'Living Machine'은 미생물과 식물, 산소, 햇빛 등을 동원해 폐수를 중화하는 생물학적 폐수처리장치를 일컫는 상표이다. 이 장치는 통상적인 폐수처리장을 대신할 발명품이었다. 폐수장 대신 잘 꾸며놓은 화분처럼 생긴 'Living Machine'을 들여놓을 수 있기 때문에 녹색건물 설계자들도 선호했다. 그러나 설비비와 가동비를 포함한 높은 비용이 단점이다(맥레넌, 2009: 167-169).

우리나라의 경우 중수를 비롯한 물의 재이용을 촉진하기 위해 환경부에서는 '물의 재이용 촉진 및 지원에 관한 법률'을 2010년에 제정하였다. 이 법에서 규정한 물의 재이용의 개념은 빗물, 오수(汚水), 하수처리수, 폐수처리수 및 발전소 온배수를 물 재이용시설을 이용하여 처리하고, 그 처리된 물을 생활, 공업, 농업, 조경, 하천 유지 등의 용도로 이용하는 것을 말한다. 이 법에서는 다음 각 호의 어느 하나에 해당하는 시설물을 신축(대통령령으로 정하는 규모 이상으로 증축, 개축 또는 재축하는 경우를 포함)하거나 개발사업을 시행하려는 자는 환경부령으로 정하는 바에 따라 단독 또는 공동으로 물 사용량의 10% 이상을 재이용할 수 있도록 중수도를 설치 · 운영해야 하며, 중수도의 설치 결과를 특별자치시장과 특별자치도지사, 시장 · 군수 · 구청장에게 신고해야 한다.

1. '공중위생관리법' 제2조 제1항 제2호에 따른 숙박업 또는 같은 항 제3호에 따른 목욕장업에 사용되는 시설로서 건축 연면적이 6만제곱미터 이상인 시설물
2. '산업집적활성화 및 공장 설립에 관한 법률' 제2조 제1호에 따른 공장으로서 1일 폐수배출량이 1,500세제곱미터 이상인 시설물

2의 2. '건축법' 제2조 제2항 제25호에 따른 발전시설로서 1일 폐수배출량이 1,500세제곱미터 이상인 시설물

3. '관광진흥법' 제2조 제7호에 따른 관광단지의 개발사업
4. '도시개발법' 제2조 제1항 제2호에 따른 도시개발사업
5. '산업입지 및 개발에 관한 법률' 제2조 제6호에 따른 산업단지개발사업
6. '택지개발촉진법'에 따른 택지개발사업
7. 그 밖에 대통령령으로 정하는 종류 및 규모 이상의 시설물 또는 개

발사업

단, 상기 개발사업 중 3~7항의 개발사업은 다음 각 호의 어느 하나에 해당하는 자가 시행하는 경우에만 적용한다.

1. 국가 또는 지방자치단체
2. '공공기관의 운영에 관한 법률' 제5조에 따른 공기업
3. '지방공기업법' 제3조에 따른 지방공기업

13

훼손된 생태계를 치유하는 도시 만들기

도시에서는 도시개발사업이 진행되는 과정에서 산림이 훼손되는 사례가 가장 많이 발생하고 습지나 하천의 생태계가 훼손되는 경우도 있다. 도시에서는 환경오염으로 인해 자연생태계의 훼손 가능성이 더 높아지고 있다. 전 세계적으로 생물종이 점점 감소되고 있는데, 이러한 상황을 인식한 UN은 2010년을 '생물다양성의 해'로 지정하여 전 세계적으로 생물다양성의 중요성을 환기시켰다. 자연생태계를 다루는 설계에서는 종래와 다른 생태계의 시스템을 고려한 생태설계를 해야 한다. 생태설계에서는 설계자가 설계된 시스템의 무생물적 내용과 유기적 및 생물적 요소, 혹은 바이오매스가 균형을 이루도록 만들어야 한다. 이 장에서는 훼손된 생태계를 복원하는 여러 가지 방법과 원칙을 살펴본다.

생태복원

생태복원은 건강, 통합성(integrity), 지속가능성에 관해서 생태계의 회복을 유발하고 촉진시키는 의도적인 활동으로, 생태계를 역사적 궤적(historic trajectory)*으로 되돌아가도록 시도하는 것이다. 생태복원이란 손상되거나 파괴·퇴화된 생태계의 회복을 도와주는 과정이다. 따라서 생태계가 더 이상의 도움이나 보조 없이 발전이 지속되도록 충분한 생물자원과 무생물자원을 담고 있을 때 회복되어 있다고 본다. 생태복원 완료를 결정하는 기초 속성은 다음과 같다(Society for Ecological Restoration, 2004).

* 생태계의 역사적 궤적
생태계의 역사적 궤적은 복원설계의 이상적인 출발점이다. 생태적 궤적은 시간의 경과에 따른 생태계의 발전경로를 설명해준다. 복원에서 생태계 궤적은 복원 이전의 생태계로부터 기준생태계에서 나타나는 복원프로젝트의 목표로 표현된 바람직한 회복상태를 향해 나아간다.

① 복원된 생태계는 기준생태계(reference ecosystem)에서 발생되고 적합한 군집구조를 제공하는 종의 특징적 집합을 포함한다. 기준생태계는 생태복원사업계획의 모델 역할을 할 수 있고 후에는 사업의 평가에 활용될 수 있다.

② 복원된 생태계는 적용이 가능한 최대 범위에서 토착종으로 구성된다. 복원된 문화생태계에서는 순화된 외래종과 그들과 공존하며 진화되는 비침입성의 황무지(ruderal)종과 진계식생(segetal)종(쓰레기터에서 자라는 종)을 허용할 수 있다. 황무지종은 교란된 부지에 이식된 식물인데 반해 진계식생종은 전형적으로 농작물종과 혼합되어 자란다.

③ 복원된 생태계의 지속적 발전과 안정을 위해 필요한 모든 기능적 집단이 나타나거나, 사라진 집단이 자연적 수단에 의해 이식될 잠재력을 가지고 있다.

④ 복원된 생태계의 물리적 환경은 원하는 궤적을 따라 지속적으로 발전하거나 안정되는 데 필요한 종의 재생개체군을 지탱할 수

있다.

⑤ 복원된 생태계는 생태적 발전 단계에서 명백하게 정상적으로 기능하며 기능장애의 징조가 없다.

⑥ 복원된 생태계는 보다 큰 생태 매트릭스나 경관에 적절하게 통합되고 생물적 흐름 또는 무생물적 흐름과 교류를 통해 상호작용한다.

⑦ 복원된 생태계의 건강과 통합성에 대한 주위 경관으로부터의 잠재적 위협이 가능한 한 많이 제거되거나 감소되었다.

⑧ 복원된 생태계는 생태계의 통합성을 유지하는 데 기여하는 국지 환경에서의 정상적인 주기적 스트레스성 사건을 견딜 수 있는 충분한 회복력이 있다.

⑨ 복원된 생태계는 기준생태계와 같은 정도로 자립적이고 기존의 환경조건에서 무한정으로 존속할 수 있는 잠재력을 가지고 있다. 그럼에도 종다양성과 구조, 기능의 측면에서는 정상적 생태계 발전의 일환으로 변화될 수도 있으며 정상적인 주기적 스트레스와 큰 결과를 가진 간헐적 교란사건에 대응해 동요될 수 있다. 복원된 생태계의 종 구성과 다른 속성은 환경조건의 변화에 따라 진화될 수 있다.

생태계의 훼손이 불가피할 경우 생태계를 '대체(replacement)'할 수도 있다. '대체'는 개발에 의해 훼손되거나 사라지게 될 서식처를 대신할 수 있는 서식처를 다른 곳에 만들어주는 것을 의미한다. 대체서식지의 유형은 창출형, 향상형, 복원형으로 구분한다. 우리나라의 자연환경보전법은 중요한 서식처를 불가피하게 훼손하게 될 경우 대체자연을 조성하도록 규정하고 있다.

지금까지는 대체녹지, 대체산림 등이 많이 사용되었는데 최근에는 '대체습지' 개념이 강조되고 있다. 대체습지는 불가피한 개발에 의해 습지가 훼손될 경우 다른 지역에 습지를 조성하는 것을 의미한다. 대체습지에는 단순히 개발사업에 의해 훼손된 습지를 새롭게 조성하는 방법과 미국 등에서 활발하게 이용되고 있는 습지은행(Mitigation Banking)의 개념이 있다.

습지은행은 개별적인 개발사업에 의해 훼손된 습지를 새롭게 조성하면서 생겼던 문제점을 보완한 새로운 개념의 대체습지 조성방법으로, 개발사업이 이루어지기 전에 미리 일정 지역에 습지를 조성해두고 추후 다른 개발사업에 의해서 불가피하게 습지를 훼손시켜야 할 때 사용하는 방법이다. 이러한 개념들은 기본적으로 습지의 총량을 유지하기 위한 방안으로 사용된다(조동길, 2003).

생태복원 시에는 식물종의 경우 각각의 식물종이 필요로 하는 서식환경조건을 배려하여 식재해야 한다. 서식환경조건이 배려되지 않은 예를 들면 음지성 식물종을 양지에 식재하는 것과 수생식물을 물 밖에 심거나 육상식물을 물속에 식재하는 경우이다. 야생동물의 경우 먹이, 은신처, 물, 산란장소, 영역 등 각각의 종별로 생존과 종족 유지에 필요한 조건이 있다.

예를 들어, 개구리의 생태연못을 조성할 경우 개구리가 스트레스를 받지 않고 살 수 있는 공간을 확보해야 하며, 다음으로 개구리의 먹이가 될 수 있는 다른 생물 종들이 함께 서식해야 한다. 그리고 파충류나 조류 등 개구리를 위협할 수 있는 생물종으로부터 몸을 숨길 수 있는 은신처가 있어야 한다. 이 외에도 양서류의 생태적 특성을 고려해 적절한 수심을 가진 물이 있어야 하며 겨울철에 동면할 수 있는 공간도 마련되어야 한다(그림 13-1 참조).

그림 13-1. 개구리의 생활사에 따른 장소구분

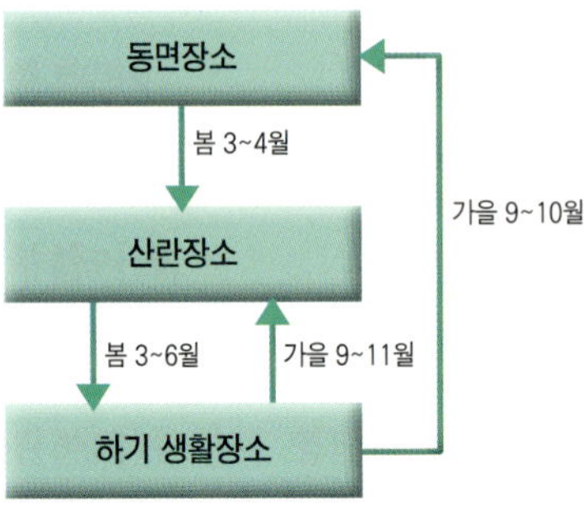

출처: 조동길(2003).

생태복원설계

개발사업으로 습지의 훼손이 불가피하여 보존가치가 있는 습지를 매립하게 되는 경우는 대체습지를 조성한다. 습지의 대체는 단순하게 습지면적을 유지하는 것이 아니라 습지의 기능과 가치의 불변을 의미한다. 습지의 복원은 도시지역에서 생물다양성 확보에 중요한 역할을 하는데, 이는 습지가 수생식물과 곤충·조류의 먹이가 될 수 있는 다양한 식물의 서식처가 되기 때문이다. 과학자들은 습지의 종류가 100여 종 이상이라고 보고 있다(Thompson and Sorvig, 2008: 159).

습지는 크게 자연습지와 인공습지로 분류할 수 있다. 인공습지는 인간의 요구와 필요성에 의해 자연습지나 그 기능을 모방하기 위해 설계·시공·운영되는 인간이 만든 습지이다. 그러나 최근에는 인공습지를 세분하여 다양한 개념의 용어를 사용하고 있다. 세분된 분류에서의 인공습지는 오수·폐수의 처리를 주목적으로 인공적으로 조성한 습지를 말한다.

또한 인공습지에는 '복원습지(restored wetland)'와 '조성습지(created wetland)'가 있다. 복원습지란 이전에는 자연습지생태계를 지원했던 지역이 개조되고 변화되어 전형적인 습지 식물이나 동물이 없어지고 다른 용도로 사용되던 지역을 추후에 배수가 잘 되지 않게 하여 습지의 동식물상이 존재할 수 있도록 하고 홍수조절, 여가, 교육 등 기능적 가치를 증진시킬 수 있는 상태로 환원된 습지를 말한다. 조성습지는 이전에는 배수도 잘 되어 육상 동식물이 살아갈 수 있는 지역이었으나, 나중에 습지 동식물의 서식지로 형성하여 홍수조절, 여가, 교육, 기타 기능적 가치를 증진시킬 수 있는 상태로 의도적으로 개조된 습지를 말한다(박병흔, 2003). 생태복원설계에서 습지는 복원습지와 조성습지를 주요 대상으로 한다.

1) 습지복원설계의 원칙

(1) 훼손된 습지를 복원하는 경우

습지의 복원과 창출을 통해 습지의 손실을 줄이기 위해서는 손실된 습지와 기준습지를 분석하는 과정을 수반해야 하며, 이는 기준습지의 생태적 천이과정(ecological success)과 손실된 습지의 천이과정(legal success)을 추정하고 전체적인 천이과정을 예측하는 것을 의미한다(그림 13-2 참조).

다음과 같은 원칙을 가지고 훼손된 습지를 복원하는 것이 바람직하다(Thompson and Sorvig, 2008: 164–166).

① 습지를 복원할 때는 기존의 지하수, 하천, 연못으로 연결하고 동면하는 습지종의 씨앗은행 역할을 하는 토양을 남겨둔다.

② 물의 흐름과 수위를 재설정한다. 원래의 수위를 알 수 없을 때는 댐이나 보가 필요한 경우도 있다. 댐이나 보는 흙으로 건설하고, 핵심 부분은 점토로 하며, 동물이 굴을 파는 것을 막기 위해 중앙

그림 13-2.
습지복원설계의 원칙

습지의 복원과 창출을 통해 습지의 손실을 경감하는 적합한 절차는 반드시 손실된 습지와 기준습지의 분석과정을 수반해야 한다. 이는 기준습지의 생태적 천이과정과 손실된 습지의 천이과정을 추정하여, 전체적인 천이과정을 예측하는 것을 의미한다.

에는 조밀한 철망을 설치한다.

③ 수위와 물의 흐름을 파악한 이후에는 땅고르기(grading)가 필요하다. 집수지는 급경사가 되어서는 안 되고 넓고 얕은 집수지가 넓은 면적과 다양한 식재가 가능한 호안을 제공한다. 습지식물은 정확한 수심을 필요로 하기 때문에 땅고르기는 정교해야 한다. 다양한 수심구역이 종의 다양성을 지탱할 수 있다. 일정한 경사의 땅고르기보다는 다단계 테라스식 땅고르기가 더 좋다. 땅고르기가 진행되는 동안에 습지토양은 씨앗과 덩이줄기(tuber), 혐기성 화학적 조건을 보존하기 위해 물속에 쌓아두어야 한다. 인공적으로 조성된 습지는 벤토나이트 점토 혹은 방수시트 라이너로 처리해야 한다. 라이너는 식재를 위해 16~24인치의 토양으로 덮어야 한다.

④ 침입종은 기존의 습지를 쇠퇴시키는 원인이 된다. 훼손된 습지를 복원할 때는 일반적으로 지역의 토착종과 특정 유형에 적합한 습지종을 선정한다.

⑤ 습지에 물이 넘치게 한 후 배수하면 이상적인 진흙 밭의 식재조건이 만들어진다.

⑥ 식물정착을 위해 수위의 관리가 중요하다.

⑦ 미국의 경우 습지에서 피하거나 신중하게 이용되어야 할 식물은 부레옥잠(*Eichornia crssipes, Water Hyacinth*), 털부처손(*Lysimachia sp., Purple Loosestrife*), 니아올리(*Melaleuca quinquenervia*), 갈풀(*Phalaris arundinacea, Reed Canary Grass*), 갈대(*Phragmites australis, Giant Reed*), 버드나무(*Salix sp., Willows*), 위성류속(*Tamarix sp., Tamarisk, Salt Cedar*), 부들(*Typha latifolia*)과 애기부들(*T. angustifolia, Cattail*) 등이다.

⑧ 모니터링과 조정이 습지복원의 최종 단계이다. 이 단계에서는 물의 흐름·수위·수질과 동식물의 정착이 기록되어야 한다. 유입부

와 유출부의 땅고르기가 현장에서 최종적으로 조정되어야 한다.

(2) 습지를 복원하기 위해 인공연못을 조성하는 경우

습지를 복원하기 위해 인공연못을 조성할 때 지켜야 할 원칙은 다음과 같다(한국수자원공사, 2003: 139).

① 원래 지형을 이용해 연못을 만들 경우 지하수의 수위가 낮은 곳을 선택하는데, 그러지 못한 경우 물의 공급원을 손쉽게 확보할 수 있는 곳을 선택한다.

② 일반적으로 기존의 늪지역이나 지하수의 수위가 높아 연못의 형성이 자유로운 경우에는 규모나 형태가 특별한 문제가 없으나, 인위적으로 연못을 조성하기 위해서는 일정 면적의 공간이 필요하다.

③ 연못을 조성할 때는 가장자리의 요철이 풍부하고 수심이 다양하도록 하며, 경사를 완만히 하여 다양한 식생대가 이루어지도록 하여 생물의 다양성을 높인다.

④ 연못 설계에 필요한 식생재료로는 습기가 많은 곳에서 잘 자랄 수 있는 식물류를 선정한다. 습지 비오톱이 형성되면 시간이 흐름에 따라 거기에 적응할 수 있는 동식물이 자생하게 되므로 처음부터 지나친 경관식재는 불필요하다.

⑤ 개인 정원이나 소규모 녹지공간 등에는 빗물의 지하침투를 이용한 소규모 습지의 조성을 고려한다.

⑥ 작고 얕은 연못은 겨울에는 얼어붙고 여름에는 과열되기 때문에 서식생물에 치명적인 영향을 미칠 수 있으므로 최소 5×5미터의 면적과 1~1.5미터의 수심을 확보한다.

2) 야생동물 서식지 복원 원칙

도시 내의 야생생태계 보호를 위해 핵심보호구역(core reserve)을 설정하고, 생태통로를 통해 또 다른 패치 및 매트릭스와 연결하는 것이 필요하다. 완충지역은 도시화가 계속해서 진행되는 것을 방지하는 기능을 하고 그 개별 공간들은 도시가 필요로 하는 역할을 수행한다(그림 13-3 참조).

그림 13-3.
도시 야생생태계 보호를 위한 전형적 디자인 사례

야생생태계 보호를 위해 핵심보호구역을 설정하고, 완충지역은 도시화가 계속해서 진행되는 것을 방지하는 기능을 한다.

환경복원설계의 원칙과 지침을 야생동물 서식지의 유형별로 살펴보면 다음과 같다.

(1) 야생동물 서식지의 복원 원칙(한국수자원공사, 2003: 140)

① 야생동물 서식지를 복원하는 경우 대상 동물의 생리적, 행태적 특성을 고려한다. 특히 동물의 서식공간 및 활동반경과 먹이연쇄 과정을 파악하는 것이 중요하다.

② 야생동물 서식지를 조성함으로써 동물생태계를 복원할 수 있다.

③ 서식지를 조성할 때 기본적으로 고려해야 할 사항은 다음과 같다.

- **규모**: 동물들의 활동반경을 고려한 적정규모
- **이동통로**: 생태계를 연결하는 안전한 이동통로 확보
- **서식처 환경**: 다양한 서식처 환경 제공

(2) 조류 서식처 조성 지침(한국수자원공사, 2003: 142)

① **조류 서식환경 조성**

- 조류의 유치와 보호를 위해 원시림으로 계류, 호소, 황무지, 초원, 습지대, 암석층이 구비된 곳과 혼합림지대 선정
- 먹이통과 급수시설 설치, 식이식물 식재, 인공새집과 둥지포켓 등 설치

- 유입하고자 하는 조류의 종에 따라 각각 적합한 환경 조성
- 도시공간에는 50제곱미터의 소규모 공간 조성
- 새먹이판, 관목숲, 새집 설치
- 얕은 여울, 연못 조성
- 새가 목욕할 수 있는 모래밭 설치

② **조류 유인 수종**

- 조류에게 안전한 은신처와 먹이를 제공하기 위해 열매를 맺는 수종을 선정
- **열매 맺는 나무**: 꽝꽝나무, 주목, 사철나무, 산초나무, 멀구슬나무, 왕벚나무, 쥐똥나무, 화살나무, 좀작살나무, 팥배나무, 감나무, 산딸나무, 때죽나무 등
- **초본류**: 여뀌, 쇠비름, 명아주, 뱀딸기, 수크령, 강아지풀 등
- **습지식물**: 달풀, 마름, 좀개구리밥, 버들여뀌 등
- **농작물**: 메밀, 벼, 보리, 옥수수, 콩, 조, 수수, 배추 등

(3) 양서류·파충류 서식지 조성 지침(한국수자원공사, 2003: 143)

- 양서류는 산란기에 특정 연못이나 저수지로 이동하므로 개발사업을 시행할 때는 산란지를 보존하거나 새로운 산란지를 조성해야 한다.
- 양서류의 경우 특별한 경우를 제외하고 봄(산란), 여름(생활), 겨울(동면) 계절에 따라 생활양식이 바뀌므로 양서류를 위한 생물서식공간을 조성하기 위해서는 이런 특수한 생활주기를 고려하는 것이 좋다.

폐산업용지의 치유와 복원

환경복원설계의 대상이 되는 부지는 훼손의 심각성에 따라 세 가지로 분류할 수 있다. 첫째는 '버려진 부지(derelict sites)'로서 건강성과 구조에 훼손이 있으나 특별한 독성은 없는 부지이다. 도시 내의 표토가 사라지고 잡초가 우거진 버려진 땅은 토양을 개량하기만 해도 복원이 가능하다. 둘째는 쓰레기 매립지(contained landfills)를 포함한 폐산업용지(brownfields)로, 방치된 토지를 넘어서 토양과 지하수의 오염이 나타나는 곳이다. 셋째는 독성이 있는 쓰레기 매립지이다(Thompson and Sorvig, 2008: 71–72).

훼손된 지형경관을 구조적으로 복원하기 위해서는 환경적으로 적정한 경사를 복원해야 한다. 지역의 자연적 지형을 따르도록 경사를 조성하면 총토공량이 적게 소요되기 때문에 공사비가 20%가량 절감된다. 이 외에도 지형경사조성(land-form grading)을 할 경우 재식생화가 빨리 이루어지고, 굴곡의 다양성이 있으며, 음지와 양지, 노출된 식생서식지와 그늘진 서식지의 다양성을 확보할 수 있다(Thompson and Sorvig, 2008: 82–84).

납으로 오염된 토양을 복원하기 위해서는 납 성분이 500ppm 이하인 토양은 부피로 3분의 1의 유기물(퇴비나 분뇨)을 합하도록 권장하고 있다. 즉 100평방피트의 부지이면 12~16입방피트의 유기물을 섞도록 한다. 납 성분이 그 이상인 경우는 오염된 토양으로부터 식재토양을 분리한, 높이 쌓아올린 화단(raised bed)을 조성한다(Thompson and Sorvig, 2008: 94).

오염지를 정화하기 위한 기술은 오염부지의 환경적 특성과 오염물질의 물리화학적 특성 등을 고려해 선정해야 한다. 또한 오염지의 오염도를 정밀조사하여 파악된 오염물질과 오염부지의 특성을 바탕으로 최적의 정화기법을 선정해야 한다.

폐산업용지의 정화기법(Hopper, 2007: 799)

- 불용성 액성 유기물질 회수(product recovery)
- 생물정화법(bioremediation)
- 생물학적 통풍법(bioventing)
- 토양경작법(land farming)
- 슬러리 단계의 생물학적 처리(slurry phase biological treatment)
- 자연희석(natural attenuation)
- 고형화를 통한 안정화(stabilization solidification)
- 토양세척(soil washing)
- 토양증기추출(soil vapor extraction)
- 열 탈착법(thermal desorption)
- 공기살포법(air sparging)
- 투수성 정화벽(permeable reaction walls)
- 식물정화법(phytoremediation)

정화기법을 평가하는 기준은 ① 인간의 건강과 환경의 보호, ② 환경법의 준수, ③ 장기적 효과와 영구성, ④ 독성의 감소, ⑤ 단기적 효과, ⑥ 실행성, ⑦ 비용, ⑧ 국가의 수용 여부, ⑨ 커뮤니티의 수용 여부 등이다(Hopper, 2007: 799).

1) 폐산업용지 정화를 위한 식물정화법

많은 종류의 오염을 치유하는 데 식물을 이용하는 방법을 '식물정화법(phytoremediation)'이라 하며 이는 '녹색정화(green clean)'라고도 불린다. 흔히 볼 수 있는 수초인 이삭물수세미(Myriophyllum), 유채속(Brassica), 말냉이속(Thlaspi) 등이 식물정화에 쓰일 수 있는 식물이다. 어떤 유전공학자들은 박테리아의 농축 유전자를 작은 수생 애기장대속 식물(Arabidopsis)에 집어넣어 수은을 휘발시키는 능력을 향상시킴으로써 물에 포함되어 있는 수은을 제거하여 공기 중으로 확산시키려고 하고 있다(오덤, 2009: 192).

식물정화법은 ① 다양한 오염물(원유, 용제, 농약, 매립지 침출수, 수은, 크롬, 납 등의 중금속)에 유용하고, ② 상층부 토양층이 비교적 저농도인 경우 가장 좋다. ③ 에너지를 많이 소비하는 기계적 방법과는 달리 태양열을 이용할 수 있고, ④ 정화 속도가 느리지만 다른 오염처리방법보다 설치하고 유지와 운영에 드는 비용이 훨씬 저렴하다. ⑤ 미학적으로 즐거움을 주는 장점도 있다. 그러나 시간이 많이 소요되고 오염이 심각할 경우 적용할 수 없는 단점이 있다.

식물정화법은 항상 새로운 종이 나타나며 회전초(Tumbleweed)와 흰독말풀(Jimsonweed)은 방사성폐기물을 흡수한다. 내염성 종은 염분이 있는 토양을 치유한다. 말냉이(Alpine Pennycress)는 카드뮴과 아연을 추출하는 데 가장 좋다(Thompson and Sorvig, 2008: 103-104). 우리나라 쓰레기 매립지에서 단풍잎돼지풀에 의한 토양 중금속의 연간 제거율을 조사한 연구에 의하면 카드뮴 0.005% 미만, 크로뮴 0.01%, 구리, 0.31%, 니켈 0.09%, 납 0.08%, 아연 0.32%로서 단풍잎돼지풀을 이용한 식물정화법은 구리와 아연에 대해서는 효과적이었으나 카드뮴, 크로뮴, 니켈, 납의 제거효과는 낮은 것으로 밝혀졌다(서승희·조강현, 2002).

식물정화법은 추출(extraction), 가둠(containment), 퇴화(degradation)라는 세 가지 주요 메커니즘을 통해 작동된다(그림 13-4 참조). 추출은 오염물을 흡수해서 뿌리와 잎에 축적하는 것을 말한다. 가둠은 오염물을 식물에 영구히 고

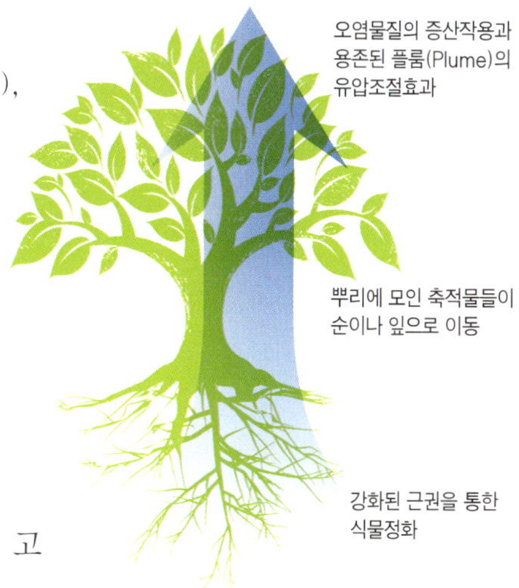

그림 13-4. 식물정화법의 메커니즘

식물의 신진대사를 이용하여 식물 내에서 오염물질들을 분해하거나, 식물에 의해 생산되는 화합물을 통해 식물 외부에 있는 오염물질이 분해되는 것을 의미한다.

그림 13-5.
식물정화법의
발전 단계

식재 후 1년이 지나면 나무의 뿌리가 오염물질을 관통하여 정화가 시작되고, 계속해서 성숙한 토양을 생성하여 수분 평형이 일어난다.

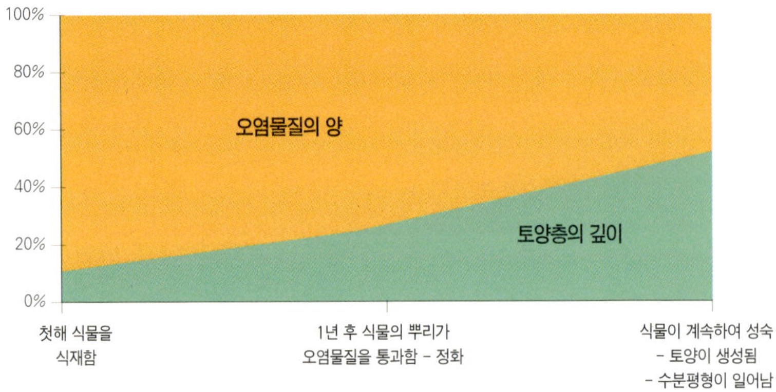

표 13-1.
식물정화법의
장점과 한계

장점	한계
현장 적용 가능	얕은 토양과 하천, 지하수에만 국한
수동적	유해물질이 농축된 경우 식물에 유해할 가능성
태양에너지원	식물성장의 한계로 정화기간이 장기간 소요
기계적 처리의 10~20%의 비용	기계적 처리보다 정화속도가 느림
자연적 희석보다는 이전이 빠름	중간 정도의 소수성(疏水性) 오염물질에만 효과적
높은 대중의 용인(미적인 즐거움)	저하물질의 독성이나 생물학적 이용가능성이 알려지지 않음
대기오염과 수질오염 발생이 낮음	오염물이 지하수로 이동될 수 있음
부차 쓰레기 발생 낮음	동물오염을 통해 오염물이 먹이사슬에 유입될 가능성
처리 후 토양이 현장에 남겨져 사용 가능	많은 조절자에 대해 알지 못함

출처: Hopper(2007), p. 803.

정하는 것으로, 예를 들면 어떤 수목은 뿌리에 고농도의 금속을 저장한다. 퇴화는 오염물을 주로 탄화수소와 다른 유기화합물로 분쇄하거나 소화시켜 더 이상 독성이 없도록 만드는 것을 말한다. 퇴화는 미생물이나 균류의 상호작용, 뿌리의 화학적 영향 혹은 발산하는 효소를 통해 뿌리지대에서 흔히 일어난다(그림 13-5 참조). 식물정화법은 모든 부지에 만능인 방법이 아니고 오염물농도가 낮고 오염물이 엷게 분포된 부지에 한정된다(표 13-1 참조).

연구결과에 따르면 식물은 석유탄화수소, 염소솔벤트, 농약, 중금속,

목표 오염물	식물 학명	식물 일반명	메커니즘
원유	*Medicago sativa* *Lolium multiflorum* *Vicia faba* *Festuca rubra*	*Alfalfa* *Annual ryegrass* *Fava bean* *Red fescue*	미상 *Rhizogradation* *Rhizodegradation* *Rhizodegradation*
톨루엔	*Medicago sativa*	*Alfalfa*	*Rhizogradation*
페놀	*Medicago sativa*	*Alfalfa*	*Rhizogradation*
디젤	*Lolium multiflorum* *Festuca rubra* *Lolium perenne*	*Annual ryegrass* *Red fescue* *Ryegrass*	*Rhizogradation* *Rhizodegradation* *Phytostabilization*
나프탈린	*Chloris gayana*	*Bell Rhodesgrass*	*Phytovolatilization*
아스팔트와 타르	*Alnus glutinosa* *Robina pseudoacacia* *Phragmites australis*	*Black alder* *Black locust* *Common Reed grass*	미상 미상 미상
벤젠과 원유	*Phragmites australis*	*Common Reed grass*	미상
벤조피렌	*Lemna gibba*	*Duckweed*	*Phytostabilization*
연료유의 탄화수소	*Zea mays*	*Maize*	*Rhizodegradation*
펜타클로로페놀	*Populus deltoides × nigra*	*Poplar*	*Phytovolatilization*

자료 : Hopper(2007), p. 804.

표 13-2.
폐산업용지의 오염물 정화에 사용되는 식물

방사성 핵종, 폭약, 과다영양소를 정화하기 위해 사용될 수 있는 것으로 알려졌다. 식물정화법은 미국 환경청에서 유해쓰레기와 오염물질을 처리하는 데 사용되는 혁신적인 처리기술 중의 하나이다. 그중의 하나는 포플러(Populus)를 이용해 트리클로로에틸렌(Trichloroethylene, TCE)* 을 제거하는 방법이다.

잡종 포플러는 실험 결과 다음과 같은 네 가지 방식으로 트리클로로에틸렌을 제거하는 것으로 나타났다(Hopper, 2007: 802).

① **유기체펌프**: 트리클로로에틸렌에 오염된 물을 많은 양을 흡수해 오염된 지하수를 끌어올리는 능력이 크다.

② **식물휘발**(phytovolatilization): 포플러는 흡수한 트리클로로에틸렌의 90%까지 증발 또는 휘발시킨다.

③ **뿌리필터링**(rhizofiltration): 식물 뿌리는 오염된 물을 정화하기 위해 사용된다.

***트리클로로에틸렌(TCE)**
TCE는 주로 고무, 유지(油脂), 플라스틱 등의 공업용제로 사용되며 살충제, 곰팡이 제거제의 용제, 마취제, 접착제, 페인트 등에 쓰인다. TCE는 급성 독성물질로 발암성이 있는 것을 알려져 있으며, 우리나라에서 지정폐기물과 지하수 오염물질로 지정되어 있다.

④ **뿌리분해**(rhizodegradation): 식물 뿌리에 있는 미생물을 이용해 오염된 토양을 정화시킨다.

다른 하나는 갓(Indian mustard plant, *Brassica Juncea*)을 이용한 식물정화법이다. 갓은 납(Pb)을 포함한 중금속을 대량흡수한다. 어떤 품종은 뿌리에서 납을 고도로 축적시켜 새로운 가지로 운송하는 능력이 큰 것으로 밝혀졌다(Hopper, 2007: 803). 미국 폐산업용지의 오염물을 정화하는 데 사용되는 식물은 표 13-2에서 제시한 바와 같다.

2) 가장 단순한 식물개선법인 식생배수로

식생배수로(bioswale)는 도로변 경계석 대신이나 경계석 너머에 초지나 식생지역을 설치한 선형의 식재된 배수로를 말한다. 빗물이 서서히 흘러가 가능한 한 땅으로 스며들게 하고 식물과 토양이 빗물을 정화시킨다. 식생배수로는 특히 주차된 차량에서 오염물이 떨어지는 주차장에 유용하다. 자생의 습지식물인 부들, 골풀, 붓꽃 등은 물의 흐름을 늦추고 생물학적으로 오염물을 분해한다. 미국에서는 포틀랜드의 오리건과학관(Oregon Museum of Science and Industry)의 주차장에 7개의 식생배수로를 시범적으로 설치하여 수질을 크게 개선한 바 있다(Thompson and Sorvig, 2008: 208-209).

3) 생물정화법

생물정화법(bioremediation)은 오염된 토양이나 물을 정화하기 위해 박테리아와 미생물을 이용하는 것으로, 자연의 힘을 이용하는 환경적으로 건전한 방법이다(그림 13-6 참조). 미네소타의 DOT(MNDOT)는 오염된 토양을 언덕처럼 쌓고 영양물(전형적으로 양의 배설물)을 첨가하여 자연적 생물분해를 촉진한다. MNDOT는 토양의 밀도를 낮추고 수분

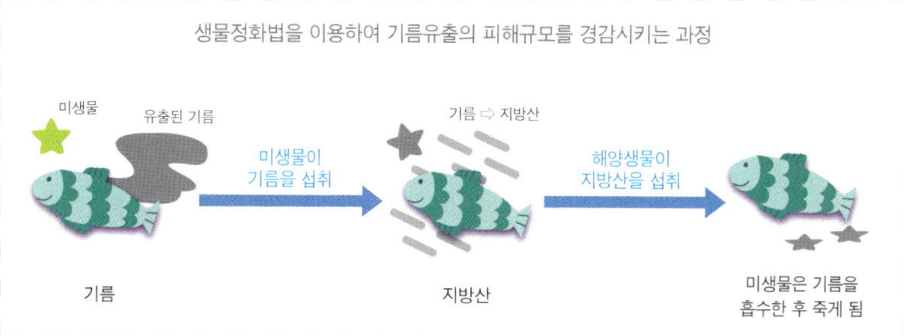

그림 13-6. 생물정화법의 작동원리

생물들이 유출된 기름을 먹고, 소화된 기름은 지방산이 된다. 해양생물이 이 과정에서 생성된 지방산을 먹고, 결과적으로 미생물은 기름이 모두 소화된 후에 죽게 된다.

을 제공하며, 산소가 유통되도록 하기 위해 수분을 함유한 우드칩을 첨가하여 호기성 박테리아의 활동을 촉진한다. MNDOT는 검사 후 오염 없는 토양으로 고속도로 건설 프로젝트에 표토로 재활용된다. 생물정화법은 특히 희석되어 널리 퍼져 있는 토양오염에 진가를 발휘하며, 비용이 저렴하다는 장점이 있다. 1999년 연구에 의하면 호수와 하천 바닥의 진흙에 살고 있는 박테리아가 두 가지의 발암성 수질오염물을 35~85% 제거할 수 있는 것으로 밝혀졌다. 토양에 있는 수십억의 미생물이야말로 오염에 대한 가장 잘 알려진 방어수단인 것이다(Thompson and Sorvig, 2008: 105).

4) 폐산업용지의 생태복원 사례

폐산업용지의 생태복원 사례로는 호주 노스시드니(North Sydney)의 웨이버턴 반도(Waverton Peninsula)에 위치한 영국석유회사(British Petroleum)가 있었던 공원(2.5ha 규모, McGregor+Partners 설계)을 들 수 있다. 공장부지의 오염을 정화하기 위해 현장처리를 활용한 사례이다. 영국석유회사의 석유비축기지로서 탱크와 구조물은 제거되었지만 토양오염과 부지 인프라의 유산은 여전히 남아 있었다. 따라서 공원을 건설하기 전에 오염된 토양을 정화해야만 했다. 오염된 토양을 파내 쓰레기매립장에 묻어버리기보다는 표토를 정화하기 위해 현장생물정화기법(on-site bio-remediation techniques)을 채택하였다. 표토는 벗겨내 현장에 쌓아두고 유기성 퇴비와 EM(Effective Microorganisms, 일본제 액체 토양증진생산품)을 사용해 토양을 정화하였다. 쌓아둔 토양은 3개월마다 뒤집어주고 9개월 후에는 반복 테스트를 거쳐 식재 기반용으로 부지 내에서 토양을 재활용하였다. 토양 정화에 이어 McGregor+Partners는 자연적인 해안사암수림을 복원하기 위해 약 9만 5,000주의 묘목을 식재했다. 근처의 덤불숲보전지에서 토착종의 씨를 수집해 증식시켜 플랜팅 스톡(planting stock)*으로 사용하였다(Margolis and Robinson, 2007: 102–105).

* 플랜팅 스톡
식물 생산 또는 번식에 사용하는 식물 또는 식물 조직.

14

먹거리를 생산하는 도시 만들기

2030년이 되면 1인당 축산물 소비량이 개발도상국에서 44%까지 증가할 전망이고 여러 지역에서 물의 공급이 심각한 문제가 될 가능성이 있다. 불확실한 기후조건도 식량생산을 위협하는 요소 가운데 하나이다. 미국인 1명이 먹을 식량을 생산하기 위해서는 약 2,600제곱미터의 땅이 필요하고, 이것은 뉴욕 시민 모두(동물 포함)를 위한 식량을 재배하기 위해서는 뉴욕 면적보다 28배나 넓은 땅이 필요함을 의미한다. 지속가능한 도시를 만들기 위해서 먹거리를 도시에서 생산하는 방법을 모색해야 할 때가 된 것이다. 특히 먹거리의 오염을 우려하여 오염 없는 깨끗한 농작물을 직접 재배해서 자급하겠다는 요구가 커져가고 있다. 이 장에서는 작은 규모의 커뮤니티 정원에서부터 고도기술로 이루어진 빌딩형 농장까지 전 세계적으로 이루어지고 있는 도시농업에 대해 살펴본다.

외국의 도시농업

도시농업은 도시의 생태계 순환구조의 회복과 공동체 형성, 개인의 건강뿐 아니라 농업에 대한 도시민들의 인식을 바꾸는 중요한 요소이다. 도시농업으로는 일본의 시민농원, 영국의 얼라트먼트(allotment), 독일의 클라인가르텐(Kleingarten), 러시아의 다차(Dacha), 쿠바의 아바나(La Habana), 캐나다의 커뮤니티 가든(community garden) 등에서 매우 활발한 활동이 이루어지고 있다(그림 14-1 참조). 영국의 '얼라트먼트'는 작물재배를 목적으로 개인에게 임대해주는 토지를 말하며, 일반적으로 10로드(약 253제곱미터)를 기본으로 한다. 지방정부나 토지주인으로부터 땅을 임대받은 시민농원조합에서 얼라트먼트 운영자에게 임차 후 이용권을 부여하며, 일부 얼라트먼트는 영국의 교회가 소유하기도 한다. 1950년 공포된 '얼라트먼트 법(Allotment Act)'에 의하면 공공 소유의 유휴지와 수용하거나 구입, 차입한 농지(약 990제곱미터 이하)의 농작물 경작을 단체에 임대해준다.

독일의 클라인가르텐(분구원, 소정원)은 채마밭 목적으로 개인에게 임대해주는 토지를 말한다. 도시에 사는 사람들 대부분이 정원을 갖고 있으며, 약 백만이 넘는 클라인가르텐은 대부분 도시에 자리잡고 있다. 클라인가르텐은 지방자치단체 등에서 유휴대지를 빌려주어 채소 등을 키울 수 있도록 하거나 조합이 회원들에게 임대, 관리하고 있

그림 14-1. 커뮤니티 가든 사례(캐나다)

주변의 알록달록한 울타리는 커뮤니티 아티스트, 정원사, 주민, 커뮤니티 자원봉사자의 노력으로 만들어졌다.

그림: 노희영.

다. 클라인가르텐의 법적 근거는 연방소정원법(Bundeskleingartengesetz, BKleingG)으로서 1983년에 제정되고 2006년에 개정되었다. 법률의 내용은 소정원의 정의와 공익성, 정원의 크기와 소규모 정원 건축물, 임대차 관계 등을 포함하고 있다(이은희, 2009).

최근 들어 외국에서의 도시농업은 진일보한 형태를 보이고 있다. 기존 도시농업은 커뮤니티 중심의 공동재배방식을 채택하고, 재배를 위한 대상지가 비교적 도시 외곽에 위치하고 있으며, 재배공간도 주로 자연지반이었다. 반면에 최근에는 도시농업의 주체가 지역 커뮤니티뿐만 아니라 유기농 채소, 웰빙 식단 등 안전하고 청결한 먹거리에 관심을 가지고 지역과 상관없이 모인 사람들로 다양해지고 있다. 재배공간도 자연지반 형태를 유지하는 경우에는 도시농업의 지속가능성을 높이기 위해 폐기물을 재활용하고 비료의 사용을 최소화하는 등 농업의 재료와 방식이 다양해지고 있다. 농업경작을 위한 자연지반이 부족한 도시에서 녹화기술, 건축물 설계 및 관리기술 등이 발전함으로써 건물 옥상과 같은 인공지반이나 실내에서 도시농업을 실현하는 것이 가능해졌다. 다음에서는 외국의 도시농업 사례를 유형별로 간략하게 소개해보겠다.

1) 재활용 재료를 활용한 사례

(1) 독일 프린체신넨가르텐의 플라스틱 재배박스

독일의 프린체신넨가르텐(Prinzessinnengärten)은 비영리 회사인 노마디시 그룬(Nomadisch grun)이 2009년 여름에 시작한 프로젝트에 의해 만들어졌다. 베를린 장벽 그늘에 가려져 방치되어 있던 크로이츠베르크(Kreuzberg)의 모리츠플라츠(Moritzplatz)를 베를린 장벽이 무너진 이후 지역주민과 자원봉사자가 이동식 유기농 채소밭으로 변환하여 운영해오고 있다. 이곳은 지역 주민이 함께 유기농 식품 생산, 생물종다

그림 14-2.
플라스틱 박스를 플랜터로 활용한 사례(독일)

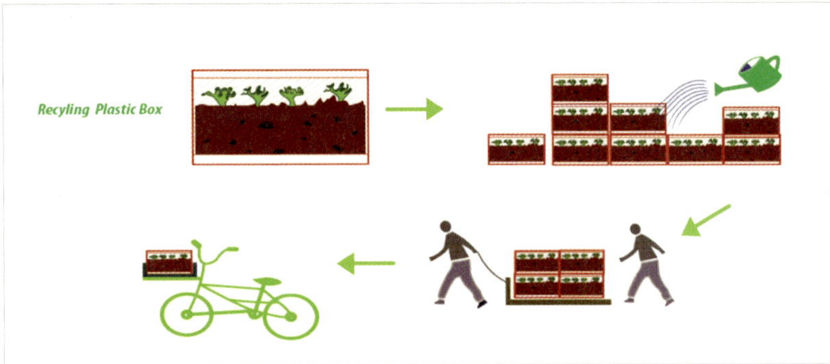

그림: 노희영.

양성, 기후보호에 대해 더 많은 발견과 실험을 할 수 있는 장소가 되었다. 허브와 채소를 살충제나 인공화학비료를 사용하지 않고 재배하며, 버려진 맥주병 플라스틱 박스를 활용하여 2단으로 높게 올린 퇴비 화단은 집단적인 배치가 용이하고 분양 시 이동하기에도 편리하다(그림 14-2 참조).

(2) 영국 런던의 포장주머니(vacant lot)

영국 런던의 쇼디치(Shoreditch)에서는 2007년 5월 포장주머니(vacant lot)를 플랜터로 활용하여 얼라트먼트 정원을 만들었다. 이 주머니는 보통 포설 재료를 담는 포장용 섬유재질로서 주로 폐기물로 버려지던 것이었다. 그러나 용량이 1세제곱미터가 넘어 식재에 필요한 충분한 토양을 넣을 수 있으며, 섬유구조가 견고하고 PPE 재질로 되어 있어 내구

그림 14-3.
폐기된 섬유주머니를 플랜터로 활용한 사례(영국)

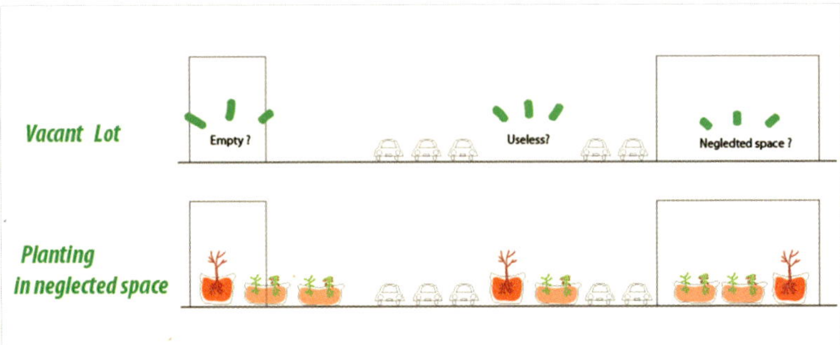

그림: 노희영.

성이 좋기 때문에 식물재배 플랜터로 활용할 수 있다(그림 14-3 참조).

(3) 미국 뉴욕현대미술관의 Public Farm I과 종이 기둥 플랜터

'Public Farm I'은 1999년 뉴욕현대미술관(New York's Museum of Modern Art, MoMA)에서 젊은 작가들을 위한 설치미술품 전시회에 출품된 작품으로서 현재 뉴욕 퀸즈(Queens)의 'PS1 Contemporary Art Center'에 전시되어 있다. 이 전시물에서 활용한 플랜터는 폐기물이던 종이 재질의 기둥(cardboard tube)을 개조하고 내부에 토양을 넣어 플랜터로 사용하였다(그림 14-4 참조).

종이 재질의 기둥은 도시 농장의 패턴 조직을 위한 그리드를 형성하고, 재활용이 가능하면서도 미생물에 의해 무해한 물질로 분해될 수 있는 재료로서 플랜터의 역할을 한다. 또한 미리 조립된 6개의 기둥은 중앙의 일곱 번째 튜브를 둘러싸고 육각형 형태로 배열된다. 중앙의 기둥은 농작물의 유지·관리와 수확을 위한 공간으로 활용하거나 구조적으로는 기둥의 역할을 한다. 또한 51종류의 허브와 과일, 채소는 도시 환경에서 잘 자라거나 하절기 동안 연속해서 꽃을 피우는 것

그림: 노희영. 그림: 김진호.

그림 14-4. Public Farm I의 전경과 종이 기둥 플랜터

그림 14-5.
Public Farm I의 구조

그림: 노희영.

으로 선택하여 식재하였다(그림 14-5 참조).

각각의 기둥은 야채 칵테일을 위해 태양열로 작동하는 과즙기, 농장을 클로즈업하여 볼 수 있는 전망대 역할을 하고, 2개의 기둥이 합쳐져서 벤치를 만들거나 프라이버시를 위한 커튼을 만들기도 하며, 수영장 옆에 있는 물을 뿜어내는 기둥, 야간에 반짝거리는 별을 보고 귀뚜라미 소리를 들을 수 있는 기둥, 태양열을 이용해 핸드폰을 충전할 수 있는 기둥, 비디오와 소리를 이용하여 동물의 생활을 엿볼 수 있는 기둥 등 다양한 경험을 할 수 있도록 설계되어 있다. Public Farm I은 완전한 자가충족 시스템으로, 태양열시스템은 필요한 모든 에너지(비디오 스크린, 스피커, 조명, 핸드폰 충전기와 관수 펌프)를 공급하는 18개의 광전지 모듈로 구성되어 있다. 점적관수시스템은 각각의 플랜터에 물을 공급하도록 디자인되었고, 여름 내 6천 갤런이 넘는 빗물을 저장한 물탱크에서 물을 공급받는다.

2) 건축물 옥상을 재배공간으로 활용한 사례

미국 시카고의 게리 코머 청소년센터(Gary Comer Youth Center)는 야외 교육용으로 민간이 투자하여 조성되었는데, 정원을 조성하고 관리하는 방법을 학생들에게 가르치는 프로그램을 운영하고 있다. 이 정원은 빌딩에서 발생한 열과 태양열을 주요 에너지원과 정원 관리에 필

그림: 노희영.

그림 14-6.
건물 옥상을 도시농업 공간으로 활용한 사례 (미국 시카고)

그림: 노희영.

그림 14-7.
건물 옥상을 도시농업 공간으로 활용한 사례 (미국 뉴욕)

요한 전력으로 사용하고 있다(그림 14-6 참조).

미국 뉴욕에 위치한 '브룩클린 그레인지(Brooklyn Grange)'는 기업명이자 옥상텃밭의 이름이다. 도시농업을 상업적으로 활용하는 사례로 알려져 있는데, 텃밭에서 채소를 재배하고 생산물을 지역주민에게 판매함으로써 건강한 음식의 접근성을 높이고, 신선한 채소 공급을 위한 거리와 비용을 낮추어 도시민들이 소비하는 데 보다 실용적이며 경제적인 이점을 제공하고 있다. 개인 소유의 공간이지만 단체학생이나 가족 그리고 자원봉사자에게 방문이나 참여, 배움의 장으로 열려 있다(그림 14-7 참조).

미국 뉴욕과 영국 런던의 옥상에서는 꿀벌통을 만들어놓고 수집된 꿀을 판매를 하기도 한다.

3) 실내를 재배공간으로 활용한 사례

네덜란드의 바이오스피어 홈 농장(Biosphere Home Farm)은 실내에서 채소를 재배할 수 있도록 필립스 디자인(Philips Design)사에서 생산하는 일체형 식물재배시설이다. 이 수직농장에는 물고기, 갑각류, 식물 그리고 다른 작은 생태계가 포함되어 있다(그림 14-8 참조). 캐나다의 오메가 정원(Omega Garden)은 자동화된 회전 시스템으로, '회전정원'으로도 불린다. 이 실내정원시스템은 1.2미터 직경의 실린더 내부에 설치되어 운영되는데, 식물들이 광원이 있는 안쪽으로 자라게 된다. 수평으로 놓인 실린더는 지속적으로 천천히 움직이며 중앙의 광원을 중심으로 식물을 360도 회전시킴으로써 식재된 모든 식물이 골고루 광원을 받도록 설계되었다.

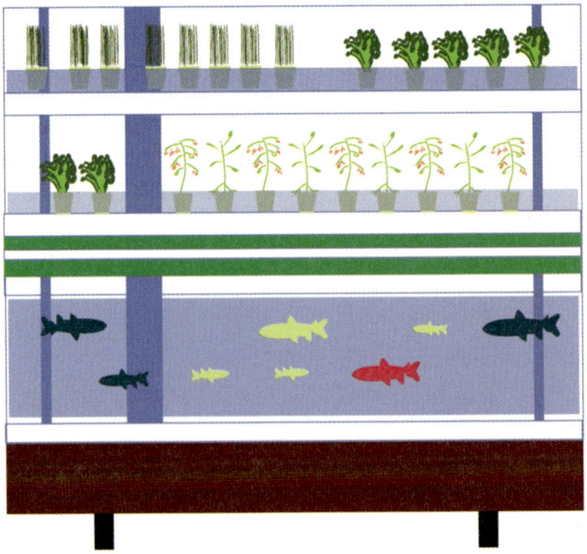

그림 14-8.
실내 식물재배 시스템
(네덜란드)

그림: 노희영.

우리나라의 도시농업

우리나라에서는 도시농업에 대한 인식이 점차 좋아지고 있어 인천도시농업네트워크(http://cafe.naver.com/dosinongup) 등 도시농업을 활용한 다양한 활동이 펼쳐지기 시작하였다.* 농림축산식품부는 2011년에 '도시농업의 육성 및 지원에 관한 법률'을 제정하고 2017년에 제2차 도시농업육성 5개년 계획(2018-2022)을 발표해 도시농업을 육성하려는 노력을 하고 있다. 우리나라 도시텃밭면적은 2010년 104ha에서 2016년 1,001ha로 9.6배 증가했고 도시농업참여자 수는 2010년 15만 3천 명에서 2016년 159만 명으로 10.5배 증가하였다(농림축산식품부, 2017). 서울시의 경우 2012년에 '도시농업의 육성 및 지원에 관한 조례'를 제정하여 도시농업을 지원하고 있다. 서울형 도시텃밭은 2011년 29ha에서 2019년에는 202ha로 증가하는 등 도시텃밭 조성 초기 대비 텃밭 조성 면적이 7배 증가했다.

* 서울시의 도시농업 현황
서울시의 경우 2007년에 친환경농업 및 주말체험영농 육성지원에 관한 조례를 제정하여 도시농업을 지원하고 있다. 서울시는 2009년 현재 25개 농장에서 8,500명의 회원이 도시농업활동을 하고 있다.

'도시농업법'에 의한 도시농업의 유형으로는 ① 주택활용형 도시농업으로서 건축물의 내외부, 난간, 옥상 등을 활용하거나 건축물에

그림 14-9.
옥상텃밭(한국)

사진: 박종훈.

표 14-1. 도시농업에 적합한 작물

구분		장소
원예작물	화훼	가정, 업무빌딩, 도로변, 공원, 정원 등 주거 및 생활공간 모든 곳
	채소	베란다, 옥상, 텃밭, 체험농장 등
	과수	실내, 정원, 도로변
	특작	인삼수경재배, 가정버섯 등
식량작물	벼	베란다, 학교, 옥상, 도로변 문양 등
	보리, 밀	화분, 도로변 동계 경관
	유채	도시의 화단, 꽃길 등
	목화, 고구마	체험농장 등

인접한 토지를 활용한 도시농업이다(그림 14-9). ② 근린생활권 도시농업은 주택 공동주택 주변의 근린생활권에 위치한 토지 등을 활용한 도시농업이다. ③ 도심형 도시농업은 도심에 있는 고층 건물의 내외부, 옥상 등을 활용하거나 고층 건물에 인접한 토지를 활용한 도시농업이다. ④ 농장형 · 공원형 도시농업은 공영 혹은 민영 도시농업농장이나 도시공원을 활용한 도시농업이다. ⑤ 학교교육형 도시농업은 학생들의 학습과 체험을 목적으로 학교 토지나 건축물 등을 활용한 도시농업을 말한다.

우리나라에서 도시농업이 가능한 대상공간은 주거공간의 내부인 현관, 베란다, 발코니, 거실, 방, 부엌, 화장실 등이 있으며, 주거공간의 외부인 가정옥상, 정원(주택, 아파트), 가정텃밭 등이 있다(그림 14-9 참조). 업무공간으로는 건물 로비, 사무실, 복도, 발코니, 창가, 휴게실, 빌딩옥상 등이 있고 도심활동공간으로는 도심공원, 시민농원, 주말농장, 자연학습장, 생태공원과 도로변, 보행섬, 공한지, 입면, 건물 벽면, 도시근교 휴경지, 근린하천 등이 있다. 베란다에서 자랄 수 있는 채소작물로는 광량이 30%인 경우 상추, 쑥갓, 청경채, 부추, 엔다이브, 신선초, 생강 등이 있으며 광량이 10%인 경우는 부추, 엔다이브, 신선초, 생강 등이 적합하다(송정섭, 2009).

미래의 도시농업

외국에서는 도심의 고층건물에서 작물을 재배하는 빌딩형 수직농장이 제안되고 있는데(그림 14-10 참조), 그중 컬럼비아대학교에서 연구 중이며 Arup에서 설계한 빌딩형 수직농장은 도시농업의 새로운 분야로 발전하게 될 것이다(Klanten et al., 2011: 124). 우리나라에서도 빌딩형 수직농장을 차세대 농업기술로 선정해 농업진흥청에서 연구를 수행하고 있다(그림 14-11과 14-12 참조).

미래의 도시농업은 기후의 영향을 거의 받지 않는 빌딩 내 농업의 형태가 주를 이룰 것으로 보인다. 빌딩형 수직농장은 BT, IT, NT 등의 기술이 집약된 융·복합 녹색기술이 주도하게 될 것이다. 즉 품종의

그림: 노희영.

그림 14-10. 빌딩형 수직농장의 아이디어

그림 14-11.
빌딩형 수직농장의 개념

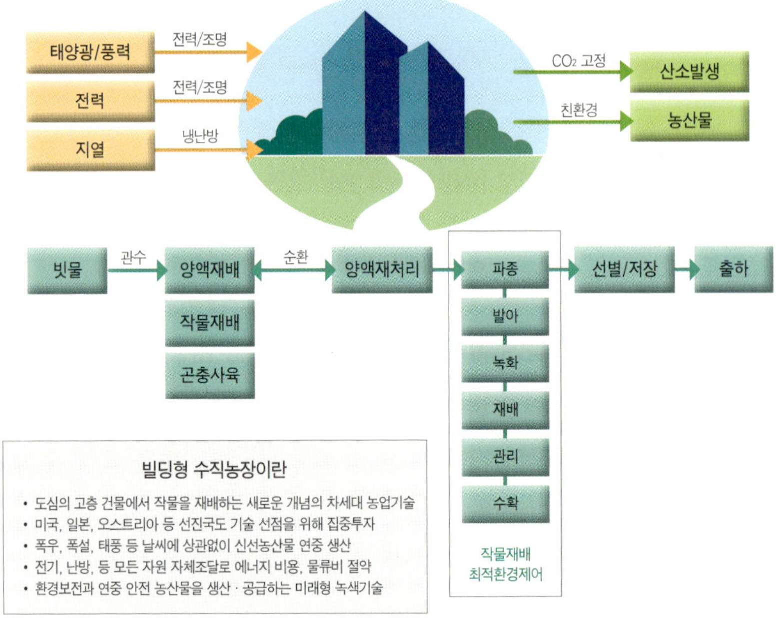

그림 14-12.
빌딩형 수직농장의 핵심기술 개발계획

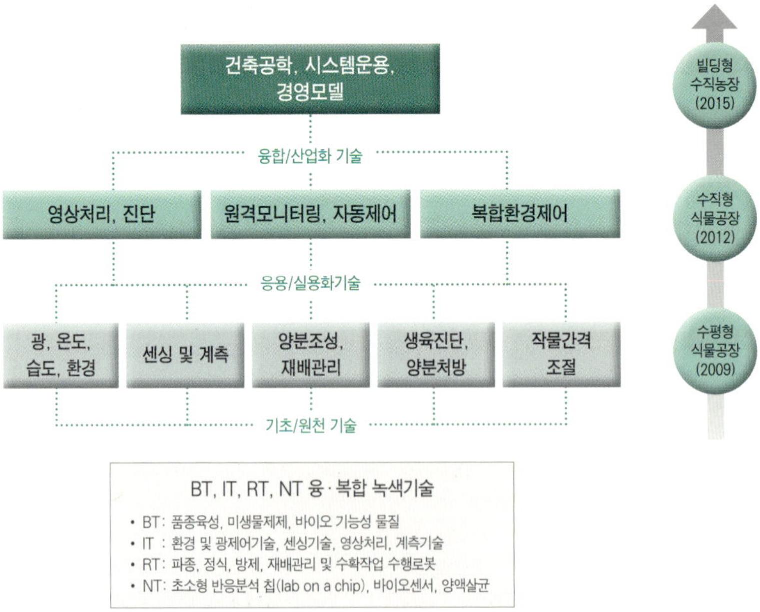

육성과 미생물제제의 개발, 바이오 기능성 물질의 개발 등이 BT 기술을 통해 이루어질 것이며 환경 및 광제어 기술, 센싱 기술, 계측 기술 등의 개발은 IT 기술에 의해 달성될 것이다. 양액 살균, 바이오센서, 초소형 반응분석칩 등은 NT 기술에 의해 개발될 것이다. 주방가구나 빌트인 가전제품과 결합하여 자동으로 빛과 수분이 공급되는 빌트인 키친이나 채소재배 매트, 태양열 충전이 가능한 LED 재배등을 활용한 간편재배기 등 실내정원과 관련된 다양한 아이디어 상품도 개발될 것으로 예측된다(송정섭 외, 2011: 19).

우리나라에서도 생활 속에서 즐기는 도시농업에 대한 관심이 높아짐에 따라 일본에서 1990년대에 제정한 '시민농원정비촉진법'처럼 2011년에 우리나라에서도 '도시농업육성 및 지원에 관한 법'을 제정해 급증하는 도시농업의 수요에 대비하고 있다.

15

자연생태계와 통합되는 건물 만들기

자연생태계와 통합되는 건물이란 인간 정주의 목적만을 가진 기존의 건축물에 식생을 도입함으로써 에너지 절약과 내구성 향상을 도모하고, 미기후를 개선하며, 파편화된 녹지에 연결성을 높이는 등 생태적인 효과를 향상시킬 수 있는 건물을 말한다. 건물의 에너지 소비가 국가 전체 에너지 소비에서 큰 비중을 차지하기 때문에 에너지 절약과 도시의 열섬현상을 감소시키기 위해서 건물의 녹화는 절실히 필요하다. 최근 대도시가 있는 국가에서는 건물녹화에 관한 법률을 정비하고 각종 지원제도를 실시하는 등 다각적인 건물녹화정책을 운영하고 있다. 이 장에서는 건물녹화의 핵심인 옥상녹화와 벽면녹화와 그 계획방법에 대해서 알아보고, 친환경건축물 인증제도와 같은 국내외 관련 제도를 소개하고 비교하면서 현재 건물녹화가 어떻게 전개되고 있는지를 제시하였다.

건물의 식물 바이오매스 설계 전략

건조시스템에서 식물 바이오매스를 설계하는 전략에는 기본적으로 세 가지가 있다(Yeang, 2006: 137). 첫째는 병렬(juxtapositioning)로, 건조 형태에서 하나 혹은 몇 개의 입지에 녹지를 집중 배치하는 것이다. 둘째는 혼재(intermixing)로서 녹지를 분산하거나 조각조각 배치하는 것이다. 셋째는 통합(integrating)으로, 건조 형태와 녹지가 짜깁기하듯 섞어지는 것이다. 녹지가 기존의 식생과 연결되고 종의 이동과 교류가 이루어져 다양하고 안정된 생태계를 만들 수 있는 통합이 선호된다(그림 15-1 참조). 건물의 옥상과 벽면을 녹화하는 인공지반녹화도 건물과 녹지가 통합되는 형태이다.

세계 각국이 지구온난화와 도시의 환경문제를 개선하기 위한 대책의 하나로 건물의 옥상녹화와 벽면녹화를 적극적으로 시행하고 있다. 독일의 경우 도시의 43%가 옥상녹화에 경제적 인센티브를 주고 있으며, 41개 시가 자연보전법에 근거해 건설공사로 발생되는 생태계 훼손을 옥상녹화로 대체하고 있다(Osmundson, 2000). 일본의 경우 도쿄도는 2001년부터 옥상녹화를 의무화하고 있으며 효고 켄, 오사카 시, 교토 시가 옥상녹화를 의무화하고 있다(그림 15-2 참조). 2009년부터 일본 도쿄도는 옥상녹화 기준을 강화하여 시행하고 있다(표 15-1 참조).

그림 15-1.
건물 녹지설계를 위한 세 가지 전략

사진: 박종훈.

그림 15-2.
일본 오사카 남바파크 쇼핑몰에 적용된 옥상녹화 사례

표 15-1.
도쿄도의 옥상녹화 기준

부지 면적	일반부지의 경우 (종합설계제도 등의 부지 이외)	종합설계제도 등의 부지
1,000㎡~5,000㎡ 미만 (공공의 경우: 250㎡~1,000㎡ 미만)	옥상면적의 20%	옥상면적의 30%
5,000㎡ 이상 (공공의 경우: 1,000㎡ 이상)	옥상면적의 25%	옥상면적의 35%

출처: 토노사키 코우치(2011).

캐나다의 토론토에서는 거의 모든 신축 건물에 지붕녹화가 의무화되어 있다. 독일의 슈투트가르트는 녹화를 위해 기존 지붕을 개보수하는 비용의 50%를 보조해주고, 미국의 시카고에서는 주거용 건물과 작은 상업용 건물 소유주가 옥상녹화를 계획하고 설치하는 것을 돕기 위해 5천 달러를 지원하고 있다(카말차우이 · 로버트, 2010).

우리나라에서는 서울시가 2000년에 비오톱 현황조사를 하면서 옥상녹화 현황을 조사한 자료에 의하면 서울시 시가화 지역의 건물옥상 면적(2만 7,452.8ha) 가운데 옥상녹화가 이루어진 면적은 0.049%(13.5ha)에 불과하다. 옥상녹화가 이루어지지 않은 건물을 지붕 형태별로 구분해보면 옥상녹화가 매우 용이한 지붕이 평평한 건물이 전체 면적의 88.1%(2만 4,186.8ha)에 달해 옥상녹화의 필요성이 높고 그 수요도 많음을 알 수 있다. 경사진 지붕도 옥상녹화의 가능성이 있기 때문에 이를 포함한다면 서울시내 건물의 99%가 옥상녹화의 대상이 되는 것이다. 일본의 경우도 도쿄를 포함한 삿포로, 센다이, 요코하마, 나고야, 오사카, 고베, 히로시마, 다카마스, 기타큐슈, 후쿠오카 등 11개 도시의 옥상녹화 가능면적은 1만 7,892ha로 나타났으며 이는 시가화 구역의 7%에 해당한다(일본대장성 인쇄국, 2002).

옥상녹화설계

1) 옥상녹화의 효과

(1) 경제적 효과

- **건물임대료 수입의 증대**: 옥상녹화로 인해 건물환경의 쾌적성이 증대되기 때문에 건물주는 임대료를 높일 수 있고, 쇼핑이나 상업시설은 방문자를 유인할 수 있어 매출을 올릴 수 있으며, 호텔은 옥상정원을 조망할 수 있거나 출입이 가능한 방에 보다 높은 요금을 책정할 수 있다.
- **에너지 비용의 절감**: 단열효과로 냉난방 비용을 절약할 수 있다.
- **건물의 보호**: 산성비나 자외선 등에 의한 방수층과 벽면의 열화현

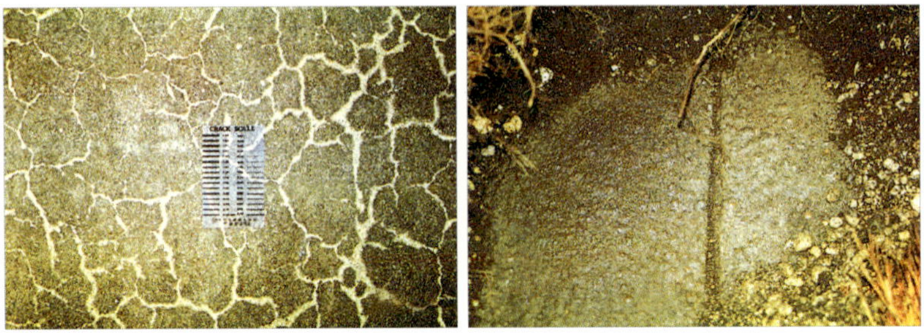

그림 15-3. 옥상녹화에 따른 콘크리트 내구성 변화

녹화 없이 외기에 노출된 콘크리트(왼쪽)는 균열이 심하고, 녹화 후 외기에 노출된 콘크리트(오른쪽)에서는 균열이 거의 발견되지 않았다.

출처: (財)都市綠化技術開發機構 特殊綠化共同硏究會(1995), p. 10.

상을 경감시켜 건물의 내구성을 향상시킨다(그림 15-3 참조).

(2) 환경적 효과

- **환경오염 방지**: 이산화탄소, 아황산가스 등 대기오염물질을 흡수하고 산소를 공급하여 대기오염 완화에 기여한다.
- **도시생태계의 복원**: 비오톱이 조성되어 새나 곤충 등의 서식지가 복원되며, 야생동물의 디딤돌 이동통로 역할을 할 수 있다.
- **미기후 조절**: 도심부의 열섬현상을 완화시키고 습도조절효과를 얻을 수 있다. 일본 도쿄도 23구의 전체 옥상면적의 83%를 녹화할 경우 최고기온이 0.2~1.4℃ 정도 낮아진다는 보고가 있다(일본도시녹화개발기구, 1995: 34).
- **빗물유출 억제**: 토심 10센티미터의 보급형 옥상녹화시스템은 1제곱미터당 20밀리미터의 빗물을 저장할 수 있다.
- **에너지 절약**: 옥상녹화는 토양층과 녹지의 단열효과로 에너지 절약에 기여할 수 있다(그림 15-4 참조). 한국건설기술연구원에서 실험한 자료에 따르면 옥상녹화를 한 실험주택이 누름콘크리트로 이루어진 실험주택보다 겨울철에 난방에너지를 6.4~13.3% 절감하는 효과가 있는 것으로 나타났다(서울시, 2000b: 16). 보급형 옥상녹화시스템으로 건축물 옥상을 전면녹화할 경우 건물 냉난방

옥상녹화의 환경적 이익(Thompson and Sorvig, 2008: 126)

- 건물의 단열효과 향상
- 열을 흡수함으로써 열섬효과 감소
- 눈부심과 빛반사 공해 감소
- 이산화탄소를 흡수하고, 대기오염물을 걸러주며 산소 생산
- 탄소 저장
- 야생동물(특히 조류)의 서식처 제공
- 옥상에 떨어지는 빗물을 75%까지 흡수하여 서서히 유출시킴

그림 15-4.
옥상녹화에 따른 여름철 외기온도와 실내온도의 변화

출처: Susan(2009), p. 36의 자료를 토대로 재작성. 그림: 박종훈.

에너지를 연간 약 16.6% 정도 절약할 수 있다(한국건설기술연구원, 2002).

- **소음 감소**: 옥상녹화의 토양층은 소리의 파장을 흡수하여 분쇄함으로써 소음을 경감시키는 효과가 있다. 20센티미터의 토양층은 46데시벨 정도의 소음을 감소시킨다고 한다(김현수, 2000).

2) 옥상녹화의 유형

옥상녹화는 표 15-2에서 보는 바와 같이 저관리 · 경량형, 관리 · 중량형, 혼합형으로 나뉜다.

(1) 저관리 · 경량형(extensive roof planting)

- 토심 20센티미터 이하로 주로 인공경량토양 사용
- 관수, 예초, 시비 등 관리 요구를 최소화
- 지피식물 위주의 식재
- 하중 등 구조적 제약이 있는 곳이나 유지 · 관리가 어려운 기존 건

구분	내용	저관리 · 경량형	혼합형	관리 · 중량형
유지관리	저관리	○	△	
	관리		○	○
적용방식	전면녹화	○	○	○
	부분녹화	△	△	△
적용대상건물	신축건물	○	○	○
	기존건물	○	△	△
건물경사 유무	평탄형	○	○	○
	경사형	○		
단열위치	내단열			
	외단열	○	○	○
	동적단열(D.I.S.)	○		
토양의 하중	경량	○	△	
	중량		○	○
토심	20cm 이하	○		
	20cm 이상		○	○
식생의 종류	잔디		△	○
	세덤류	○	○	○
	지피식물	○	○	○
	관목, 저목		○	○
	교목		△	○

출처: 한국건설기술연구원(2002).

표 15-2.
옥상녹화의 유형

○: 적용 가능
△: 경우에 따라 적용 가능

축물의 옥상이나 지붕에 주로 활용

(2) **관리 · 중량형**(intensive roof planting)

- 토심 20센티미터 이상(주로 60~90센티미터)
- 지피식물, 관목, 교목으로 다층구조 식재
- 관수, 시비, 전정 등 관리 필요
- 하중 등 구조적 문제가 없는 곳에 적용

(3) 혼합형

- 토심 30센티미터 내외

• 지피식물과 키가 작은 관목 위주의 식재

• 관리·중량형을 단순화한 것으로 저관리 지향

3) 옥상녹화시스템의 구성요소(한국건설기술연구원, 2002: 14-16)

옥상녹화시스템은 건물 또는 구조물의 외피, 식재기반, 식생층으로 구성되고 식재기반은 방수층, 방근층, 배수층, 토양여과층, 육성토양층으로 구성된다(그림 15-5 참조).

그림 15-5. 옥상녹화시스템의 구성 단면

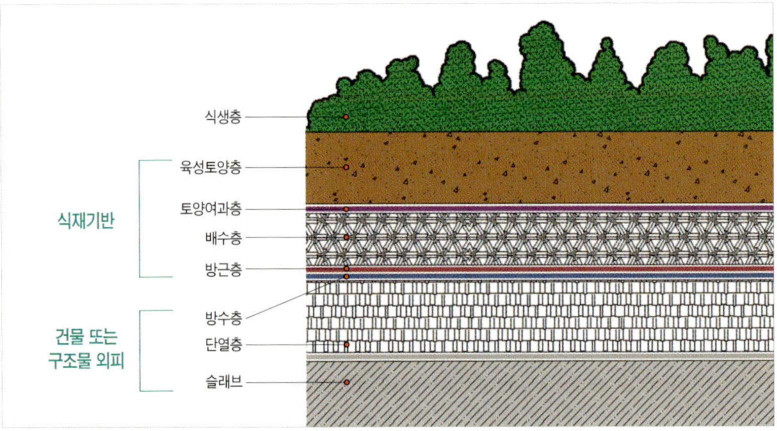

(1) 방수층

• 옥상녹화시스템의 수분이 건물로 전파되는 것을 차단하는 기능을 한다.

• 옥상녹화시스템의 내구성에 가장 중요한 영향을 미친다.

• 옥상녹화시스템은 항상 습기가 있고 시비나 방제 등의 식재관리가 이루어지므로 미생물이나 화학물질에 영향을 받지 않는 옥상녹화 특유의 안전한 방수소재와 공법이 요구된다.

(2) 방근층

• 식물뿌리로부터 방수층과 건물을 보호하는 기능을 한다.

- 시공할 때 방수층이 기계적, 물리적 충격으로 손상되는 것을 방지하는 기능을 한다.
- 식재플랜과 시스템의 특성을 고려해 방근 소재와 공법을 결정해야 한다.

(3) 배수층

- 침수로 인해 식물의 뿌리가 익사하는 것을 예방한다.
- 기존 현장에서 발생하는 하자의 대부분이 배수불량에 기인한 것이므로 루프드레인(roof drain)과의 연결 등 세밀한 주의가 요구된다.

(4) 토양여과층

- 빗물에 씻긴 세립토양이 시스템 하부로 유출되지 않도록 여과하는 기능을 한다.
- 세립토양의 여과와 투수 기능을 동시에 만족시켜야 한다.
- 미생물이나 화학물질의 영향으로부터 안전하고 내구성이 높은 소재의 선택이 필요하다.

(5) 육성토양층

- 토양의 종류와 토심은 식재계획과 건물에 허용된 적재하중과의 함수관계를 고려하여 결정한다.
- 토심이 얕은 경우는 인공경량토양, 토심이 깊은 경우는 자연토양을 중심으로 육성토양을 조성한다.

(6) 식생층

- 지역의 기후 특성은 물론이고 강한 일사, 바람 등 극단적인 조건에서 생육가능한 식물을 선택해야 한다.

- 식재계획을 구성할 때는 생태적 지속가능성을 반드시 고려해야 한다.
- 유지 · 관리 프로그램, 토양층의 두께, 토양의 특성을 종합적으로 고려해 식물소재를 선정한다.

벽면녹화기법

현대적 벽면녹화기법에는 덩굴식물에 의한 입면녹화와 그린월(green wall)이 있다. 그린월은 크게 ① 식물의 재배 기반이 벽면에서 분리되어 식물뿌리가 벽면에 직접 정착하지 않는 입면녹화와 ② 벽면과 식물이 일체화된 입면녹화의 두 종류가 있다. 그린월에는 패널식 입면녹화와 호흡하는 벽(breathing wall), 수질정화시스템, 방음식재벽 등이 있다(그림 15-6 참조).

패널식 입면녹화는 녹화용 보조자재시스템을 이용한 방법으로 이 시스템은 벽 자체에서 떨어져 있기 때문에 재배 기반도 벽면에서 분리되어 있다. 이러한 시스템에서 가장 유명한 것은 파리에 있는 Patrick Blanc에 의해 개발된 수경재배를 이용한 벽이다.

호흡하는 벽은 실내에 놓인 수직장치로 사무실이나 공공 공간의 공기정화를 목적으로 설계된 것이다. 식물은 다공질 벽의 표층에서 재배되며, 순환펌프에 의해 공기는 벽과 식물층을 통과해 벽 안쪽으로 들어간다.

수질정화시스템은 가정에서 배출된 물을 회수하여 정화하는 기술이다. 갈대가 심겨진 깊은 플랜터가 몇 층씩 겹쳐져 벽면을 덮고 있다. 중수는 이 시스템의 상단으로 보내져 파이프와 배수관으로 연결

그림 15-6.
그린월의 사례
(일본 아이치박람회의 바이오렁)

그린월은 건물의 일부 혹은 건물과 별개로 세워진 지지대 위에 식생을 덮인 벽을 말한다. 사진은 일본 아이치박람회장에 설치된 벽면녹화 사례인 바이오렁(Biolung)으로, 벽과 같은 수직구조체를 설치하고 벽면을 따라 모듈식 컨테이너를 패널로 부착한 분리형 입면녹화의 형태이다.

사진: 박종훈.

된 시스템의 연속층을 통해 지나간다. 이러한 수질정화시스템에서 배수된 정화수는 관수 등으로 이용된다.

방음식재벽은 소음의 저감과 외부에서 도로가 보이지 않게 하기 위한 것이다. 방음식재벽에는 두 가지 종류가 있는데, 하나는 토양을 보전하기 위해 틀로 금속의 격자나 망, 금속판을 사용하는 경우이다. 다른 하나는 겹겹이 쌓은 벽으로 콘크리트 또는 목재를 조합한 유니트를 차례차례로 겹쳐 쌓은 구조를 하고 있다. 식물은 유니트 안이나 유니트 사이의 빈틈에 심겨진다(시모무라 다카시 외, 2006: 27–33).

녹색건축(친환경건축물) 인증제도

건축물을 보다 친환경적인 건축물로 유도하기 위해 시행하고 있는 제도가 녹색건축 인증제도이다. 미국에서 운영 중인 LEED(Leadership in Energy and Environmental Design) 친환경건축물인증시스템은 미국의 비영리기관인 미국그린빌딩위원회(U.S. Green Building Council)의 주도로 개발된 신축 빌딩이나 기존의 상업용, 공공시설용, 고층 주거용 빌딩의 친환경 등급을 매기는 자체 평가시스템이다. 비영리기관인 LEED는 인증 프로그램을 제공하고 전국적으로 인정되는 친환경 고효율 건물의 디자인과 건설, 운영에 이르기까지 건물을 총체적으로 파악하여 등급을 부여하고 있다.

LEED는 프로젝트의 유형별로 서로 다른 기준으로 평가를 하고 있다. LEED는 아홉 가지의 포괄적인 부분을 기준으로 평가하고 있는데 ① 통합과정(integrative process), ② 위치 및 교통(location and transportation), ③ 지속가능한 입지 선정(sustainable sites), ④ 물 효율성(water efficiency), ⑤ 에너지 및 대기(energy and atmosphere), ⑥ 건축재

표 15-3. 신축건물(building design and construction)에 적용되는 LEED 인증점수(2020년 현재)

LEED의 평가기준	배점
Integrative Process (통합 과정 점수)	1 Possible Points
Location and Transportation (위치 및 교통 점수)	16 Possible Points
Sustainable Sites (지속가능한 입지 선정 점수)	10 Possible Points
Water Efficiency (물 효율성 측정 점수)	11 Possible Points
Energy and Atmosphere (에너지 및 대기 점수)	33 Possible Points
Materials and Resources (건축재료 점수)	13 Possible Points
Indoor Environmental Quality (실내환경의 질 분석 점수)	16 Possible Points
Innovation (혁신 점수)	6 Possible Points
Regional Priority (지역의 관심 환경 점수)	4 Possible Points
총 가능한 점수 110점(혁신 점수 6점, 지역의 관심 환경 점수 4점은 보너스 점수로 포함)	

출처: 미국그린빌딩위원회

LEED의 등급기준	취득점수
인증 등급	40~49점
실버 등급	50~59점
골드 등급	60~79점
플래티넘 등급	80점 이상

출처: 미국그린빌딩위원회.

표 15-4.
LEED의 등급기준

료(materials and resources), ⑦ 실내환경의 질(indoor environmental quality), ⑧ 혁신(innovation), ⑨ 지역의 관심 환경(regional priority)을 기준으로 하고 있다. 인증점수는 건물의 유형에 따라 배점에 차이가 있는데, 2020년에 시행되고 있는 신축건물의 인증점수를 살펴보면 표 15-3과 같다. LEED의 등급기준은 표 15-4와 같이 네 등급으로 구분되어 부여된다.

영국의 BREEAM(BRE Environmental Assessment Method)은 건축물의 지속가능성과 친환경성을 평가하는 시스템으로, 1990년에 2개의 유형(주택과 사무용 건축물)으로 분류해 시작했는데 현재는 16개 유형으로 세분화되었다. 평가는 ① 관리(management), ② 건강과 웰빙(health and wellbeing), ③ 에너지(energy), ④ 교통(transport), ⑤ 물(water), ⑥ 자재와 폐기물(material and waste), ⑦ 부지 이용과 생태(land use and ecology), ⑧ 오염(pollution)에 대해 이루어진다. 각 분야의 실적을 토대로 평가한 후 합산하여 총점을 산출해 건축물의 인증등급을 pass, good, very good, excellent, outstanding으로 구분해 부여한다. 영국의 BREEAM의 특징 중 하나는 면허를 받은 평가자가 신청 건축물의 평가를 수행해 그 결과를 비정부기구인 BRE(Building Research Establishment)에 제출하여 인증을 받고 있다는 점이다.

일본의 CASBEE(Comprehensive Assessment System for Built Environment Efficiency)는 국토교통성의 주도로 개발되었는데, 건축물의 전 생애기간 동안 양질의 환경품질과 성능을 가지며 전체 환경부하도 작은 건축물을 실현하기 위한 건축물 종합 환경성능 평가시스템이다. 즉 환경의 품질은 주로 건물 내부의 주거환경에 초점을 맞추고 있으며, 환경부하 경감은 에너지 소비 등에 대한 평가로 이루어진다. CASBEE의 평가도구는 설계 단계에 따라 ① CASBEE-기획(CASBEE for pre-design), ② CASBEE-신축(CASBEE for new construction), ③ CASBEE-기존(CASBEE for existing building), ④ CASBEE-개수(CASBEE for renovation)의 네 종류이다.

CASBEE의 평가대상은 자원효율, 지역환경, 에너지효율, 실내환경의 네 분야인데, 이들 분야를 다시 건축물 환경부하와 환경의 품질 및 성능으로 재분류하여 각각의 항목별로 중분류 평가항목을 설정해 평가하고 있다. 건축물 환경부하의 평가항목으로는 에너지소비량, 자원 및 자재의 사용량, 부지 외의 환경부하에 대한 평가항목을 가지며 건축물 환경적인 품질 및 성능의 평가항목으로는 실내환경의 질, 서비스의 질, 실외 환경의 질에 대한 항목을 가지고 있다. 오사카와 나고야를 포함한 14개 지자체에서는 신축 건물에 대한 평가 시 CASBEE 보고서를 제출하도록 의무화하고 있다. 에너지 저소비형 건물에 대한 소비자들의 선호가 높으므로 건축주들 스스로 CASBEE 인증을 획득하려는 욕구를 갖고 있다.

우리나라의 친환경건축물인증제도는 2002년 1월1일부터 공동주택을 대상으로 인증을 시작하여 2005년 11월 8일부터 건축법에 관련 조문을 신설함으로써 환경과 건축의 조화, 즉 지속 가능한 건축(Sustainable Building)을 실현할 수 있는 기반을 마련하였다. 2012년 2월 '녹색건축물조성지원법'이 제정됨에 따라 친환경건축인증제도가 주택성능평가제도와 통합하여 법적 명칭이 녹색건축인증제도로 변경되었다. 우리나라의 녹색건축인증제도는 예비인증과 본인증으로 구분된다. 예비인증은 건축물의 설계 단계에서 설계가 완료된 도면을 기준으로 녹색건축물인증을 하는 것이고, 본인증은 예비인증을 받은 건축물이 완공된 상태에서 녹색건축물의 인증을 받는 것이다.

2019년에 개정된 인증규칙에 의하면 인증 등급은 최우수(그린1등급), 우수(그린2등급), 우량(그린3등급), 일반(그린4등급)의 네 등급 중 하나를 부여하게 된다. 인증등급별 점수기준은 신축, 기존, 그린 리모델링으로 구분하고 다시 주거용 건축물, 비주거용 건축물, 단독주택으로 세분하여 기준을 제시하고 있다. 예를 들어 신축 주거용 건축물의 경우 최우수(그린1등급)는 100점 만점에 74점 이상, 우수(그린2등급)는 66점 이상, 우량(그린3등급)은 58점 이상, 일반(그린4등급)은 50점 이상이 되어야 한다.

녹색건축 인증심사기준은 신축 건축물 유형, 기존 건축물 유형, 그리고 그린 리모델링 유형별로 서로 다른 기준을 적용하고 있다. 예를 들어 신축 주거용 건축물의 녹색건축 인증심사기준은 표 15-5와 같다. 2018년 5월 현재 우리나라에서 녹색건축물을 인증하는 인증기관은 한국토지주택공사 토지주택연구원, 한국에너지기술연구원, 한국시설안전공단, 한국감정원, 크레비즈인증원, 한국교육 · 녹색환경연구원, 한국그린빌딩협의회, 한국생산성본부인증원, 한국환경건축연구원, 한국환경산업기술원 등 10개 기관이다.

표 15-5. 녹색건축(신축 주거용 건축물) 인증심사 기준(제3조 관련)

전문분야	인증 항목		구분	배점	일반주택[1]	공동주택[2]
1. 토지이용 및 교통	1.1	기존 대지의 생태학적 가치	평가항목	2	●	●
	1.2	과도한 지하개발 지양	평가항목	3	●	●
	1.3	토공사 절성토량 최소화	평가항목	2	●	●
	1.4	일조권 간섭방지 대책의 타당성	평가항목	2	●	●
	1.5	단지 내 보행자 전용도로 조성과 외부보행자 전용도로와의 연결	평가항목	2		●
	1.6	대중교통의 근접성	평가항목	2	●	●
	1.7	자전거주차장 및 자전거도로의 적합성	평가항목	2	●	●
	1.8	생활편의시설의 접근성	평가항목	1	●	●
2. 에너지 및 환경오염	2.1	에너지 성능	필수항목	12	●	●
	2.2	에너지 모니터링 및 관리지원 장치	평가항목	2	●	●
	2.3	신·재생에너지 이용	평가항목	3	●	●
	2.4	저탄소 에너지원 기술의 적용	평가항목	1		●
	2.5	오존층 보호를 위한 특정물질의 사용 금지	평가항목	2	●	●
3. 재료 및 자원	3.1	환경성선언 제품(EPD)의 사용	평가항목	4	●	●
	3.2	저탄소 자재의 사용	평가항목	2	●	●
	3.3	자원순환 자재의 사용	평가항목	2	●	●
	3.4	유해물질 저감 자재의 사용	평가항목	2	●	●
	3.5	녹색건축자재의 적용 비율	평가항목	4	●	●
	3.6	재활용가능자원의 보관시설 설치	필수항목	1	●	●
4. 물순환 관리	4.1	빗물관리	평가항목	5	●	●
	4.2	빗물 및 유출지하수 이용	평가항목	4	●	●
	4.3	절수형 기기 사용	필수항목	3	●	●
	4.4	물 사용량 모니터링	평가항목	2	●	●
5. 유지관리	5.1	건설현장의 환경관리 계획	평가항목	2	●	●
	5.2	운영·유지관리 문서 및 매뉴얼 제공	필수항목	2	●	●
	5.3	사용자 매뉴얼 제공	평가항목	2	●	●
	5.4	녹색건축인증 관련 정보제공	평가항목	3	●	●
6. 생태환경	6.1	연계된 녹지축 조성	평가항목	2		●
	6.2	자연지반 녹지율	평가항목	4	●	●
	6.3	생태면적률	필수항목	10	●	●
	6.4	비오톱 조성	평가항목	4		●
7. 실내환경	7.1	실내공기 오염물질 저방출 제품의 적용	필수항목	6	●	●
	7.2	자연 환기성능 확보	평가항목	2	●	●
	7.3	단위세대 환기성능 확보	평가항목	2	●	●
	7.4	자동온도조절장치 설치 수준	평가항목	1	●	●
	7.5	경량충격음 차단성능	평가항목	2	●	●
	7.6	중량충격음 차단성능	평가항목	2	●	●
	7.7	세대 간 경계벽의 차음성능	평가항목	2	●	●
	7.8	교통소음(도로, 철도)에 대한 실내·외 소음도	평가항목	2	●	●
	7.9	화장실 급배수 소음	평가항목	2	●	●

표 15-5. (계속)

전문분야	인증 항목		구분	배점	일반주택[1]	공동주택[2]
8. 주택성능 분야[3]	8.1	내구성	–	–		●
	8.2	가변성	–	–		●
	8.3	단위세대의 사회적 약자 배려	–	–		●
	8.4	공용공간의 사회적 약자 배려	–	–		●
	8.5	커뮤니티 센터 및 시설공간의 조성 수준	–	–		●
	8.6	세대 내 일조 확보율	–	–		●
	8.7	홈네트워크 종합시스템	–	–		●
	8.8	방범안전 콘텐츠	–	–		●
	8.9	감지 및 경보설비	–	–		●
	8.10	제연설비	–	–		●
	8.11	내화성능	–	–		●
	8.12	수평피난거리	–	–		●
	8.13	복도 및 계단 유효너비	–	–		●
	8.14	피난설비	–	–		●
	8.15	수리 용이성 전용 부분	–	–		●
	8.16	수리 용이성 공용 부분	–	–		●
ID 혁신적인 설계[4]	1. 토지이용 및 교통	대안적 교통 관련 시설의 설치	가산항목	1	●	●
	2. 에너지 및 환경오염	제로에너지건축물	가산항목	3	●	●
		외피 열교 방지	가산항목	1	●	●
	3. 재료 및 자원	건축물 전 과정 평가 수행	가산항목	2	●	●
		기존 건축물의 주요 구조부 재사용	가산항목	5	●	●
	4. 물순환 관리	중수도 및 하·폐수처리수 재이용	가산항목	1	●	●
	5. 유지관리	녹색 건설현장 환경관리 수행	가산항목	1	●	●
	6. 생태환경	표토재활용 비율	가산항목	1	●	●
	녹색건축전문가[5]	녹색건축전문가의 설계 참여	가산항목	1	●	●
	혁신적인 녹색건축 계획 및 설계	녹색건축 계획·설계 심의[6]를 통해 평가	가산항목	3	●	●

1) 일반주택은 '건축법시행령' 제3조의 5에 따른 단독주택과 '주택법' 제16조에 따른 사업계획승인대상 공동주택을 제외한 주거용 건축물을 말한다.

2) 공동주택은 '주택법' 제16조에 따른 사업계획승인대상의 주택을 말한다.

3) '8.주택성능분야(16개 항목)'은 녹색건축인증 평가 시 '주택건설기준 등에 관한 규칙'[별지 제1호서식] 공동주택성능등급 인증서에만 표시하고 인증평가를 위한 배점은 부여하지 않는다.

4) 혁신적인 녹색건축 설계 인증항목은 최우수 및 우수 등급으로 신청하는 건축물만 평가한다.

5) 녹색건축전문가는 규칙 제8조 3항에 의거하여 교육을 이수한 사람을 말한다.

6) 녹색건축 계획·설계 심의는 인증심의단 4인 이상과 설계분야 전문가 1인으로 구성된 녹색건축 계획·설계 심의단을 통해 평가한다.

출처: 국토교통부 고시, 녹색건축인증기준(2019.12.23. 일부개정).

16

오염 없는 도시 만들기

도시의 대기오염을 없애거나 감축시키는 도시를 만들기 위해서는 압축도시를 조성해야 한다는 논리가 제기되고 있다. 도시압축(urban compaction)과 압축도시(compact city)는 단거리교통과 대중교통 이용을 촉진시켜 교통량을 줄임으로써 재생불가능한 연료 사용과 자동차 배기량을 줄일 수 있다. 또 가치 있는 서식처와 오픈스페이스를 보전하고, 교통 발생을 억제하는 한편 보행과 자전거 이용을 촉진하며, 경제적으로 가능한 시설과 어메니티(amenity)를 제공하고 사회적 지속가능성을 증진시킬 수 있다. 이 장에는 대기오염, 실내공기오염, 수질오염, 소음공해 등이 없는 도시를 만드는 여러 방법이 제시되어 있다.

대기오염의 원인과 대책

*** 인구밀도와 연료소비**
Newman과 Kenworthy(1989)는 인구밀도와 1인당 석유소비량의 연관성을 연구한 결과 인구밀도가 높으면 연료소비가 적다는 일관성 있는 결과를 제시하였다. Gordon과 Richardson(1991)은 시장 메커니즘의 에너지 소비가 비교적 적고 혼잡이 적은 다중심도시(polycentric city)를 만들어야 한다고 주장한다. 이 외에도 대중교통시스템과 집중된 결절점이나 고밀도 개발회랑과 연결되어 집중된 압축정주지(compact settlement)와 같은 형태가 제시되고 있다.

도시의 밀도가 증가할수록 교통수단으로부터 배출되는 이산화탄소(CO_2)의 양은 줄어드는 경향을 보였다. 그림 16-1에서 보는 바와 같이 도시의 인구밀도가 높은 전통적인 유럽 도시들이 미국의 도시보다 1인당 자동차 연료소비량이 적고 이산화탄소의 배출량이 적은 것으로 나타났다.*

우리나라 도시에서 대기오염의 주원인은 자동차 배기가스로 밝혀졌다. 2015년 기준 전국 대기오염배출량 중 일산화탄소(CO)는 31.0% 질소산화물(NOx)은 31.9% 미세먼지(PM10)는 4.1%가 자동차에서 배출되고 있다. 특히 수도 서울의 경우 자동차가 차지하는 오염물질 배출 비중은 전국평균과 비교할 때 훨씬 더 높게 나타난다(환경부, 2019: 87).

1990년대에 들어 수도권지역의 아황산가스(SO_2)와 일산화탄소 오

그림 16-1.
도시밀도와 교통에너지 소비의 관계

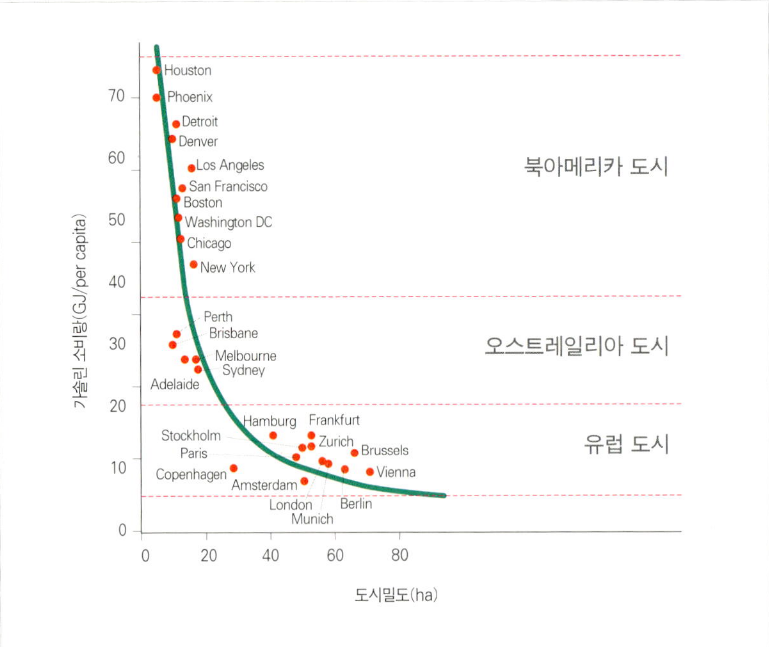

출처: Edwards(1999), p. 47.

염도는 개선되고 있으나, 산업활동과 자동차의 급증으로 미세먼지, 이산화질소(NO_2), 오존(O_3) 등 2차 오염물질의 오염도는 매년 증가하거나 개선되지 않고 있는 실정이다. 통계적으로 수도권지역의 대기오염도는 선진국에 비해 미세먼지 농도가 약 1.8~3.5배, 이산화질소는 약 1.7배로 매우 심각한 수준이며, 미세먼지에 의한 시정장애도 심각해져서 최근 수도권지역의 평균 가시거리는 약 10킬로미터 수준에 불과하다. 환경부에서는 향후 10년 이내에 수도권의 대기환경을 선진국 수준으로 개선하기 위해 '수도권 대기환경개선에 관한 특별법'을 제정하여 2005년 1월부터 시행하고 있다. 이에 따라 해당 지역에서 배출되는 대기오염물질이 수도권의 대기오염에 크게 영향을 미친다고 인정되는 지역을 '대기관리권역'으로 설정하고 대기환경개선을 위한 10년 단위의 범정부 종합계획인 '수도권 대기환경관리 기본계획'을 2005년 11월 수립하였다(환경부, 2019: 72).

광역적 관리를 위해 수도권에만 시행되던 '대기관리권역' 지정제도를 수도권 외 지역까지 확대하는 내용을 골자로 '대기관리권역의 대기환경개선에 관한 특별법'이 제정(2019. 4)되어 2020년부터 대기환경규제지역이 폐지되고 대기관리권역이 전국으로 확대시행되었다. 대기오염을 줄이기 위해 우리나라도 저공해자동차 기술개발 및 보급의 중요성을 인식하여 전기차, 플러그인 하이브리드자동차(PHEV), 하이브리드차(HEV), 수소전기차(FCEV) 등 연비가 우수하고 저공해기준을 충족하는 저공해자동차의 보급 확대를 위해 관계부처 합동으로 '제3차 환경친화적 자동차 개발 및 보급기본계획'을 발표했다. 이에 따라 전기자동차 보급 및 수소전기차 보급사업을 추진하고 있다(환경부, 2019: 76–90).

대기관리권역으로 지정된 지역에 위치한 대기 1–3종 사업장 중 연간배출량이 황산화물 4톤, 질소산화물 4톤, 먼지 0.2톤을 초과하는 사업장에 대해서는 오염물질 총량관리제가 시행된다. 권역별 대기환경관리 기본계획을 통해 지역별 배출허용총량을 할당하고 지역별 배출허용총량 범위 내에서 사업장이 배출가능한 사업장별 배출허용총량을 매년 단계적으로 축소할당하여 점진적인 배출저감을 유도한다. 총량관리 대상사업장은 배출량 측정을 위해 굴뚝자동측정기기(TMS)를 부착해야 한다.

CleanSYS(굴뚝원격감시체계) 구축은 대형배출사업장을 대상으로 배출되는 대기오염물질을 상시 측정하여 공정개선을 통해 오염물질 배출량을 줄이기 위한 것으로, 궁극적으로는 대기의 질을 개선하여 주민들에게 쾌적한 환경을 제공하려는 것이다. 굴뚝배출가스에 대한 자동감시체제는 굴뚝별로 오염물질 항목별 배출상태, 공장가동상태 등을 실시간으로 파악할 수 있기 때문에 미국 등 선진국의 사업장에서는 긴급사태 예측, 사고의 신속대처, 공정관리 등에 적극 활용하는 등 그 설치를 확대하는 추세이다. 2019년 5월 말 현재, 전국 625개 대형배출사업장(1~3종)의 1,689개 굴뚝에 굴뚝자동측정기기를 부착하여 운영하고 있다(환경부, 2019: 81). 굴뚝원격감시체계는 과학적인 상시감시를 통해 대기오염으로 인한 주민건강피해를 미연에 방지할 수 있을 뿐만 아니라 총량규제 실시, 배출권거래제 도입 등 오염물질총량관리를 위한 사전적 인프라 구축 측면에서도 의의가 매우 크다.

이산화탄소, 질소산화물, 황산화물 등의 대기오염물질을 흡수하는 대기정화 수종을 식재하는 것도 대기오염을 줄이는 좋은 방법이다. 수종별로 대기정화능력이 차이가 있기 때문에 대기정화효과가 우수한 수종을 식재하는 것이 바람직하다. 국립환경연구원의 연구자료에 의하면 가스상 오염물질인 아황산가스, 이산화질소, 일산화탄소의 정화에는 가중나무와 은단풍나무가 좋고, 아황산가스에는 은행나무, 일산화탄소에는 능수버들을 추가할 수 있으며, 입자상 물질인 분진의 흡착과 정화에는 양버즘나무가 월등히 좋은 것으로 나타났다(김재봉 외, 1987).

수목은 탄소동화작용을 통해 인간에게 필요한 산소를 공급해준다. 도시주민 1인이 필요한 산소를 공급하는 데는 30~40제곱미터의 녹지가 필요한 것으로 알려져 있다(Robinette, 1972: 53). Bernatzky의 연구에 의하면 먼지의 경우 가로수가 식재된 가로에서는 1리터당 3,000 먼지 입자인데 반해 가로수가 없는 가로에서는 1리터당 10,000~12,000먼지입자로 나타났다(Robinette, 1972: 54에서 재인용). 러시아의 Kalyuzhnyi에 의해 수행된 연구에 의하면 공장 주변의 500미터 폭의 녹지는 아황산가스를 70% 감소시키고 질소산화물은 67% 감소시키는 것으로 나타났다(Robinette, 1972: 56에서 재인용).

지구온난화의 주범인 이산화탄소 배출을 줄이기 위해서는 특히 이산화탄소의 흡수능력이 좋은 수종을 식재하는 것이 바람직하다. 산림청에서 수종별 이산화탄소 흡수능력을 발표한 자료에 의하면 수종과 임령(수목의 나이)에 따라 차이가 있음을 알 수 있다(표 16-1 참조).

또한 조현길과 조동하(1998)의 연구에 의하면 도시 조경 수종의 이산화탄소 흡수량을 비교한 결과 비동화기관(줄기와 뿌리)의 호흡과 전정에 의한 이산화탄소 방출량을 공제한 수목개체당 연간 순탄소흡수량은 전정하지 않은 느티나무가 19킬로그램으로 가장 많았고 단풍나무는 3.5킬로그램이며, 전정의 영향으로 수관의 체적이 적은 은행나무와 플라타너스는 약 1킬로그램에 불과했다. 느티나무 한 그루는 해마다 약 32리터의 가솔린이나 83킬로와트시(KWh)의 전기를 소비할 때 배출되는 이산화탄소를 상쇄시키는 기능을 한다.

조현길의 연구(1999)에 의하면 춘천시와 강릉시를 대상으로 조사한 결과 단위면적당 수목에 의한 연간 이산화탄소 흡수량은 자연지에서 1ha당 1.60~1.71톤이었고 도심지에서는 1ha당 0.56~0.71톤이었

표 16-1.
수종과 임령에 따른 이산화탄소 흡수량

산림청 2009년 수확표 재작성에 따른 산정량을 반영한 것으로, ha당 연평균 이산화탄소 흡수량을 나타낸다.

(단위 : tCO_2/ha)

수종 \ 임령(년)	20	25	30	35	40	45	50	55	60	65	70
강원지방 소나무	7.76	8.16	8.35	8.41	8.36	8.24	8.07	7.87	7.65	7.41	7.17
중부지방 소나무	5.12	6.96	7.68	7.76	7.52	7.14	6.73	6.32	5.93	5.57	5.24
잣나무	6.17	6.90	7.26	7.42	7.44	7.39	7.28	7.16	7.01	6.87	6.72
낙엽송	9.47	9.62	9.62	9.55	9.44	9.31	9.18	9.06	8.93	8.82	8.71
리기다소나무	6.37	7.45	7.97	8.10	8.01	7.79	7.51	7.20	6.89	6.59	6.31
편백	5.73	6.23	6.48	6.55	6.51	6.39	6.24	6.07	5.88	5.70	5.52
상수리나무	9.94	10.46	10.68	10.72	10.67	10.57	10.43	10.28	10.11	9.93	9.76
신갈나무	10.79	10.50	9.99	9.59	9.23	8.90	8.60	8.33	8.09	7.87	7.66

다. 춘천시와 강릉시의 녹지는 연간 이산화탄소 배출량의 약 4%를 상쇄시키는 것으로 나타났다. 미국 캘리포니아주 새크라멘토의 경우 수목이 이산화탄소 흡수를 통해 해마다 이산화탄소 배출량의 약 2%를 상쇄하는 것으로 밝혀졌다(McPherson, 1998).

실내공기오염 대책

집이나 건물을 신축한 후 곧바로 입주하면 흔히 '새집증후군'이라는 현상을 겪게 된다. 새집증후군은 집이나 건물을 지을 때 사용하는 벽지나 페인트, 접착제 등의 건축자재에서 나오는 유해물질로 인해 입주자가 피부염, 구토, 현기증, 알레르기 등 각종 질환에 시달리는 것을 말한다. 미국에서는 1980년대, 일본에서는 1990년대부터 새집증후군이 사회문제가 되었다. 주요 실내오염물질의 발생원과 인체에 미치는 영향을 살펴보면 표 16-2에서 보는 바와 같이 단열재나 석면타

오염물질	주요 발생원	인체에 미치는 영향
먼지, 중금속	오염된 실외대기, 실내바닥의 먼지, 생활활동 등	규폐증, 진폐증, 탄폐증 등
석면	단열재, 절연재, 석면타일, 석면브레이크 등	피부 질환, 호흡기 질환, 석면증, 폐암 등
담배연기	담배	두통, 피로감, 중추신경 영향 등
연소가스 (일산화탄소, 이산화질소 등)	각종 난로, 연료연소, 가스레인지 등	만성 폐질환, 중추신경 영향 등
라돈	흙, 바위, 지하수, 콘크리트 등	폐암 등
포름알데히드	각종 합판, 보드, 가구, 단열재, 접착제, 담배연기, 화장품, 옷감 등	눈·코·목의 자극증상, 기침, 설사, 어지러움, 구토, 피부 질환, 비염 등
미생물성 오염물질 (박테리아, 곰팡이, 바이러스 등)	가습기, 냉방장치, 냉장고, 애완동물	알레르기성 질환, 호흡기 질환 등
휘발성 유기화합물	페인트, 접착제, 스프레이, 연소과정, 세탁소, 건축자재, 왁스, 방향제 등	피로감, 두통, 구토, 현기증, 중추신경 억제작용 등
오존	복사기기, 생활용품, 연소기기	기침, 두통, 천식, 알레르기성 질환

출처: 국립환경과학원, 실내공기질 정보센터 홈페이지.

표 16-2. 실내오염물질의 발생원과 인체에 미치는 영향

일 등으로 많이 사용되었던 석면은 피부 질환과 호흡기 질환, 중피종, 폐암 등을 유발하는 것으로 알려졌다. 우리나라도 다중이용시설의 실내공기오염을 관리하기 위해 '실내공기질관리법'을 시행하고 있다. 이 법에서는 다중이용시설과 신축공동주택의 실내공기 질의 유지기준과 권고기준을 제시하고 있다(표 16-3 참조).

일반적으로 식물들은 광합성을 하는 과정에서 공기 속 오염물질을 흡수·분해하는 '대사적 분해과정'을 거친다. 이때 뿌리에서 흡수한 산소와 물을 수증기 형태로 배출하기 때문에 실내공기 정화효과와 더불어 온도와 습도를 조절해 쾌적한 환경을 유지해준다. 미국항공우주국(NASA)의 John C. Stennis Space Center에 근무했던 Bill Wolverton 박사의 연구에 의하면 실내공기 정화를 위해서는 표 16-4와 같은 식물

표 16-3. 실내공기질 유지기준(제3조 관련)(개정 2020.4.3.)

<table>
<tr><th>오염물질항목
다중이용시설</th><th>미세먼지
(PM-10)</th><th>미세먼지
(PM-2.5)</th><th>이산화탄소
(ppm)</th><th>포름알데하이드(㎍/㎥)</th><th>총부유세균
(CFU/㎥)</th><th>일산화탄소
(ppm)</th></tr>
<tr><td>가. 지하역사, 지하도상가, 철도역사의 대합실, 여객자동차터미널의 대합실, 항만시설 중 대합실, 공항시설 중 여객터미널, 도서관·박물관 및 미술관, 대규모점포, 장례식장, 영화상영관, 학원, 전시시설, 인터넷 컴퓨터게임 시설제공업의 영업시설, 목욕장업의 영업시설</td><td>100
이하</td><td>50
이하</td><td rowspan="3">1,000
이하</td><td>100
이하</td><td>–</td><td rowspan="2">10
이하</td></tr>
<tr><td>나. 의료기관, 산후조리원, 노인요양시설, 어린이집, 실내어린이놀이시설</td><td>75
이하</td><td>35
이하</td><td>80
이하</td><td>800
이하</td></tr>
<tr><td>다. 실내주차장</td><td>200
이하</td><td>–</td><td>100
이하</td><td>–</td><td>25
이하</td></tr>
<tr><td>라. 실내체육시설, 실내공연장, 업무시설, 둘 이상의 용도에 사용되는 건축물</td><td>200
이하</td><td>–</td><td>–</td><td>–</td><td>–</td><td>–</td></tr>
</table>

출처: 「실내공기질관리법」 시행규칙

표 16-4. 실내공기 정화식물(Wolverton 박사 연구)

한글 이름	일반명	학명
대나무야자	Bamboo Palm	*Chamaedorea Seifritzii*
아글라오네마	Chinese Evergreen	*Aglaonema Modestum*
아이비	English Ivy	*Hedera Helix*
거베라	Gerbera Daisy	*Gerbera Jamesonii*
드라세나 자넷크레이그	Janet Craig	*Dracaena "Janet Craig"*
드라세나 마지나타	Marginata	*Dracaena Marginata*
행운목	Mass cane/Corn Plant	*Dracaena Massangeana*
산세베리아	Mother-in-Law's Tongue	*Sansevieria Laurentii*
포트맘	Pot Mum	*Chrysanthemum morifolium*
스파티필름	Peace Lily	*Spathiphyllum "Mauna Loa"*
와네키	Warneckii	*Dracaena "Warneckii"*

이 효과가 높은 것으로 밝혀졌다.

우리나라에서는 대나무야자, 관음죽, 아레카야자, 헤데라, 인도고무나무, 피구스아리, 드라세나, 피닉스야자, 보스턴고사리, 스파티필름 등 10대 실내공기 정화식물이 추천되고 있다. 이 외에도 스킨답서스는 일산화탄소를 제거하고 테이블야자나 아이비는 유독가스를 제거하는 데 효과가 있다.

수질오염 대책

우리나라 4대강 주요 지점의 2018년까지의 수질 변화를 보면 4대강 물관리종합대책, 물환경관리기본계획 등의 추진 효과로 공공수역의 BOD 농도와 총인 오염도는 전반적으로 감소하는 추세이다(환경부, 2019: 97). 전국 단위의 수질보전대책 수립은 1989년 '맑은물 공급종합대책'을 시작으로 제1차 물환경 관리기본계획(2006–2015)' 및 '제2차 물환경 관리기본계획(2016–2025)'에 이르고 있다.

사후처리 위주의 우리나라 수질정책을 사전예방적 물관리정책, 행정구역을 초월한 유역 단위 차원의 물관리정책으로 개선할 필요가 제기되어 범정부 차원의 '4대강물관리종합대책'이 수립되었고(2002년), 이를 뒷받침할 '4대강수계법'이 마련되었다(한강법 1999년, 낙동강 · 금강 · 영산강법 2002년). '4대강물관리종합대책'과 '4대강수계법'에서는 다음과 같은 제도들이 도입되었다(환경부, 2019: 119–130).

① 물환경보전과 환경친화적 지역개발을 동시에 고려할 수 있는 '수질오염총량관리제도'
② 하천 인접지역에서 완충 역할을 수행할 수 있는 '수변구역제도'
③ 상류지역 주민들의 재산권 행사제한을 보전하고 환경기초시설 설치를 촉진하는 한편 물 절약을 유도하기 위한 '물이용부담금제도' 및 물이용부담금을 재원으로 한 수계관리기금제도
④ 상수원관리지역의 지역주민들과 지방자치단체의 지원을 위한 상수원관리지역 지원제도
⑤ 행위제한으로 불이익을 받는 주민들의 재산권회복과 수질개선을 위해 수변구역 등의 지역의 토지나 건물을 매수하는 토지매수제도와 완충지대인 수변녹지를 복원하는 수변생태벨트 조성

⑥ 4대강 유역 관리를 위한 대표적 의사결정기구로서 수계관리위원회 설치

우리나라는 강이나 하천으로 오염물이 배출되는 것을 줄이기 위해 2008년 말 현재 403개소의 공공하수처리장을 가동하고 하수관거 보급률은 73.8%, 하수처리 보급률은 88.6%에 달할 정도로 하수처리장의 건설 및 유지 · 관리 기술 등에서 괄목할 만한 성장을 이루어왔다(환경부, 2010c: 467). 그럼에도 불구하고 도로에 쌓인 고농도 오염물질의 유입으로 물고기의 폐사 등이 문제가 되고 있다. 이를 개선하기 위해서는 상수원, 하천, 호소 및 공공수역으로 방류되는 하수처리수에서 질소와 인을 70% 이상 제거할 수 있도록 하수처리시설의 공정을 개선하는 것이 필요하다. 강우 시 합류식 관거(combined system of sewage)* 로부터 유출되는 우수토실의 월류수**와 하수처리시설의 방류수 수질의 BOD 농도를 리터당 40밀리그램 이내로 낮추는 대책과 비점오염원을 제어하기 위한 저류형, 침투형, 장치형 시설에 대한 투자 대책이 필요하다. 한편 하수관거의 설계 빈도를 10년에서 30년으로 상향조정하는 등 하수도 시설의 능력을 강화하고 과학적 관리를 통해 하수도 기능을 극대화해 이상강우에 대비해야 한다(김갑수, 2009).

최근 국내의 여러 호수는 부영양화(富營養化)가 심화되어 녹조현상 등 호수 내 2차 오염이 야기되고 있다. 이는 지금까지 호수 · 하천의 수질 보전과 개선의 방법이 유기오염물질을 소비하는 데만 편중되어 호수 부영양화의 결정적 인자인 질소, 인 등의 영양염류 관리에는 소홀했기 때문이다. 부영양화된 호수를 정화하는 데는 수생식물을 이용하는 것이 효과적인데 이 방법은 물리화학적 처리에 비해 경비가 매우 저렴하고, 미생물적 처리에 비해 가시적이며, 벌킹(bulking)***의 문제점이 나타나지 않는 장점이 있다.

*** 합류식 관거**
하수를 실외로 배출시킬 때 오수나 빗물을 같은 하수관으로 흐르도록 하는 방법을 말한다. 빗물과 오수를 분리하는 분류식 관거에 대응하는 개념이다.

**** 월류수**
우기 시 합류식 하수도에서 하수관거를 통해 빗물과 오수가 혼합되어 오염도가 매우 높은 상태로 하천으로 유입되는 물로, 도심 하천 수질오염의 주범이다. 수생태계를 위협하고 하천 수질을 악화시켜 어패류의 폐사, 녹조류와 악취 발생의 원인이 된다.

***** 벌킹**
생물폐수처리장치의 활성오니 중에 사상세균이나 곰팡이 등이 이상적으로 증식하고 최종 침전지에서는 오니가 침강하지 않게 되는 현상을 말한다.

미국에서는 질소와 인의 방류수 수질기준이 강화됨에 따라 항공우주국(NASA)과 환경보호국(EPA)을 중심으로 각 주에서 부엽식물과 정수식물을 이용한 고도처리시설을 가동하고 있다. 독일, 영국, 스위스 같은 유럽의 여러 나라와 일본에서도 수생식물이 식재된 인공습지를 조성하여 수질을 정화하고 있다. 국내에서는 1980년대 이후 주로 도입된 중남미 원산의 부레옥잠(water hyacinth)을 대상으로 하여 유기물과 영양염류 및 중금속 제거에 관한 연구를 수행하였다(김춘송 외, 2007). 부레옥잠을 이용한 수처리 연구는 축산, 폐수, 군부대 생활하수의 유기물, 영양염류 및 중금속 제거실험이 수행되었으나 소형 장치나 중규모 모형실험이 주를 이루고 있다. 부레옥잠 외에는 생이가래에 의한 하수 내 질소와 인 제거, 미나리에 의한 영양염류 · 카드뮴 · 납의 제거, 물옥잠 · 줄 · 부들 · 꽃창포 · 토란에 의한 축산폐수 처리, 애기부들 · 꽃창포 · 미나리에 의한 하수처리가 수행된 바 있다.

하수처리수의 수질정화를 위해 특히 질소나 인, 중금속(카드뮴, 납)을 제거하기 위해 부레옥잠, 미나리, 갈대, 부들, 줄, 개구리밥, 사초, 생이가래, 연꽃류 등의 수생식물을 이용하는 것이 효과적이라는 연구결과가 많이 나와 있으며(이종성 외, 2005; 김경미, 1997; 윤춘경, 1997; 이병설, 1995; 김춘송 외, 2007), 일부 지방자치단체에서 수생식물을 이용해 수질정화효과를 거둔 사례가 있다. 김춘송 등(2007)의 연구에서는 생활 오폐수 정화효과가 높은 수생식물을 선발하기 위해 질소와 인의 체내흡수량과 실제 정화능력(정화효율, 정화량), 수확 후 토양을 분석한 결과 벼, 비자루국화, 부들, 율무, 털물참새피, 줄 등이 부영양화 성분에 대한 우수 정화식물로 선정되었다. 무기성분 중 칼륨(K)에 대한 정화력은 부영양화 성분의 우수 정화식물로 꼽힌 수생식물과 더불어 물상추와 부레옥잠이 높은 정화력을 보였다. 칼슘(Ca)과 나트륨(Na), 염소(Cl)에 대한 정화효과가 우수한 수생식물로는 물상추와 부레옥잠,

털물참새피가 선정되었는데, 특히 털물참새피는 황(SO_4)에 대한 정화 효과도 뛰어났다.

수처리용 식물은 오염물질의 흡수·제거기능과 재배·수집·운반의 편리함, 재이용성에 따라 각각 장단점을 가지고 있다. 미나리 등 정수식물은 뿌리와 줄기의 발달도가 높고 밀생하여 부착미생물에 의한 유기물 처리기능은 크지만, 체내의 질소와 인의 함량이 낮고 성장속도가 느려 영양염류의 흡수기능이 약하며, 수거가 어려운 반면 사료나 비료로서의 재이용률은 높다. 부레옥잠은 다른 수초에 비해 근계구조가 아주 발달해 있어 유기물질을 분해하는 박테리아군이 대량 부착될 수 있고 하수처리기능이 뛰어나지만 과밀하게 성장한 경우에는 수표면에서 공기와 산소의 유통을 차단하여 용존산소를 결핍시키며, 내한성이 낮아 국내 자연수역에 적용하는 것은 시기적으로 제한적이고 수분함량이 높아 운반이 쉽지 않다. 이에 반해 좀개구리밥은 정수식물과 부수식물의 문제점은 갖고 있지 않으나 생체량이 작고 뿌리와 줄기의 발달이 적어 제거기능이 상대적으로 떨어진다(이종성 외, 2005). 부엽식물과 침수식물은 자연습지에서 다양한 영양구조의 한 구성원으로서는 중요한 역할을 하지만 수처리용 식물로는 효과가 적다.

수생식물을 이용한 수처리 기술은 시설비, 에너지, 전문적인 유지·관리가 거의 필요 없어서 매우 경제적이고 실용적이지만 성장을 마친 생물의 처리문제, 성장조건의 계절적 제어에 따른 효율변동의 한계점을 아울러 가지고 있다. 또한 이들 수생식물은 대부분 수심 1~1.5미터 이내의 얕은 물에서 생장하기 때문에 물이 깊은 호소나 하천에서 효과를 발휘하기는 힘들다.

하천이나 강의 수질을 개선하고 생태계를 건강하게 복원하려면 하천의 수로만이 아니라 수계 전체를 바라보고 접근하여 계획을 해야 한다. 하천이나 강의 수질이나 수량은 수계 내의 개발과 토지이용에

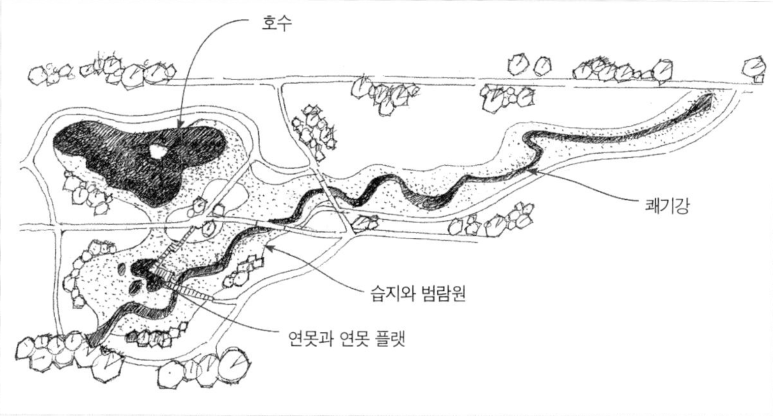

출처: 던넷 · 클레이든(2009), p. 134.

그림 16-2.
홍수완화계획의 사례 (서클리프 공원의 기본계획도)

의해 영향을 받기 때문이다.

하천이나 강의 상류에 습지를 조성하는 것도 중요하며 홍수방지용 범람원(flood control basin)을 조성하는 것도 필요하다(그림 16-2 참조). 수계 차원의 계획을 통해 홍수방지용 범람원의 적절한 위치를 결정한다. 성공적인 빗물관리를 위해서는 빗물의 원천에 가까운 곳에서 빗물을 통제하는 것이 중요하다. 빗물이 멀리 흘러갈수록 빗물의 양이 증가하고 유속이 빨라지며, 물은 침식과 퇴적의 힘을 얻게 된다. 따라서 빗물이 땅에 떨어지는 지점에서 빗물관리를 시작하면 가장 쉽고 경제적으로 수질을 개선하고 홍수피해를 예방할 수 있다. 하천이나 강의 홍수피해를 줄이기 위해서는 빗물이 하천으로 들어오기 전에 땅속으로 침투해 들어가도록 하는 것이 중요하다. 한 연구에 의하면 미국 동부지역에서 1갤런의 물을 현장에서 적절히 관리하면 하류에서 최소 2달러의 토목공사비를 절약할 수 있는 것으로 나타났다(Thompson and Sorvig, 2008: 157).

소음 감소를 위한 대책

소음은 인간의 심리적 상태와 청력에 영향을 준다. 85데시벨의 소음에 지속적으로 노출되면 청력을 상실할 수 있다. 소음을 방지하는 데 가장 실질적인 해결책은 소음원과 거리를 두는 것이다. 소음 수준은 소음원과 청각자와의 거리가 2배로 멀어지면 약 6데시벨씩 감소한다.

일반적으로 소음을 방지하기 위해서는 방음벽, 둔덕과 식재와 같은 방법을 사용한다. 방음벽을 설치할 때는 시각적으로 흥미를 갖도록 설계되어야 한다. 최근에는 재생폐품이나 쓰레기로 만든 방음벽을 설치하기도 하고, 방음벽이 태양열 집열판이나 열·물의 저장패널로 사용되기도 하며, 태양전지의 지지대 혹은 통신 인프라로 사용되기도 한다. 방음벽에는 소리를 반사하는 패널보다는 소리를 흡수하는 패널을 사용하는 것이 바람직하다. 둔덕의 경우 도로를 절토한 곳에 두는 것이 성토를 한 위에 설치하는 것보다 방음효과가 좋다. 식재된 둔덕의 지표면이 소리를 흡수하기 때문에 둔덕은 동일한 높이의 벽보다 소음을 1~3데시벨 더 감소시키는 효과가 있다(Thompson and Sorvig, 2008: 313-316).

실제적으로 소음을 현저하게 감소시키기 위해서는 최소한 100피트 폭의 식재띠를 조성해야 한다. 관목과 교목을 밀집하여 식재하면 100피트당 약 3~5데시벨을 감소시킬 수 있다(Thompson and Sorvig, 2008: 316). 다른 연구에서는 (19~30미터 폭의 교목과 관목으로 된 최소 높이 12미터의 수림대는 수림대의 끝이 소음원에서 14~16미터 이내에 있다면) 5~10데시벨의 소음감소 효과가 있는 것으로 나타났다(Cook and Van Haverbeke, 1971). Pitt 등(1979: 220)은 도시에서 소음을 감소하기 위한 식재는 6.1~15.2미터 폭이어야 하고 수림대의 끝이 소음원에서 6.1~15.2미터 이내에 있어야 한다는 점을 밝히고 있다.

방음을 위한 방법 중 하나는 도로를 소음 감소의 효과가 있는 포장으로 바꾸는 것이다. 고무포장이 소음을 감소시키는 데 효과가 있음이 일본과 미국의 실험 결과로 밝혀졌다. 일본에서는 고무포장으로 자동차 소음을 15데시벨 감소시키는 효과를 나타냈다. 미국 애리조나주에서 고무아스팔트 포장 실험을 실시한 결과 15~18%의 부스러기 고무를 뜨거운 아스팔트 및 첨가제와 혼합하여 포장을 하는 방식으로 타이어 소음을 50~85% 감소시킬 수 있는 것으로 밝혀졌다 (Thompson and Sorvig, 2008: 317-318).

17

아름다운 산수를 즐길 수 있는 도시 만들기

우리 선조들은 풍수지리적인 관점에서 삶의 터전을 잡아왔기 때문에 배산임수(背山臨水)의 길지에 마을과 도시가 자리를 잡게 되었다. 따라서 우리나라에는 산수(山水)가 아름다운 곳에 입지하여 자연경관이 아름다운 도시들이 대부분이다. 옛날에는 풍수지리사상이 강해 자연지형이나 경관을 훼손하면서 도로를 내거나 건물을 짓는 일은 금했으나 현대에 들어서 자연경관을 훼손시키면서 도시를 조성하기 시작했다. 녹색도시가 되기 위해서는 자연경관을 훼손하지 않고 자연경관과 조화를 이루는 도시, 도시민들이 아름다운 자연경관을 즐길 수 있는 도시를 조성해야 한다. 우리나라에서는 아름다운 도시를 만들기 위해 경관법을 도입하였고, 경관계획을 수립하여 시행하는 도시도 있다. 외국에서는 어메니티 계획을 수립하는 도시와 생태관광이 등장하고 있고 우리나라에서도 생태자원이 풍부한 지역을 관광하는 생태관광이 나타나고 있다.

경관계획

2007년에 제정된 이후 수차례 개정된 우리나라 경관법(2020년 현행)에는 경관계획 · 경관사업 · 경관협정, 사회기반시설사업 등의 경관심의, 경관위원회에 관한 내용이 규정되어 있다. 경관법은 도시나 농산어촌의 경관을 보전하고 관리하며 형성하기 위해 경관계획을 수립하도록 규정하고 있다. 국토교통부장관은 아름답고 쾌적한 국토경관을 형성하고 우수한 경관을 발굴하여 지원 육성하기 위해 경관정책기본계획을 5년마다 수립 시행해야 한다. 시 · 도지사와 인구 10만 명을 초과하는 시의 시장 등은 관할구역에 대하여 경관을 보전 · 관리 및 형성하기 위한 경관계획을 수립해야 한다. 국토교통부에서 2018년 개정해 고시한 '경관계획수립지침'에서는 경관계획의 지위와 성격을 다음과 같이 제시하고 있다.

① 경관계획은 지역의 자연경관과 역사 · 문화경관, 도시와 농산어촌의 우수한 경관을 보전하고, 훼손된 경관을 개선 · 복원함과 동시에 새로운 경관을 개성 있게 창출하기 위한 정책방향, 기본구상 및 계획을 수립하고, 그 실행방안 등을 제시하는 해당 지방자치단체의 자치적 법정계획이다.

② 경관계획은 시 · 도 및 인구 10만 명을 초과하는 시 · 군에서 반드시 수립해야 하며, 그 밖의 지방자치단체에서는 필요하다고 판단될 경우에 선택적으로 수립하는 계획이다.

③ 경관계획은 경관을 보전· 관리· 형성하는 수단으로 경관사업, 경관협정, 경관심의, 경관조례 등을 통한 행정적· 기술적· 재정적 지원을 포함함으로써 규제적 수법 외에 유도적 수법을 통한 경관관리를 포함하는 계획이다.

④ 경관계획은 도시·군기본계획에 부합되어야 하며, 경관계획의 내용이 도시·군기본계획의 내용과 다를 때에는 도시·군기본계획의 내용이 우선한다.

⑤ 특별시장·광역시장·특별자치시장·도지사·특별자치도지사·시장·군수·행정시장·구청장·경제자유구역청장은 경관지구를 경관계획에 따라 관리해야 한다.

⑥ 경관법에 따른 경관계획은 도시·군기본계획, 고도보존계획 등 다른 법률에 따른 경관 관련 계획을 수립 시 참조계획으로서의 지위를 갖는다.

'경관계획수립지침'에 의하면 경관계획은 그 목적과 내용적 범위, 계획 수준에 따라 다음과 같이 구분하여 수립할 수 있다. ① 도 경관계획은 도 관할구역 전체의 경관을 보전, 관리 및 형성하기 위한 기본방향 및 기본방침을 설정하며, 중요한 경관유형이나 경관요소에 대한 부문별 관리계획을 제시하는 계획이다. ② 시·군 경관계획은 관할구역 전체에 대한 경관계획의 기본방향을 제시하고, 구체적인 장소를 대상으로 경관 보전·관리 및 형성을 위한 실행계획 등을 제시하는 계획이다. ③ 특정경관계획은 관할구역의 특정한 경관유형(산림, 수변, 가로, 농산어촌, 역사문화, 시가지 등)이나 특정한 경관요소(야간경관, 색채, 옥외광고물, 공공시설물 등)를 대상으로 경관의 보전·관리 및 형성을 위한 실행방안을 제시하는 계획이다.

경관계획에는 경관법 제8조(경관계획의 내용) 제1항에 명시된 다음의 내용을 포함해야 한다(국토교통부 고시, 2018).

(1) 경관계획의 기본방향과 목표에 관한 사항

- 계획의 배경, 수립 범위(공간적·내용적·시간적 범위), 수립 과정 등

- 계획의 목표와 기본방향

(2) 경관자원의 조사와 평가에 관한 사항

- 대상지의 경관적 가치를 판단하고 경관적 특성을 파악하기 위한 기초조사
- 경관자원 특성 분석, 경관의식 조사, 관련 계획 및 법규 조사, 국내외 사례분석 등 경관 현황을 조사, 분석, 평가

(3) 경관구조의 설정에 관한 사항

- 경관권역의 설정 및 계획에 관한 사항
- 경관축의 설정 및 계획에 관한 사항
- 경관거점의 설정 및 계획에 관한 사항

(4) 중점경관관리구역의 관리에 관한 사항

(5) 경관지구의 관리 및 운용에 관한 사항

- '국토의 계획 및 이용에 관한 법률' 제37조(용도지구의 지정)에 따른 경관지구의 설정
- 이미 설정되었거나 신설할 경관지구에 대한 관리운용방안의 제시

(6) 경관사업의 추진에 관한 사항

(7) 경관협정의 관리 및 운영에 관한 사항

(8) 경관관리의 행정체계 및 실천방안에 관한 사항

(9) 자연 경관, 시가지 경관 및 농산어촌 경관 등 특정한 경관 유형 또는 건축물, 가로(街路), 공원 및 녹지 등 특정한 경관 요소의 관리에 관한 사항

(10) 경관계획의 시행을 위한 재원조달 및 단계적 추진에 관한 사항

(11) 그 밖에 경관의 보전·관리 및 형성에 관한 사항으로서 해당 지방자치단체의 조례로 정하는 사항

신도시 경관계획을 위한 기준은 국토해양부의 지속가능한 신도시

계획기준에 포함되어 있는데 그 내용을 살펴보면 다음과 같다. 신도시의 경관계획은 크게 '경관기본계획'과 '경관상세계획'으로 구분된다. 경관기본계획은 도시의 전체적인 모습을 그려보는 거시적 경관을 계획하는 것이고, 경관상세계획은 도시의 가로, 건물, 공공시설 등 구체적이고 미시적인 경관을 위한 계획을 말한다. 경관기본계획은 신도시 개발계획에 반영될 수 있는 내용의 계획이고, 경관상세계획은 지구단위계획, 실시계획 등에 반영할 수 있는 계획이다. 신도시 경관계획기준은 목적에 따라 경관보전, 경관형성, 경관관리로 세분하여 부

표 17-1. 신도시의 경관계획기준

구분			비고
거시적 경관계획기준	경관보전	자연 · 생태경관	
		역사 · 문화경관	
		지역커뮤니티	
	경관형성	조망경관	
		스카이라인	
		축경관	조망축, 녹지축, 수공간축
		랜드마크	
		색채경관	
	경관관리	위해경관의 제거 · 차폐	
		경관관리체계 구축	
미시적 경관계획기준	경관보전	자연생태경관	
		역사 · 문화경관	
	경관형성	조망경관	주제별 계획기준
		스카이라인	
		색채경관	
		야간경관	
		지역 · 지구 · 단지경관	공간유형별 계획기준
		도로경관	
		거점경관	
		안내체계	시설별 계획기준
		가로시설물	
		옥외광고물	
		공공건축물	
		조형예술품	
	경관관리	위해경관의 제거 · 차폐	
		경관관리체계 구축	

출처: 건설교통부(2004b), p. 67.

문별로 제시되고 있다(표 17-1 참조).

외국의 경관계획

1) 경관계획의 개념

경관계획은 각 나라별로 관련 제도와 사회적 여건의 차이로 인해 다양한 개념이 사용되고 있다. 일본의 경우는 국가적으로는 '경관형성기본계획'이라는 명칭을 쓰고 있으나 도시별로는 다양한 명칭을 사용하고 있다. 예를 들면, 도쿄는 '도시경관 마스터플랜'을, 아마가사키는 '도시미형성기본계획'을, 고베는 '도시경관형성기본계획'이라는 용어를 사용한다. 일본의 경관계획은 시각적 경관계획으로서 형성, 계획 등의 내용을 중심으로 하면서 자연환경의 보전과 역사·문화경관의 보전, 쾌적성과 정체성의 증진 등의 내용을 포함하고 있다. 일본은 경관계획의 수립 주체로서 시민의 역할을 중요시하고 시민참여에 대한 공공의 지원을 강조하고 있다.

미국은 '도시디자인'이라는 명칭을 사용하고, 경관계획의 개념은 보전과 관리 위주의 생태적 경관계획, 제도의 틀 안에서 도시의 조형을 좌우할 만한 중요한 결정을 어떻게 이루어야 하는가에 대한 규칙을 도출하는 것으로 보고 있다. 미국에서는 용도지역지구, 특별지역지구제, 디자인가이드라인, 디자인심의 등의 제도적 장치를 통해 경관을 계획하고 있다.

독일의 경우는 '경관생태계획(Landschaftsplan)'이라는 명칭을 사용하고 있으며 경관계획의 개념은 생태와 시각적인 것을 동시에 고려하는 개념이다. 자연 및 경관보호, 생물종 및 비오톱 보호 등을 위한 공간계획으로 이해할 수 있다. 독일은 건설상세계획(B플랜)에서 건축경관에 대해 세부적으로 계획하여 관리하고 있으므로 경관생태계획은 자연생태에 치중해 있다.

2) 일본의 경관계획

일본은 지방자치단체가 경관조례를 제정해 경관을 정비하고 보전해 왔으나 법적 권한 미비, 경관수법의 한계, 국가 차원의 세제와 재정지원의 불충분을 인식해 경관법을 2004년에 제정하였다. 일본의 경관법은 경관계획, 경관계획구역, 경관지구, 경관행정단체, 경관협의회, 경관정비지구 등으로 구성되어 있다. 일본의 경관법은 국토교통성을 중심으로 농림수산성과 환경성이 공동으로 발안한 것이 우리의 경관법 제정 과정과 다른 특징이다. 일본의 경우 경관조례를 가지고 있는 지방자치단체는 약 500여 개, 경관법에 기초한 경관계획을 수립한 지방자치체단체는 51개에 이른다.

도쿄도의 경우는 1997년에 '경관조례'를 제정하고 조례에 근거해 경관 형성에 관한 시책을 종합적이고 체계적으로 추진하기 위해 1998년에 '경관형성기본방침'을 발표했다. 1999년에는 도쿄도의 경관조례와 경관형성기본방침에 근거해 '일반지역의 경관형성기준', '스미다가와(隅田川) 경관기본축의 경관형성기준'과 '구릉지 경관기본축의 경관형성계획' 등 경관기본축계획과 경관형성기준을 수립하였다(서울특별시, 2005: 214-216).

3) 미국의 경관관리제도

미국에서 도시경관의 관리와 규제는 주로 '특별지구' 지정을 통해 이루어지며 건축조례와 디자인 심의, 미관개선사업 심의, 옥외광고물 정비, 환경사업 심의 등을 통해 도시경관을 형성·관리하고 있다. 뉴욕의 경우에는 지역지구(zoning)조례로서 로어맨해튼(Lower Manhattan) 지역의 스카이라인 조망과 구릉지 경관을 보호하기 위해 각각 특별경관지구(Special Scenic View District)와 특별구릉지 보존지구(Special Hillside Preservation District)를 지정해 관리하고 있다. 또한 뉴욕 주에는 환경질평가법(State Environmental Quality Review Act)이 제정되어 있어 도시개발 프로젝트가 주변환경에 미치는 영향을 평가한다. 환경영향평가의 일환으로 시각영향평가를 수행하여 시각적 악영향을 최소화시키고 있다.

덴버 시의 경우는 1968년부터 'Mountain View Ordinance'를 제정하여 공공의 오픈스페이스 지역에서 보이는 로키산맥의 조망경관의 보호를 시작하였다. 덴버 시의 조례에서는 13개 지역의 조망경관관리가 이루어지고 있다. 즉 도시공원과 공공장소에 지정된 조망점으로부터 조망대상 방향으로 100피트 수평이동할 때 1피트씩 수직상승하는 방향으로 기울어진 면을 지정하고 조망보호구역에서 건축물들이 그 면을 투과하여 로키산맥의 조망을 저해하지 못하도록 건축물의 높이를 규제하는 방식이다(서울특별시, 2005: 210–212).

어메니티 계획

* 어메니티
어메니티란 '쾌적한 환경' 혹은 '살기 좋음'이라는 의미를 갖는다. 도시 혹은 지역의 어메니티는 도시나 지역에서 생활하거나 방문했을 때 대다수 사람들이 느끼는 환경적, 심미적, 문화적 경제적 가치 등을 의미한다.

'어메니티(amenity)'*는 영국에서 18세기 이래로 형성되어온 개념이다. 1909년에 영국의 주거도시계획법에서 처음으로 '어메니티'라는 용어가 실정법에 등장했고, 1967년 시민어메니티법(Civic Amenities Act)과 1974년 도농어메니티법(Town and Country Amenities Act) 등에서도 이 용어가 사용되었다. 어메니티 계획은 지역의 풍부한 자원을 살려 어메니티가 풍부한 미래의 비전을 제시하고 행정, 사업자, 주민들이 행하는 각종 계획과 시책 사업에 대해 어메니티의 관점에서 쾌적한 환경 만들기를 보급·촉진하기 위해 기본방향, 기본구상, 구체적 시책, 시범사업계획 등을 제시하는 것이다. 어메니티 계획은 물리적 계획과 전략적 계획이 될 수 있고 부문계획으로 제시될 수도 있다(수원시, 1998: 5-7).

일본의 경우 환경청에서 지방공공단체의 어메니티 사업을 전국적인 차원에서 추진하기 위해 어메니티 타운 계획과 어메니티 마스터플랜 책정에 대한 조성사업을 각각 시행한 바 있다. 1985년에는 오사카 시가 오사카 어메니티 계획을 수립했으며 1992년에는 도쿄 시가 토지마구의 어메니티 형성기본계획을 수립한 바 있다.

생태관광계획

1) 생태관광의 개념

생태관광(ecotourism)에 대해서는 여러 전문가들이 다양한 정의를 내리고 있다. 먼저 협의의 개념에 속하는 개념을 살펴보면 미국 생태관광전문가조직인 생태관광협회(The Ecotourism Society)는 생태관광을 '지역주민의 복지가 지속되고 환경이 보전되는 자연지역으로의 책임있는 여행'으로 정의하고(Wallace, 1992: 35-36), Kusler는 '새와 기타 야생동물, 경관지역, 암초, 동굴, 화석지, 고고학적 지역, 저습지, 희귀종이나 멸종위기종의 서식지 같은 자연자원과 고고학적 자원에 주로 기초한 관광'으로 정의하고 있다(Grenier et al., 1993: 1-16에서 재인용). 협의의 개념에 속하는 생태관광이란 자연을 경험하고 자연에 대해 배우

그림 17-1.
생태관광의 개념

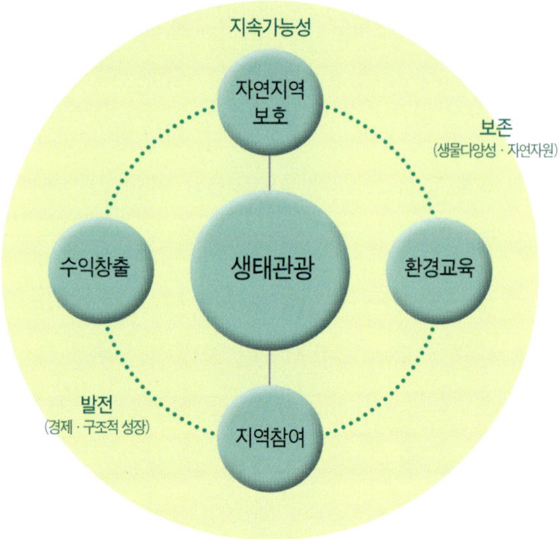

는 데 초점을 맞춘 자연자원에 기반을 둔 지속가능한 형태의 관광으로서, 환경에 미치는 영향을 최소화하고, 소비적이지 않으며, 지역 위주로 윤리적으로 관리되는 관광이다(그림 17-1 참조). 즉 생태관광은 자연상태가 우수한 지역에서 일어나고 그 지역의 자연보전에 기여하는 관광을 말한다.

광의의 개념은 Hetzer가 주장한 개념으로서 책임 있는 생태관광은 ① 환경영향을 최소화하고, ② 관광 대상지의 문화를 최대한 존중하고 미치는 영향을 최소화하며, ③ 관광 대상 국가의 국민들에게 최대한의 경제적 이익을 주고, ④ 참여 관광객에게 레크리에이션 만족의 최대화한다는 기준을 충족하는 관광을 말한다(Grenier et al., 1993: 1–16에서 재인용). 광의의 개념은 기존의 관광에서 탈피하여 새롭게 추구해야 할 방향을 내포한 것으로 21세기에 적합한 개념이다. 지금까지의 생태관광은 주로 협의의 개념으로 많이 사용해왔는데 광의의 개념으로서의 생태관광도 역점을 두어야 할 필요성이 있다.

2) 생태관광의 필요성과 전망

첫째, 대량관광으로 생태계 훼손과 환경오염이 발생하기 때문에 생태관광이 필요하다. UN의 연구에 의하면 관광개발이 해안선, 수서생태계, 도서 및 산악지역, 농촌, 독특한 경관, 역사적 지역과 유물 등에 환경적으로 부정적인 영향을 미치고 있음이 보고된 바 있다.

둘째로는 1992년 리우환경회의에서 채택된 리우선언과 21세기를 위한 세부실천강령, 생물다양성협약, 산림원칙성명 등 관광지 개발에 직접 영향을 미칠 수 있는 국제협약 때문에 생태관광이 필요하다. 생물다양성협약에서는 생물다양성을 보전하기 위한 보호구역을 설정하고 생물다양성에 심각한 영향을 미치는 사업은 규제하도록 정하고 있다. 따라서 생물다양성협약에서 이를 강화시키면 관광지개발이 생물종이나 그 서식처에 영향을 주는 경우에는 규제를 받게 되며, 보호구역을 지정하게 되면 그 구역에서는 관광개발이 불가능해질 수도 있다. 이미 1998년 4차 당사국 총회에서는 지속가능한 관광에 대한 각료 선언을 채택하고 지속가능한 관광지침을 마련하기 위해 실무회의를 진행한 바 있다(외교통상부, 2004). 더 나아가서는 국제관광단체인 세계관광협의회(World Travel and Tourism Council)와 세계관광기구(World Tourism Organization), 지구협의회(Earth Council)가 함께 리우환경회의에서 채택된 의제 21을 관광 분야에서 받아들여 지속가능한 관광을 실천하기 위해 '여행과 관광 산업에 대한 의제 21(Agenda 21 for the Travel and Tourism Industry: Towards Environmentally Sustainable Development)'이라는 행동계획에 착수하였다. 이와 같은 관광 분야의 국제적인 추세에 발맞추고 국제협약에 충실하기 위해서도 생태관광은 필요하다.

셋째, 자연을 찾는 관광객이 증가하고 있기 때문에 생태관광이 필요하다. 환경오염이 점점 더 심해지고 국민들의 환경의식이 높아짐에 따라 자연을 찾는 관광객이 증가하고 있기 때문에 이러한 수요를 충족시키기 위해서는 생태관광이 활성화되어야 한다.

넷째, 자연탐방을 통한 생태계의 중요성을 인식하는 기회를 제공하고 자연학습효과를 얻을 수 있기 때문에 생태관광이 필요하다.

다섯째, 자연생태계를 보호해야 할 보전지역의 경우 보전을 위한 개발규제로 인해 주민들이나 토지소유자들의 경제적 희생을 보상해 주기 위한 방안으로 생태관광이 필요하다(곽결호 외, 2011: 221-222).

우리나라의 생태관광 수요는 선진국의 경험을 살펴보면 쉽게 예측할 수 있다. 미국의 경우 생태관광의 증가추세를 1982~83년과 1994~95년을 비교할 때 탐조활동은 155%, 하이킹은 93%, 배낭여행은 73%가 증가한 반면 반생태적인 관광인 수렵은 12% 감소하고 낚시는 9% 감소하였다. 미국과 캐나다의 생태관광객에 대한 조사자료를 보면 생태관광객은 주로 전국 평균보다 소득수준과 교육수준이 높은 계층이 많다는 자료를 제시하고 있다(Fennell, 1999: 47-48).

선진국의 사례에서 살펴본 것처럼 생태관광은 점점 증가하는 추세이고, 이는 전 세계적으로 환경문제가 심각해짐에 따라 환경에 대한 관심이 높아지면서 나타난 일반적인 현상이라고 볼 수 있다. 또한 관광 분야에서도 지속가능한 관광에 대한 관심이 높아져 생태관광상품이 많이 개발되고 있다는 점도 생태관광을 증가시키는 한 요인이다. 선진국의 사례에서 소득이 증가하고 학력이 높아지면 생태관광의 수요가 증가할 것이라는 점도 알 수 있다.

미국과 캐나다의 생태관광객 구성을 보면 상위소득계층과 고학력자가 많고, 이러한 사실은 소득수준과 학력수준이 생태관광과 어느 정도 상관관계가 있음을 암시한다. 특히 미국의 한 조사자료에 의하면 조사대상 생태관광객의 과반수가 가구당 소득이 2만 달러 이상이고 대졸 이상의 학력을 가진 것으로 나타난 것을 보면(Applegate and Clark, 1987: 129-134), 우리나라도 소득수준이 가구당 2만 달러를 넘어

섰기 때문에 생태관광 수요는 급증할 것으로 예상된다. 우리나라의 경우에는 특히 환경단체의 영향력이 커져 가고 환경에 대한 국민들의 관심이 높아지고 있어 관광 분야에서도 생태관광으로 전환할 수밖에 없는 실정이기 때문에 생태관광의 수요는 점점 증가할 것이다.

Kusler는 생태관광객을 ① 손수 생태관광객(do-it-yourself ecotourists), ② 여행 중 생태관광객(ecotourists on tours), ③ 학교단체 혹은 과학단체 생태관광객(school groups or scientific groups)으로 구분하고 있다(Fennell, 1999: 56-57에서 재인용). 즉 손수 생태관광객은 생태관광객 중 가장 높은 비율을 차지하는 유형으로 이들은 숙박, 방문지까지의 교통 등 모든 것을 융통성 있게 경험하는 특징을 가지고 있다. 여행 중 생태관광객은 관광을 매우 조직적으로 계획하여 생태관광지를 목적지로 하는 관광객이다. 학교단체나 과학단체의 생태관광객은 과학적 연구에 참여하여 한 지역에 장기간 머물면서 어려운 여건도 잘 참고 견디는 유형의 관광객이다. 우리나라에서의 생태관광객은 아직까지 학교단체나 과학단체의 생태관광객이 주를 이루고 있으나 앞으로는 여행 중 생태관광객의 비율이 증가하다가, 결국에는 손수 생태관광객이 주를 이루게 될 것으로 예측된다(곽결호 외, 2011: 221-222).

3) 생태관광의 원칙

Sadler(1990)는 생태관광의 원칙을 ① 지역주민의 의미 있는 참여를 가능하게 하는 교육과 훈련이 이루어져야 하며, ② 그로 인한 소득 창출 등을 통해 지역사회에 사회적, 경제적 편익을 제공하면서 ③ 편익이 보전으로 연결될 수 있도록 지역의 사회 · 경제 · 환경구조의 통합을 이루어야 한다. ④ 생태관광의 계획 · 운영 · 관리에서 공급자와 수요자 모두의 윤리적이며 책임 있는 행동이 뒤따라야 한다는 원칙을 제시하고 있다(김성일 · 강미희, 2002: 21에서 재인용).

Wallace와 Pierce(1996)는 생태관광의 원칙으로 다음의 여섯 가지를 제시하고 있다. 첫째, 여행 대상지의 환경과 주민에게 미치는 부정적 영향을 최소화할 수 있는 이용 유형을 도입한다. 둘째, 지역의 자연과 문화에 대한 이해를 높이고 이에 영향을 미칠 수 있는 현안에 대해 방문자의 참여를 유도한다. 셋째, 법정보호지역이나 기타 자연지역의 보전과 관리에 기여한다. 넷째, 관광의 유형과 양에 대한 의사결정과정에 지역주민의 참여를 극대화시킨다. 다섯째, 전통적인 경제활동이나 사회구조를 변화시키지 않고 보완할 수 있도록 지역주민에게 직접적인 경제적 편익과 기타 다른 유형의 편익을 제공한다. 여섯째, 지역주민과 자연관광 종사자들이 자연지역을 이용하고 방문하며 방문자

생태관광지 개발계획을 수립할 때 지켜야 할 원칙

(Leccese, 1992: 53-56; 곽결호 외, 2011: 227)

- 대상 부지에 순응해야 한다. 즉 기존의 경사도를 잘 활용하고, 기존의 식생을 보존하며, 중장비의 이용을 최소화해야 한다.
- 지속가능해야 한다. 즉 향토식생을 이용하고 야생종을 통제해야 한다.
- 재활용이 가능해야 한다(recyclable). 즉 건축재료뿐 아니라 보도까지도 재활용 가능해야 한다. 만약 석벽을 세운다면 그것들은 몰탈로 채워진 것이 아닌, 재활용 가능한 건조한 돌이어야 한다.
- 야생동물들을 지탱할 수 있어야 한다.
- 오염을 유발하지 않아야 한다. 즉 토양유실에 주의하고 농약과 비료의 사용을 피해야 한다.
- 문화를 재생하고 생태계를 회복시킬 수 있어야 한다.
- 보전의 원칙이 지켜져야 한다. 즉 태양열과 풍력을 활용해야 한다.

들이 원하는 것들에 대해 더 배울 수 있도록 특별한 기회를 제공한다(Wallace and Pierce, 1996: 843-873; 곽결호 외, 2011: 226-227).

일반적인 관광에서는 환경과 기후 등을 조작하여 익숙한 환경에서 고객을 편안하게 만들 수 있는 시설을 설계하려고 한다. 반면에 생태관광에서는 토착식생과 문화, 음악, 무용, 건축, 야생동물 등을 주의

깊게 살펴보고 고객에게 문화적 교류를 제공하도록 해야 하며, 생태 관광이 지속가능한 개발을 위한 하나의 수단이 되어야 한다.

Grenier 등(1993: 1-16)은 생태관광계획의 지침을 개념적인 지침과 계획과정에 관한 지침, 결과물에 대한 지침으로 구분해 제시하고 있는데, 이 가운데 결과물에 대한 지침만을 살펴보면 다음과 같다.

- 생태설계 가이드라인에 기초해 단지와 시설을 설계해야 한다. 즉 적정한 규모로 하고, 기존의 식생과 서식처에 미치는 영향을 최소화하며, 향토식생과 전통적인 건축양식 및 재료를 이용한다.
- 향토재료와 건축방법, 지역노동력을 이용하여 계획을 집행해야 한다. 더 나아가서 양립 가능하다면 최첨단의 환경기술(태양열, 물의 절약기술, 풍력발전)을 적용하는 것이 필요하다.
- 프로젝트의 지속가능성 정도를 나타내기 위해 자발적인 품질통제 프로그램을 계획해야 한다. 이 프로그램은 여러 생태관광기준에 비추어 생태관광시설을 평가하고 이들 시설의 지속가능성에 대해 서열을 매겨 '녹색별(green star)'을 부여한다. 이는 생태적, 문화적으로 건전한 관광을 추구하는 이용자들에게는 품질보증이 되며, 개발자에게는 유인책이라는 이중의 역할을 하게 된다.
- 프로젝트 지역과 인접한 환경에서 거주하는 지역주민들과 긴밀히 협조하여 프로젝트의 장기적 영향을 모니터링하는 프로그램을 수립해야 한다.
- 관광객들이 환경의 경험을 심화시키고 지역문화에 대한 이해와 존중을 향상시킬 수 있도록 관광객을 위한 교육 및 해설 프로그램과 활동을 수립해야 한다.
- 환경적, 사회적으로 지속가능한 관광을 진흥시키기 위해 지역사회의 책무를 강조하는 마케팅 계획을 수립해야 한다.

18

생태적으로 다양한 도시 만들기

다양한 동식물과 미생물은 서로 협력하여 인간 생존에 필수적인 다양한 서비스를 제공하며 지구생명권을 형성하고 있다. 그러나 인간 생존의 바탕이 되는 생물들과 서식지는 인간의 탐욕스러운 개발과 활동에 의해 감소되고 파편화되면서 그 삶의 기반이 위협받고 있다. 현재 약 11,000종의 동식물이 멸종 위기에 처해 있는 것으로 알려져 있으며 포유동물의 24%, 조류의 12%, 양서류의 20%, 파충류의 25%, 어류의 30%가 가까운 장래에 멸종할 가능성이 높은 것으로 밝혀졌다. 이는 자연생태계가 역사상 전례 없이 악화되었음을 보여준다. 이 장에서는 생물다양성의 개념과 필요성, 도시에서 생물다양성을 증진시키는 방안을 살펴보고, 이를 실현하기 위한 건축, 도시, 조경계획 내 실천적 담론의 특성과 계획기법을 정리하였다.

생물다양성 개념과 그 필요성

＊ 생물다양성
〈바이올로지 레퍼런스 닷컴 사전〉의 정의에 의하면 생물다양성은 지구상에 살고 있는 모든 생명체, 지구상에 존재하는 모든 육지와 해양생명체, 그리고 식물, 동물, 곰팡이, 그 속에 있는 미생물들이 살고 있는 생태계의 행동양식과 상호 작용, 생태적 과정의 전반을 포함한다.

생물다양성(biodiversity)* 개념을 Center(1991)는 '생물과 과정의 다양성'이라고 정의하고, Wilcox(1982)는 '생물 형태와 그들이 갖는 역할의 다양성, 유전학적 다양성'이라고 정의내리고 있다. Noss와 Cooperrider(1994)는 '생물유기체의 다양성, 유전적 차이, 생물유기체가 발생하는 커뮤니티와 생태계의 다양성, 생물유기체가 기능을 하고 변화하며 적응하는 생태 및 진화 과정의 다양성'으로 정의하고 있다(Ahern et al., 2006: 5–6에서 재인용).

미국의 NBII(National Biological Information Infrastructure)에 의하면 생물다양성은 다양한 생물체와 상호 교류의 총합이며 ① 유전적 다양성, ② 종다양성, ③ 생태계다양성으로 구분된다. 생물다양성협약(Convention on Biological Diversity, CBD) 제2조에 생물다양성이란 육상 · 해상 · 수중생태계와 이들 생태계가 이루는 복합생태계를 아우르는 전 분야의 생물체 간의 변이성을 뜻하며 종 내부의 다양성, 종 간의 다양성, 생태계의 다양성을 포함한다고 정의되어 있다.

유전적 다양성은 종 내의 유전자(genes)의 다양성을 말한다. 예를 들면, 치와와나 비글, 로트와일러는 개라는 점에서는 같지만 유전자는 다르기 때문에 유전적 다양성이 있다고 할 수 있다. 종다양성은 지역 내 종의 다양성을 말하며, 원숭이와 잠자리, 렉시아(Rhexia) 꽃처럼 서로 종이 다른 것을 의미한다. 생태계다양성은 특정 입지에서 종의 수, 종의 생태적 기능, 종의 구성이 지역 내에서 다양한 것을 말한다. 초원과 연못, 열대우림은 모두 생태계**이지만 그 안에 사는 종과 서식환경이 서로 다르기 때문에 서로 다른 생태계가 된다. 생태계다양성은 한 생태계에 속하는 모든 생물과 무생물의 상호작용에 관한 다양성을 말한다.

＊＊ 생태계
생태계는 특정한 지리적 위치에서 물리적 환경과 상호작용하는 살아 있는 공동체를 의미한다. 생태계는 썩어가는 통나무나 연못처럼 작을 수도 있고 전나무 숲이나 넓은 호수처럼 클 수도 있다. 좋은 생태계가 제대로 돌아가도록 하는 톱니바퀴의 바퀴와 톱니 역할을 하는 핵심요소이다.

지구가 살기 적합한 행성이 된 것은 우리가 생물다양성이라고 부르는 서로 뒤얽혀 배열되어 있는 생물들의 그물을 통해 조화로운 활동이 이루어진 덕분이다. 식물과 동물, 미생물은 서로 협력하여 생명에 필수적인 다양한 서비스를 제공한다. 비옥한 토양을 형성하고 보존하며 낙엽, 배설물, 사체 등 유기폐기물을 분해하고 식물의 성장에 필요한 영양염류와 탄소와 질소를 순환시킨다. 또 오염물질을 흡수하고 분해하며, 대기의 기체혼합물을 양호한 상태로 유지하는 데 도움을 주고, 지구가 흡수하는 태양에너지의 양과 지역의 날씨와 강수량을 적절한 수준으로 조절한다. 또 홍수와 가뭄의 빈도와 규모를 최소화하고 물을 정화함으로써 물순환을 조절하고, 바다가 육지 끝자락에 가하는 타격을 완화시키며, 작물들에게 꽃가루받이를 시켜주고, 작물에 해를 입히고 인간이 병을 일으키는 해충을 통제한다.

그러나 오늘날 이 그물을 이루고 있는 종들은 인간의 활동에 의해 전례 없는 위협과 공격을 받고 있다. 국제자연보호연맹(International Union for Conservation of Nature and Natural Resources, IUCN)에서는 약 11,000종의 동식물이 위기에 처해 있고 포유동물종의 24%, 조류종의 12%, 양서류종의 20%, 파충류종의 25%, 어류종의 30%가 가까운 장래에 멸종가능성이 높은 것으로 보고 있다(Ahern et al., 2006: 8). 세계야생동물기금(World Wildlife Fund, WWF)은 'Living Planet Index'를 개발해 생물다양성을 측정하여 생태계의 건강성을 모니터링하는 데 이용하고 있다. 이 지수가 1970년 이후 2005년에는 약 30%가 하락했는데 이는 자연생태계가 역사상 전례 없이 악화되고 있음을 보여주는 것이다(WWF, 2008).

생물종 보존이 중요한 이유로는 다음의 세 가지를 들 수 있다. 첫째는 지구유기체의 다양성에 저장되어 있는 광범위한 유전자 정보가 생물기술 발견의 주춧돌이 되기 때문이다. 둘째, 생태계는 지구에게 다양한 서비스를 제공하기 때문이다. 예를 들면 생태계는 이산화탄소를 걸러주는 서비스 등을 제공하는 데 반해 이들 서비스의 경제적 가치는 완전히 측정하지 못하고 있다. 셋째, 인간은 지구상 생물체의 균형을 보존해야 하는 도덕적 의무를 가지고 있기 때문이다. 생물종이 존재한다는 것과 존재 자체가 오랜 기간에 걸친 역사적 과정의 표현이기 때문에 종을 보존해야 하는 것이다(Ahern et al., 2006: 16).

생물다양성을 보전해야 할 필요성은 다음과 같다. 첫째, 생물다양성 자체로서 본질적 가치가 있기 때문이다. 모든 지구상의 생명체는 하나님이 창조한 생명체로서 지구상에서 살아가야 할 존재가치와 권리가 있다. 둘째, 생물다양성은 실용적 가치가 있기 때문이다. 여기에서 실용적 가치는 재화로서의 가치와 서비스로서의 가치, 정보로서의 가치를 모두 포함하는 개념이다. 지구상의 생물체는 모두 먹이사슬로 연결되어 있고 우리는 생물다양성으로부터 식량을 얻을 수 있다. 인간에게 꼭 필요한 산소를 나무나 풀 등의 식물로부터 얻을 수 있고, 나무나 초화류 등은 물을 저장했다가 서서히 내뿜기 때문에 숲에서는 우리가 살아가는 데 필수적인 물을 공급받을 수 있다. 또한 모든 동식물들은 의약품을 만드는 원료가 된다. 미국의 경우 조제되는 약의 25%가 식물로부터 추출된 성분을 포함하고 있고, 3,000종 이상의 항생제가 미생물에서 얻어지고 있다. 또한 개발도상국가 인구의 80%를 돌봐주는 의약품을 동식물에서 추출하고 있고, 동양 전통 의약품의 경우에도 5,100여 종의 동식물을 사용하고 있는 것으로 알려져 있다.

생물다양성의 가치는 특히 농업에서 분명하게 드러나는데, 품종개량자나 농부들은 오래전부터 생산력을 향상시키기 위해 유전적으로 뚜렷한 몇몇 품종들을 교배하여 유전적 다양성을 늘리고, 변화하는 환경조건에 적절히 반응하기 위해 유전적 다양성을 이용해왔다. 그 외에도 숲이나 자연은 우리에게 아름다운 경관과 함께 여러 가지 아이디어를 제공해 준다.

생물다양성 증진방안

인간의 토지이용과 개발로 인해 생물종의 서식처가 되는 오픈스페이스의 면적이 감소되고 파편화되면서 생물다양성이 위협을 받고 있다. 서식처의 훼손은 종의 양뿐 아니라 생존하는 종의 질에도 영향을 준다. 경관의 파편화는 서식처의 크기와 형태, 다른 지역의 적합한 서식처와의 거리에도 영향을 준다. 생물다양성에 위협을 주는 요소는 ① 서식처의 소멸과 훼손, ② 외래침입종의 도입, ③ 자연자원의 과도한 개발, ④ 오염과 질병, ⑤ 인간에 의한 기후변화 등이다.

도시생태계와 관련된 생물다양성은 ① 인접생태계에 미치는 도시 자체의 영향에 관련된 것, ② 도시생태계 내에서 생물다양성을 어떻게 최대화하느냐에 관련된 것, ③ 생태계 내에서 바람직하지 않은 종의 관리에 관련된 것 등 세 가지로 구분된다. 규모, 위계, 종의 정체성, 종의 가치, 파편화 등과 같은 생물다양성 관리에 관련된 개념들을 도시의 생물다양성 관리에 이용할 수 있다. 생물다양성 보전에 이용되는 종과 관련된 개념은 '우산종(umbrella species)'과 '깃대종(flagship species)'이다. 우산종은 먹이사슬의 꼭대기에 있거나 넓은 행동권(home range)을 가진 종으로, 우산종을 보존하면 이 종에 의존하는 다른 종들이나 좁은 행동권을 가지며 유사한 요구조건을 갖는 종들이 보존된다. 깃대종은 관심을 끌거나 보전 노력을 위한 대중들의 지원을 활성화하는 데 이용할 수 있는 카리스마가 있는 종이다(Savard, 2000).

생물다양성 측면에서 환경계획가들이 특히 고려해야 할 사항은 서

그림 18-1.
개체군 크기에 따른 서식처 유지 효과

작은 조각이 여러 개 흩어진 경우보다는 적은 수의 큰 조각일 때, 그리고 조각들이 덩어리를 이룰 때 생물개체군 유지효과가 크다.

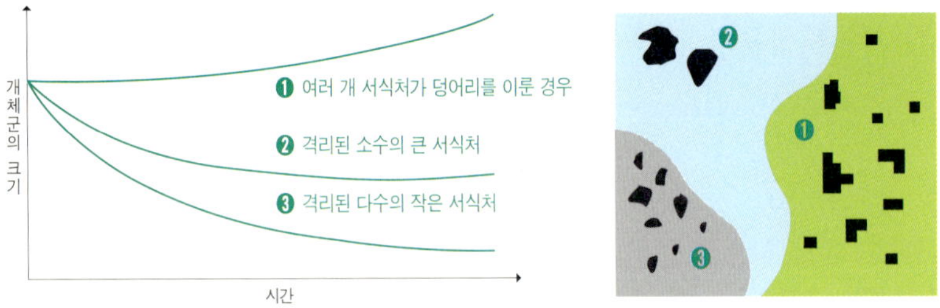

출처: McKelvey et al.(1993), pp. 424-450과 이도원(2001), p. 154의 내용을 참고하여 재작성.

식처와 종의 구성이다. 서식처의 구성은 생물군집과 개체군이 토지의 피복 유형에 의존하기 때문에 중요하고, 종의 구성은 계획대상지에 외래종이 도입되면 향토종을 압도하기도 하고 생태계의 구조와 기능, 군집과 개체군을 훼손시킬 수 있기 때문이다. 그림 18-1과 같이 개체군이 작은 조각이 여러 개 흩어진 경우보다는 적은 수의 큰 조각이 있을 때, 그리고 그 조각들이 덩어리를 이룰 때 생물서식처의 유지효과는 크다(이도원, 2001).

일반적으로 생물다양성은 이미 문제가 된 종을 다루는 '멸종위기종 대응형 접근법(endangered species reactive approach)'이나 다양한 종이 밀집된 지역을 보존하는 데 초점을 맞춘 '취약지역 사전대책형 접근법(hot spot proactive approach)'에 의해 평가된다(Ahern et al., 2006: 11). 멸종위기종 대응형 접근법은 개발활동과 본질적으로 상충되며 개발과 보존을 합리적으로 타협하는 복수 종서식지 보존계획에 이르게 된다. 반면 '취약지역 사전대책형 접근법'은 해당 지역 내의 종과 생태계의 질이 완전히 훼손되기 전에 전체적인 다양성을 보존하는 데 도움이 되는 지역을 보존한다는 점에서 더욱 전략적이고 사전대책적이다. '취약지역(hotspots)'은 Norman Myers가 1988년 처음으로 사용한 개념으로, 그는 서식처가 심각하게 훼손된 산림과 식물고유성이 예외적으로 높은 10개의 열대산림을 취약지역으로 지정하였다. 그 후 세계보존협회(Conservation International)가 기관의 청사진을 작성하면서 이 개념을 받아들이고 재평가하였다. 취약지역으로 지정되기 위해서는 ① 최소 1,500종의 유관속 식물이 고유종을 가지고 있어야 하고, ② 원래 서식처의 최소 70%가 손실되어야 한다는 기준에 부합되어야 한다.

'취약지역 사전대책형 접근법'의 다른 예는 미국의 지질조사청의 생물자원국에서 수행하는 국가 Gap 분석 프로그램(National Gap Analysis Program, GAP)이다. 이는 현재의 보존지역네트워크에서 토착동물종과 자연식생군집을 얼마나 잘 나타내고 있는지를 분석하는 데 사용된다. 여기서 Gap이란 특정 종이나 자연군집이 현행 보존지역에서 적절히 나타나지 않는 지역을 말한다. GAP 평가에서 토지를 항구적으로 보존하는 토지에서 기존 생태계와 식생군집에 인간의 변화를 허용하는 토지까지 4개의 관리등급으로 분류한다. 어느 지역을 보존해야 하는지를 결정하기 위해 생태과정과 종의 분포를 검토한다는 점에서 GAP은 유망지점 접근법의 한 유형이다. 또 다른 지역적 규모에서 장기적으로 시도하는 사전대책형 접근법은 세계야생동물기금(WWF)에 의해 사용되는 생물지역접근법(ecoregion approach)이다. 세계야생동물기금은 200개 이상의 생물지역(ecoregion)을 설정하고 이들의 보존우선순위를 정하고 있다(Ahern et al., 2006: 12–13).

희귀 생물종이나 멸종위기 생물종을 보존하기 위해 가장 활발한 활동을 벌이고 있는 국제단체는 국제자연보호연맹(IUCN)이다. 국제자연보호연맹 산하 종보존위원회(Species Survival Commission)에서 위협종(threatened species)의 생물종 위협 정도에 따라 9개의 범주로 구분한 레드 리스트(red list)*를 발표하고 있다. 9개의 범주는 ① 개체가 하나도 남아 있지 않은 '절멸종(extinct, EX)', ② 보호시설에서만 생존하고 있거나 원래의 서식지가 아닌 곳에서만 인위적으로 유입되어 생존하고 있는 '자생지 절멸종(extinct in the wild, EW)', ③ 야생에서 멸종할 가능성이 대단히 높은 '위기상태 위험종(critically endangered, CR)',

*** 레드 리스트**
국제자연보호연맹(IUCN)이 2~5년마다 지구상에서 멸종위기에 처한 각종 희귀 동식물의 실태를 출간·발표하는 보고서로, 정식 명칭은 '멸종위기에 처한 동식물 보고서'이다.

④ 야생에서 멸종할 가능성이 높은 '위험종(endangered, EN)', ⑤ 야생에서 위기에 처할 가능성이 높은 '취약종(vulnerable, VN)', ⑥ 멀지 않은 미래에 야생에서 위기에 처할 가능성이 높은 '위협 근접종(near threatened, NT)', ⑦ 위험이 낮고 위험범주에 도달하지 않은 '안전종(least concern, LC)', ⑧ 멸종 위험에 관한 평가자료 부족을 나타내는 '자료부족(data deficient, DD)', ⑨ 아직 평가작업을 거치지 않은 '미평가종(not evaluated, NT)' 등이다(IUCN, 2001).

희귀종과 멸종위기종을 보존하는 방식은 크게 현지 내 보존과 현지 외 보존으로 구분된다. 현지 내 보존은 희귀종과 멸종위기종이 자생하는 자생지를 보존하는 방식인데 우리나라는 관련 법률에 의거해 천연기념물, 천연보호구역, 자연공원, 생태·경관보전지역, 습지보호지역 등으로 지정하여 보존하고 있다. 현지 외 보존은 수목원, 식물원, 동물원 등에서 희귀종과 멸종위기종을 수집하여 보존 및 증식하는 방식이다.

네덜란드에서는 서식처를 기반으로 한 접근방법(habitat-based approach)인 생물다양성 정책프로그램(2008~2011)을 제시한 바 있다. 이 접근법은 개별 종보다는 서식처에 있는 보호종에 초점을 맞춘 접근법으로, 서식처 보존을 통해 약 300종의 멸종위기 동식물종을 보존하면서 멸종위기가 약간 적은 종까지도 보존하는 것을 목적으로 하고 있다.

영국의 생물다양성의 보전을 위한 핵심원칙은 생태계 접근방법(ecosystem approach)이다. 이 접근방법은 보전과 지속가능한 이용을 촉진하는 토지와 대기, 물과 생물자원을 통합적으로 관리하기 위한 전략이다. 또한 이 접근방법은 인간도 생태계의 구성요소임을 인정한다(UK Department for Environment, Food and Rural Affairs, 2007). 이 접근방법은 2000년에 개최된 5차 생물다양성 당사국 회의에서 채택한 생태

도시에서 조류의 풍부도와 다양성을 증진시키기 위한 다차원적 접근법(Savard, 2000)

- 도시를 둘러싸고 있는 농촌을 점검하고 도시의 조류원이 될 수 있는 주요한 조류서식처를 확보하거나 복원한다.
- 도시를 둘러싸는 그린벨트를 설치한다.
- 조류서식처와 도시를 연결하는 식생회랑을 통합하고 자연하천과 도로를 이용해 공원과 연결한다.
- 도시 내의 식생의 양과 다양성을 증가시킨다.
- 특정 종의 조류를 유치할 수 있는 공원의 특징을 향상시킨다.
- 도시의 자연공원과 레크리에이션 공원의 식생에 구조적 다양성을 증가시킨다.
- 조류에 먹이와 은신처를 제공하기 위한 침엽수와 과실수를 식재한다.
- 철새의 이동기간 중 고층빌딩의 야간등화관제를 장려하고 새들의 충돌을 최소화하는 건물을 장려한다.
- 절벽이나 구멍에 서식하는 종들을 위한 특수한 둥지구조물을 설치한다.
- 주택소유자에게 그들의 주택부지를 조류를 위해 관리하도록 장려하고 애완동물 사육을 자제하며 농약과 제초제의 사용을 최소화한다.
- 조류를 유치하기 위해 교목과 관목을 적절히 식재하도록 지침을 배포한다.
- 뒷마당에 조류 먹이통, 둥지박스 등을 설치해 유지한다.

계 접근방법을 기반으로 한 것이다. 영국의 런던 생물다양성 파트너십(London Biodiversity Partnership)은 생물다양성과 관련된 조직들이 통합된 조직으로 런던의 생물다양성을 증진시키기 위한 실천계획의 수립과 집행을 담당하고 있다. 런던 생물다양성 실천계획(The London Biodiversity Action Plan, BAP)의 중요한 서식처와 종을 위한 26개 실천계획을 통해 서식처의 수를 증가시키고 서식처의 조건을 향상시키기 위한 2015년까지의 목표를 표 18-1과 같이 제시하고 있다.

생물다양성협약(CBD)은 생물다양성의 보전, 생물자원의 지속가능한 이용, 생물자원을 통해 얻어지는 이익의 공정하고 공평한 분배를

표 18-1.
런던의 생물다양성 실천계획의 목표

*는 현행 London Biodiversity Partnership 실천계획에 존재하는 서식처 유형을 나타냄.

서식처 유형	서식처 조건 향상 목표 (2015)	서식처의 범위를 증가시키는 목표(2015)
해안 및 범람원의 습지대 초원 (Coastal and Floodplain Grazing Marsh)	30ha	10ha
방목지 초원(Chalk Grassland)*	N/A	25ha
산성토 초원(Acid Grassland)*	5ha	20ha
황야지(Heathland)*	N/A	30ha
갈대밭(Reedbeds)*	N/A	10ha
고목이 있는 개방경관 (Open Landscapes with Ancient Trees)	2ha	20ha
산림(Woodland)*	N/A	20ha (5ha는 습지산림)
목초지(Meadows and Pastures)	5ha	20ha
템스강의 조수간만지(Tidal Thames)*	N/A	1개의 신규 염습지 혹은 개펄
강과 하천(Rivers and Streams)*	15㎞	N/A
정수(Standing Waters)*	N/A	33개의 신규 연못과 5개의 대규모 수공간 조성

출처 : London Biodiversity Partnership 홈페이지.

목표로 하고 있다. 1992년 브라질의 리우에서 개최된 유엔환경개발회의(UNCED)에서 158개국 대표가 서명함으로써 생물다양성협약이 채택되었다. 2010년 5월 현재 192개국과 EU가 회원국으로 가입되어 있으며 우리나라는 1994년에 154번째 회원국으로 가입하였다.

우리나라는 '생물다양성 보전 및 이용에 관한 법률'을 2012년에 제정하였다. '생물다양성협약'을 채택한 이후 생물다양성 보전과 지속가능한 이용을 위해 국가생물종조사 및 목록 작성, 생물종 및 서식지 보전대책 등 생물다양성 전반에 대한 국가적 대응 강화의 필요성이 대두된 것이 이 법률의 제정 배경이다. 반면에 개발 위주의 정책 추진 등으로 국가의 생물다양성이 지속적으로 감소하고 있으며, 생물자원 관련 정책이 관계 부처별로 이용 위주로만 각각 관리되고 있어 국가 생물다양성의 종합적인 관리가 미흡한 실정이다. 이에 따라 국가 전체의 생태계 건강성 확보를 위하여 국가생물다양성을 종합적, 체계적으로 보전하고 지속가능하게 이용할 수 있는 토대를 구축하며, 생물다양성협약의 능동적 이행과 대처를 위한 제도적 기반을 마련함으로써 국민생활의 향상과 국제협력의 증진에 기여하려는 것이 이 법률의 제정 취지이다. '생물다양성보전 및 이용에 관한 법률'에 근거해 4차 국가생물다양성 전략(2019-2023)의 시행을 위해 2019년 국가생물다양성 전략 시행계획을 수립해 관계부처별로 시행하고 있다.

도시와 건축계획에서 종다양성을 증가시키는 조치

도시를 계획하는 과정에서는 도시경관이 자연환경적 요소를 갖도록 하기 위한 설계전략이 필요하다. 도시경관의 다양성을 최대화하고 자연진화 과정의 원리에 기초한 도시관리를 통해 도시환경의 질은 향상된다.

건축구조물이 건립되는 부지가 자연상태일 경우에는 부지를 조성하는 단계에서부터 건축 과정과 인프라, 시설공사, 조경공사, 조경관리에 이르기까지의 모든 과정에서 종다양성을 증가시킬 수도 있고 반대로 감소시킬 수도 있다. 건축구조물의 계획과 설계에서 종다양성을 감소시키는 활동과 이들 활동에 대응해서 종다양성을 증가시키기 위한 조치나 활동을 살펴보면 표 18-2와 같다(Yeang, 2006: 124-127).

진정한 종다양성이란 단순히 종의 수만이 아니고 종과 종 사이의 상호연관성(interconnections)의 풍부도를 말한다. 이러한 상호연관성이 발전하기 위해서는 공진화(coevolution)의 시간이 걸린다(Thompson and Sorvig, 2008: 20). 일반적으로 도시경관에서는 그림 18-2와 같이 패치

표 18-2. 종다양성을 증감시키는 활동

구분	종다양성을 감소시키는 활동	종다양성을 증가시키는 활동
부지공사	벌채	• 벌채지역을 제한하고 비벌채지역을 자원으로 간주
	토공	• 토공의 제한 수용 • 토양을 보존하거나 저장함
	정지	• 보다 많은 다양성을 위한 설계 • 간섭 거부
	배수	• 많은 제약조건 수용 • 현장에서의 물 사용을 위한 설계
	포장	• 불투수의 막힌 포장을 최소로 축소 • 다공질 포장 사용
	터파기	• 경사조건 수용, 필요한 때만 터파기를 함
건축과정	쓰레기	• 부지 청소 • 쓰레기는 특정 장소에만 제한
	오염물	• 예를 들면 시멘트와 석회의 혼합과 부지의 세척을 일정 지역으로 제한하고 완공 후에는 재생함
	흙다짐	• 과도한 활동을 축소하고 제한함 • 부지 재생
	주차	• 건설요원의 주차는 부지 외로 제한
	오염	• 부지 내 이동은 지정된 지역으로 국한 • 재생
	무차별적 훼손	• 훼손을 최소화하기 위한 감독 • 제한지역에 울타리 설치
건축구조물, 시설, 혹은 인프라의 설계 특징	과도한 부지점유	• 발자국 축소, 고층화 고려 • 내부 동선 공간 축소 • 야생동물 이동을 위한 평평한 공간
	과도한 크기	• 외부 동선 공간 증가 • 내부와 외부공간과 야생동물서식처의 통합 고려
	과도한 그늘	• 다른 건축물뿐 아니라 주변지역에 대한 태양열 접근이 되는 향과 설계
	바람효과	• 자연지역의 과도한 바람속도와 회오리를 피하는 설계 야생동물통로가 바람터널이 되는 것을 피함
	유리로 된 벽면의 입지	• 조류의 비행노선과 이동루트를 피하도록 벽면 지역을 입지 • 부지평가의 일환으로 노선 평가
	동식물 차단	• 동물의 이동을 변경하고 가능한 곳에서는 건물 밑으로 물이 흐르도록 하는 과정과 동식물의 자연적 이동을 허용하는 입지와 설계
	과도한 딱딱한 포장	• 딱딱한 포장을 최소로 축소 • 서식처 재창조를 위해 부지에서 유출수 활용
	야생동물에 부적합한 포장	• 곤충의 서식처를 제공하여 조류와 도마뱀의 먹이가 되도록 가능한 한 그물짜기한 천연재료 이용

표 18-2. (계속)

구분	종다양성을 감소시키는 활동	종다양성을 증가시키는 활동
건축 시스템과 조경을 위한 재료와 시스템	오염되고 공간집약적	• 부지 외에서 요소들의 조립 고려
	종다양성이 감소하는 공장으로부터	• 대안적 재료와 공급처 고려
	종다양성이 위협받는 입지로부터	• 대안적 재료와 공급처 고려
	유해한 생산품 혹은 침출액	• 대안적 재료 이용
	단기수명의 천연재료	• 지속가능한 원천으로부터 나온다면 내구성 있는 대안재료 활용
	지속가능하지 않은 원천으로부터	• 종다양성을 보존하는 대안적 재료 활용
	희귀하거나 위협받는 원천	• 양묘장과 같은 지속가능한 원천으로 가용한 것을 활용하거나 보다 일상적 종의 이용
조경설계	딱딱하고 정형적 구상	• 부드러운 재료를 사용하고 서식처를 위한 설계 고려
	잔디와 포장의 과도한 사용	• 단순경작을 줄이고 다양성을 증진
	물의 사용	• 서식처로서의 물을 조성 • 빗물을 저류하기 위한 물의 활용
	낮은 종다양성	• 종다양성을 높이고 보다 넓은 범위의 식생형태를 갖는 구상(서식처의 다양성을 제공하고 서식처의 연결성 증진)
식생재료	희귀종 혹은 멸종위기종	• 희귀종을 보존하고 희귀종이 지속가능하게 획득할 수 있다면 다양성을 회복할 수 있음
	기존의 자연경관으로부터	• 대안적 재료를 사용하거나 지속가능한 지역 혹은 양묘장에서 나온 재료 이용
	서식처로서의 가치가 없음	• 토착종의 야생동물을 위한 서식처 가치를 갖는 종의 이용 고려
	외래종을 위한 서식처	• 토착야생동물을 위한 피난처를 제공하기 위한 대안적 토착종 고려
	해충이 될 가능성이 있는 종	• 침입성이 없는 대안 종의 이용 활성화
	외래의 자연종	• 화분에 의한 주위지역의 유전학적 오염을 피하도록 대안적 토착종의 이용 고려
조경관리	잔디 깎기	• 저관리형의 다양한 조경 고려
	태우기	• 기존 환경을 위협하지 않고 가능한 한 적정 강도의 드물게 태우기 활용
	제초제와 농약	• 저관리 설계와 대체노동
	비료	• 필요한 곳에서는 자연생산물과 퇴비 사용
	동물	• 야성적 애완동물은 피하거나 야생동물 서식처로부터 떨어져 가두도록 설계

그림 18-2. 지역개체군 생존에 영향을 미치는 경관 패치의 크기와 연결성

일반적으로 패치의 수가 증가하고 큰 경관조각의 수가 많아질 뿐만 아니라 패치 크기의 다양성과 연결성이 증가할수록 지역의 개체군 생존확률이 높아진다.

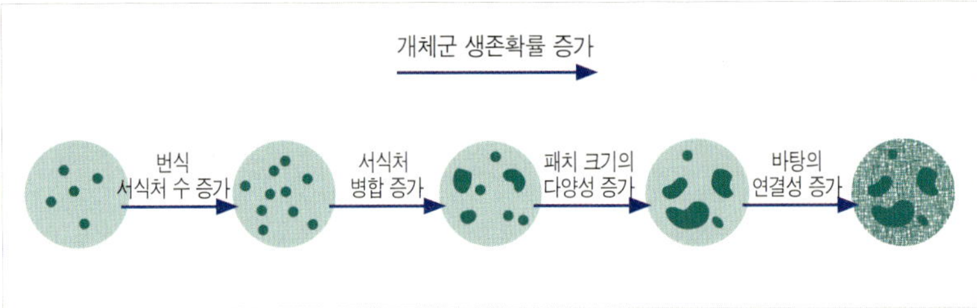

출처: Hansson et al.(1995), p. 15와 이도원(2001), p. 140의 내용을 참고하여 재작성. 그림: 이윤지.

(patch)의 수가 증가하고 큰 경관 패치의 수가 많아질 뿐만 아니라 패치 크기의 다양성과 연결성이 증가할수록 지역의 개체군 생존확률이 커진다(이도원, 2001).

토양보전

한 숟가락 분량의 건강한 토양에는 40억 개의 미생물이 있으며 미생물은 60% 이상의 토양 신진대사를 담당한다. 일반적으로 토양은 암석층, 하층토, 표토의 3개 층으로 구성되어 있다(그림 18-3 참조). 토양은 원래의 모습 그대로 두는 것이 가장 좋으나 공사로 인해 부득이 토양을 제거해야 할 경우는 개략적으로 표토의 표면에서 6인치를 걷어서 보존하는 것이 바람직하다. 미국에서 고속도로 건설 후 시험용 경사지에서 동일한 영양분과 씨앗, 침식방지재료로 시공한 결과 표토를 다시 덮은 지역이 덮지 않은 지역보다 3년 후 수목성장이 250% 더 좋은 것으로 나타났다(Thompson and Sorvig, 2008: 88–89).

표토를 쌓아두면 쌓아둔 토양에 있는 많은 미생물은 산소부족, 건조 등으로 죽게 된다. 따라서 표토를 이용할 경우 그림 18-3과 같은 표토 이용계획 절차를 따르는 것이 좋다. 1개월 이상 표토를 쌓아두는 것은

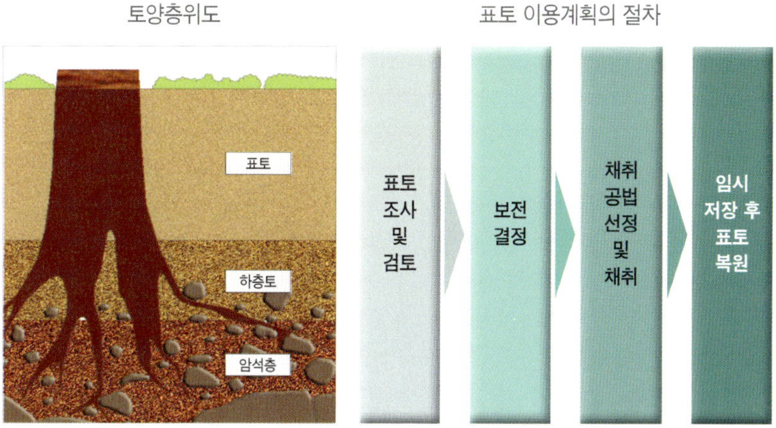

출처: 오구균 외(2008), p. 400을 토대로 재작성. 그림: 김진호.

그림 18-3. 토양층위도와 표토이용계획의 절차

토양미생물을 죽일 가능성이 높다. 토양미생물을 살리기 위해서는 다음과 같은 사항을 지키는 것이 좋다(Thompson and Sorvig, 2008: 88).

- 하나의 큰 무더기로 토양을 쌓아두기보다는 여러 개의 작은 무더기로 토양을 쌓아둔다.
- 쌓아둔 토양의 깊이가 사양토는 6피트, 점질토는 4피트 이하여야 한다.
- 흙더미를 적당한 수준으로 촉촉하게 한다.
- 흙더미를 덮개를 덮거나 식재를 해서 바람과 빗물로 인한 침식을 방지한다.
- 토양은 가능한 한 적게 손대고 가능한 한 짧은 시간 쌓아둔다.

작물재배를 위한 도시농업 대상지는 항상 토양검사를 해야 한다. 토양의 납 성분이 500ppm 이하인 경우는 부피의 3분의 1은 부식질의 유기물을 섞어야 한다. 납 성분이 이를 초과하는 경우는 오염된 토양과 식재 바탕토양을 분리하도록 성토를 해서 토양을 높여주어야 한다.

19

자전거와 보행네트워크를 갖춘 대중교통 중심의 도시 만들기

도시의 대기오염을 줄이는 방법으로는 화석에너지인 석유의 소비를 감소시키는 것을 들 수 있다. 우리나라 도시에서 대기오염을 일으키는 주범은 자동차 배기가스라는 사실을 감안할 때 자동차 사용을 억제하는 방안이 강구되어야 한다. 자동차 사용을 억제하기 위해서는 대체교통수단인 자전거나 보행이 쾌적하고 편리하게 이루어질 수 있도록 자전거도로와 보행로의 네트워크가 잘 갖추어져야 할 것이다. 자전거 타기가 활성화되기 위해서는 레저용 자전거 타기에서 출퇴근용 자전거 타기로 전환되어야 한다. 자전거를 출퇴근용으로 활용하기 위해서는 자전거 도로의 확보뿐 아니라 자전거 이용자의 교통안전을 확보할 수 있는 교통규칙과 자전거보험, 직장 내 샤워시설과 자전거 보관장소의 확보 같은 조치가 수반되어야 한다. 이 장에서는 국내외의 자전거 활성화 정책과 탐방로에 대해서 알아본다.

우리나라의 자전거 활성화 정책

우리나라는 자전거 이용을 활성화하기 위해 '자전거 이용 활성화에 관한 법률'이 1995년에 제정되어 시행 중이고, 이 법률에 의거해 지방자치단체의 장은 '자전거 이용 활성화 계획'을 5년마다 수립하도록 되어 있다. 우리나라는 저탄소 녹색성장정책의 하나로 자전거도로 확충 사업과 '자전거 타기 활성화 정책'을 시행한 바 있으며, 특히 창원 등의 도시는 자전거활성화정책을 적극적으로 시행해 자전거모범도시로 평가받고 있다. 창원시는 국내 최초의 계획도시로서 1974년 최초 도시기본계획에서도 자전거 전용도로를 설치할 것을 계획해 자전거에 관한 기본 인프라가 잘 갖추어져 있다. 창원시는 2010년에 자전거 이용 활성화에 관한 조례를 제정해 시행하고 있으며, 이 조례에서 시장이 자전거 이용 활성화 계획을 5년마다 수립하도록 의무화하고 자전거 이용 활성화 위원회를 설치하도록 규정하고 있다.

창원시는 자전거 이용을 활성화하기 위해 인프라 구축, 제도적 장

그림 19-1.
창원시의 자전거 정책 목표와 기본전략

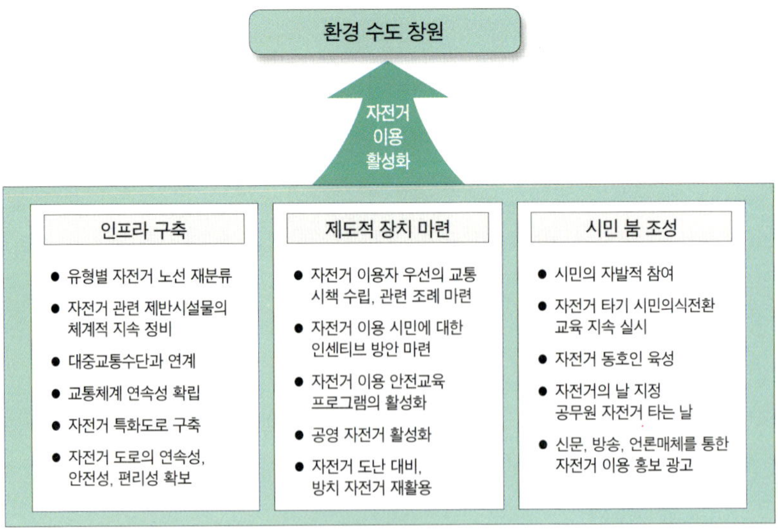

출처: 창원시 홈페이지.

치 마련, 시민 붐 조성 등 세 가지 목표를 설정하고 각 목표마다 기본 전략을 설정하여 시행해왔다(그림 19-1 참조). 창원시의 자전거정책의 추진 성과를 살펴보면 가구별 평균 자전거 보유 대수가 2007년 0.75대에서 2008년에는 0.79대로, 2017년에는 1.59대로 증가했으며 공단지역 근로자의 자전거 출퇴근율이 2006년 4.8%에서 2008년에는 7.3%로, 2009년 상반기에는 10.1%로 증가했다. 또한 창원시에는 전국 최초로 자전거문화센터를 설치하고, 전국 최초로 시민자전거보험에 가입했으며, 25개 노선에 103.3킬로미터의 전국 최장의 자전거전용도로를 설치했다(창원시 홈페이지). 창원시는 전국 최초로 시민공영자전거시스템을 구축해 운영하고 있는데 '누비자'라는 명칭의 유비쿼터스 기술이 적용된 7단 변속기의 무인대여 공영자전거를 시민들이 대여해 이용할 수 있다.

서울시는 2007년 자전거 이용 활성화 조례를 제정해 시행하고 있다. 서울형 자전거도로 설치 및 유지관리 매뉴얼을 마련하고, 2016년에는 자전거 이용 중장기 활성화 종합계획 수립 연구를 수행한 바 있다. 특히 서울시는 2010년에 공공자전거(따릉이) 무인대여 시범사업을 시작해 2019년 2월 현재 공공자전거 2만 대와 대여소 1,540개소를 운영하고 있다. 운영실적을 보면 2015년 9월부터 2019년 2월까지 자전거 대여 이용 건수가 1,776만 건에 달한다(서울시설공단, 2019: 12).

외국의 자전거 활성화 정책

프랑스 파리의 자전거 활성화를 위한 계획 내용을 살펴보면 다음과 같다. 파리의 시장 Jean Tiberi는 '자전거를 위한 특별위원회'를 구성하

그림 19-2.
프랑스 파리의
양방향 자전거도로와
공용자전거

출처: 임영태 외(2008), p. 101.

고 승용차 이용을 억제하기 위해 1996년에 'LE PLAN VELO'라는 자전거 계획을 수립하였다. 유럽의 다른 국가와 달리 대도시 지역에 자전거 도로를 적극적으로 정비하고 있다는 점과 지역 도로망 정비나 지하철역을 연계하는 자전거 도로망의 정비가 아닌, 간선 자전거 도로망을 동서축과 남북축으로 연결하고 주요 간선도로의 정체구간에 자전거 전용도로를 설치하고 있다는 점이 특색이다(그림 19-2 참조). 또 자전거 도로를 보도가 아닌 차도에 설치했는데 이는 자동차 수요를 억제하려는 의도로 보인다(이광훈·정남지·변지해, 1997: 41). 이러한 자전거 활성화 정책은 '벨리브(Vélib)'라는 공용자전거시스템을 채택하면서 성공을 거두고 있다. 파리 시는 승용차 이용을 억제하고 자전거 이용을 장려하기 위해 시내 곳곳에 'Paris Zone 30'을 지정하여 운영하고 있는데, 초록색 존은 시속 30킬로미터 이하의 교통정온화지역이며, 노란색 존은 자전거가 통과할 수 있는 보행자 전용지역이다(그림 19-3 참조).

벨리브 공용자전거시스템을 도입한 이후 자전거 통행이 크게 증가하여 성공적인 사업으로 주목을 받았으며 2020년 현재 2만여 대의 벨리브가 1,400개 정거장에 배치되어 있다. 설문조사에 따르면 시민들의 만족도는 94%로 매우 높다. 벨리브를 도입하기 전 파리 시에서 자전거의 교통분담률은 약 1.5%였으나, 이를 5~7%까지 확대한다는 목표이다. 벨리브는 회원제로 운영되며 임대요금은 1일 1유로, 일주일에 5유로이며 시는 설치장소만 지정하고 설치 및 운영은 민간 기업에서 수행한다(http://www.green.go.kr/). 최근에는 시스템이 보다 진보되어 어느 정류장에 자전거 여유분이 있는지, 목적지 근처 어느 정류장에 빌린 자전거를 비치할 여유 공간이 있는지 등을 핸드폰으로 바로 확인할 수 있다. 서비스 이용료는 무료이며, 인터넷 사이트(galsn1.velib.paris.fr)에 접속하여 서비스를 이용할 수 있다. 벨리브 정기이용권을 가진 사람이 시내에서 지리적으로 높은 곳에 있는 정류장을 이용할 경우 이용시간을 15분을 추가해주는 보너스 제도도 시행 중이다(http://www.sdi.re.kr/).

출처: 임영태 외(2008), p. 63.

그림 19-3. 프랑스 파리의 자전거 지도

독일 베를린 시는 자전거의 교통분담 비율을 획기적으로 증대시키기 위해 ① 도시 교통 수요에서 경제적 효율성을 강화하고, ② 안전하고 건강한 교통체계를 구축하며, ③ 사회 및 환경 친화적 교통수단의 이용을 촉진하고, ④ 자전거의 교통분담 비율을 2010년까지 현재 수준보다 50%를 증대시키며, ⑤ 자전거 도로 주간선망을 2006년에는 도심구간을, 2010년에는 전체 도로망으로 확충하고, ⑥ 660킬로미터의 자전거 교통 주간선망을 설치하기로 주의회에서 결의하였다(황지욱, 2006).

베를린 시의 자전거정책 계획내용을 살펴보면 자전거 전용도로에 사람이나 차량이 통행할 경우 60마르크의 벌금을 부과하고 지하철역, 환승센터, 쇼핑센터, 학교, 공원 등에 자전거 주차시설을 마련하였

그림 19-4.
독일 베를린의 그린존

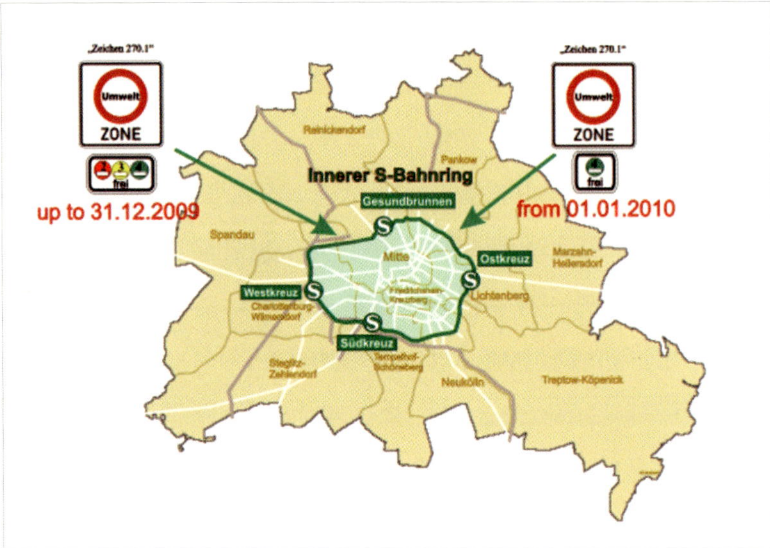

출처: 베를린 시 홈페이지.

다. 시가지 도로구조는 차도–녹지–자전거도로–보도, 외곽도로는 차도–녹지–자전거도로–녹지–보도를 갖추고 모든 시내 도로의 20% 구간에 폭은 1.2~1.8미터, 교차로에 자전거 전용신호등을 설치한 자전거 도로를 확보하였다(http://www.green.go.kr/).

베를린 시내에는 그린마크를 부착한 차량과 자전거만 들어갈 수 있는 그린존(green zone)을 설치하여 이면도로에만 적용되던 자동차 규제 정책을 도심까지 확장하였다(그림 19–4 참조). 그린존은 도심지역을 환경지역으로 지정하여 배출가스 저감장치 부착 차량 등 그린배지(green badge)를 부착한 저공해 자동차만 진입할 수 있게 한 제도이다. 그린존의 경계는 교외열차 순환선(S–Bahn)에 의해 구획되었다. 지금까지 베를린은 주거지 이면도로 지역에서 '존30'을 실시하여 자전거와 보행 안전, 대중교통 이용 활성화를 도모하였다. 최근 베를린은 도심지역을 그린존으로 설정하여 대기오염 기준치를 넘어서는 약 170만 대의 차량을 도심지역에 출입하지 못하도록 규제할 계획이다. 그린존 제도로 베를린 시는 현재 12%인 자전거의 교통분담 비율이 15%까지 향상될

그림 19-5.
유럽 철도의
자전거 전용 객실

그림 19-6.
독일 프라이부르크의
자전거 주차 및
휴게빌딩

것으로 기대하고 있다.

베를린은 도시 내부 최고속도를 시속 50킬로미터로 제한하고 있으며, 사고가 우려되는 일부 지역은 시속 30킬로미터로 제한하고 있다. 물론 도시 내부라도 자동차 전용도로에서 속도는 예외조항이라 할 수 있다. 베를린의 72%에 해당하는 도로에서 실시 중인 시속 30킬로미터 존은 보다 강력한 자동차 통행규제정책이다. 도심 그린존, 도심 혼잡 통행료 징수와 주차규제 그리고 속도규제정책으로 자전거 이용자의 통행권이 확보되며, 비로소 자전거 그린네트워크가 구축되었다고 할 수 있다(임영태 외, 2008).

유럽에서는 자전거 이용을 활성화하기 위해 철도객차 중 한두 칸을 자전거 탑승이 가능하게 내부구조를 갖춘 객차로 운영하고 있다(그림 19-5 참조). 또한 독일 프라이부르크 시의 중앙역 인근에는 자전거 주차 및 휴게빌딩을 건립해 자전거 이용자들이 편히 주차를 하고 휴식을 취하다 다른 도시로 이동할 수 있도록 자전거 주차환경을 조성하였다(그림 19-6 참조).

탐방로계획

1) 탐방로의 개념과 구성요소

'탐방로'*의 사전적 의미는 동사로는 '뒤를 밟다'의 뜻이고, 명사로는 '발자국', '오솔길' 등을 뜻한다. 국내에서 활용되고 있는 유사 용어에는 '자연관찰로(자연탐방로)'**가 있으며, 이 외에 등산로, 임도(林道), 자연학습장, 숲체험 코스 등이 있으나 대부분은 명확한 개념적 정의가 내려지지 않은 채 사용되고 있다.

탐방로 관련 기관도 환경부, 문화체육관광부, 국토교통부, 산림청, 지방자치단체, 국립공원관리공단 등 다양하다. 탐방로는 자연학습과 생태체험을 목적으로 하는 지역의 환경교육시설로 분류할 수 있으며, 지역의 자연환경을 즐기고 감상하는 여가활동의 장이 될 수 있다. 국립공원의 경우 등산로를 탐방로로 정의하고 있으며, 도립 혹은 군립공원과 주요 산의 경우 '등산로'라는 용어가 사용되고 있다. 환경부에서는 '국토생태탐방로'라는 용어를 사용하고 있으며, '전 국민이 언제

*** 탐방로**
미국의 심리학자인 Banton Makaye가 〈The Appalachian Trail〉에서 탐방로는 차가 없는 길, 마음의 길, 발견의 길이라고 하였으며, 탐방로는 그것이 제공하는 경험 자체가 특별한 의미를 지니고 있다(Jubenville, 1976).

**** 자연관찰로**
자연관찰로의 경우 자연생태 중심의 자연관찰로와 역사 중심의 자연관찰로가 구분되어 활용되고 있다.

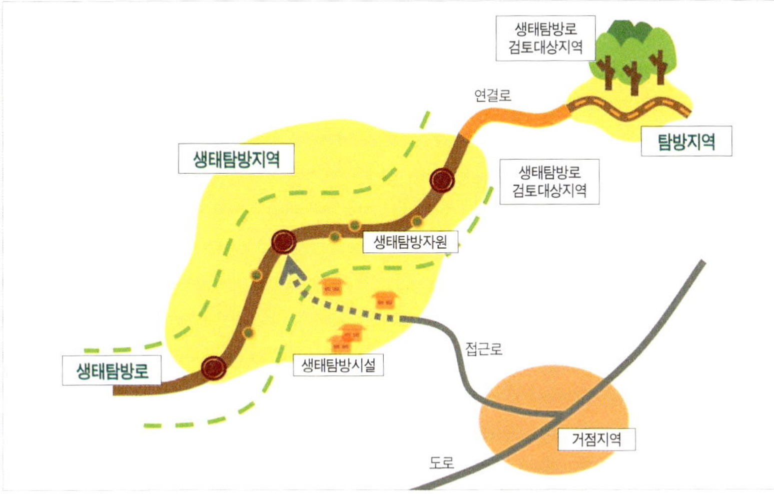

출처: 환경부(2007)

그림 19-7. 생태탐방로의 구성요소

표 19-1. 생태탐방로의 구성요소와 계획요소

구분			정의
생태탐방로 구성요소	탐방자원		• 생태탐방로의 특성을 나타내는 요소이자 자원을 통칭 • 자연 · 생태, 역사 · 문화 · 관광, 인문 · 사회적 요소로 구분
	길	생태탐방로	• 생태탐방로로 활용 가능한 길
		접근로	• 생태탐방로 시점과 거점지역, 종점과 연결되어 탐방의 시작과 끝에 위치하는 접근 가능한 길(도보길, 도로 포함)
		연결로	• 생태탐방로와 생태탐방로를 연결하는 길
	탐방시설		• 생태탐방을 위해 필요한 시설(최소의 편의시설과 안내시설)
	탐방지역		• 생태탐방로에 직간접적으로 연결되는 지역으로 생태탐방을 위한 교통 및 편의시설(숙박 포함)을 최소한으로 제공할 수 있는 지역(읍 · 면 · 리의 소규모 지역)
	거점지역		• 탐방객이 탐방을 위해 목적지에 대중교통이나 자가용으로 도착할 수 있는 최소한의 교통 관련 기반시설을 보유한 지역(버스, 기차 등 대중교통 용이 지역, 시 · 군 지역)
생태탐방로 계획요소	생태탐방로 검토대상지역		• 생태탐방로로 검토될 수 있는 지역 • 생태탐방로로 선정되지는 않았으나 생태탐방로로 이용할 수 있는 권역

출처: 환경부(2007), p. 8.

어디서나 가치 있는 생태적 자원과 배경을 가진 문화 · 역사적 자원을 보다 쉽게 찾고, 즐기고, 배울 수 있도록 돕기 위하여 전 국토에 걸쳐 국가와 지자체가 의도적이고 체계적으로 선정 · 조성 · 관리하는 도보 위주의 길과 그 시스템'이라고 정의하고 있다. 일반인들에게는 올레

길이나 둘레길이라는 용어도 사용된다.

탐방로의 물리적 구성요소는 크게 탐방자원, 길, 탐방시설, 탐방지역, 거점지역으로 구분할 수 있다(그림 19-7과 표 19-1 참조). 전국 단위의 생태탐방로 계획이 수립된 이후, 지역의 생태탐방로 기본계획을 수립하고 해당 지역에서 생태탐방로를 선정할 때 전국 차원의 연결성을 고려하여 생태탐방로 설치가 가능한 지역을 '생태탐방로 검토대상지역'으로 구분하고 있으며, 이 지역에는 위에서 말한 생태탐방로 구성요소가 모두 포함될 수 있다.

2) 탐방로계획의 고려사항

(1) 탐방로의 입지

첫째, 탐방로는 다양한 시각적 경험을 하도록 입지되어야 한다. 둘째, 실제 탐방로를 배치할 때는 탐방시간과 거리를 고려하여 탐방객의 탐방행태에 부합되도록 해야 한다. 셋째, 탐방로의 안정적인 노선을 결정하기 위해 대상지역의 생태적 내구성을 조사해야 한다.

(2) 탐방로시스템

탐방로를 계획 때는 해당 탐방로의 구체적인 목적이 무엇인지를 검토해야 한다. 일반적으로 탐방로의 목적에는 ① 도로가 없는 지역에 이동을 원활하게 하는 목적, ② 이용자의 레크리에이션 경험을 증진시키는 목적, ③ 상충되는 탐방로 이용을 분리시키는 목적, ④ 자원기반을 보존하는 목적 등이 있다.

탐방로시스템에는 일반적으로 세 가지 주요 유형이 있다. 첫째 유형은 단일 탐방로시스템(singular trail system)으로, 단일 유형의 탐방이용만을 위해 설계된 탐방로이다. 둘째 유형은 이중 탐방로시스템(dual trail system)으로, 주이용자 그룹을 위한 탐방로를 분리하는 시스템이다. 셋째 유형은 단일과 이중 탐방로시스템을 복합시키는 복합 탐방로시스템(combination trail system)으로, 단일 탐방로를 주로 하되 중요 구간은 이중 탐방로를 만드는 시스템이다.

탐방로시스템의 배치 형태에는 세 유형이 있다. ① 직선형(linear)은 모든 주 탐방로가 별개로 되어 있는 배치 형태이다. ② 격자형(trellis)은 주탐방로에 부탐방로가 연결되어 있는 배치 형태이다. ③ 나뭇가지형(dendric)은 여러 개의 주탐방로가 하나의 원점을 중심으로 부채형으로 배치된 형태이다(Jubenville, 1976: 272–276).

3) 외국의 탐방로

(1) 영국의 국가탐방로

영국의 국가탐방로(National Trail)는 풋패스(footpaths), 브라이들웨이(bridleways), 바이웨이(byway)로 구분할 수 있다(표 19–2 참조). 영국의 국가탐방로는 1965년 최초로 도입했으며 잉글랜드와 웨일즈의 국가탐방로는 길이가 약 2,500마일(4,000킬로미터) 정도이다. 국가탐방로는 기존에 존재하던 지방의 풋패스, 브라이들웨이, 소로(minor road)를 잇고 갭(gap)이 생긴 곳에는 새로운 길을 냄으로써 형성되었다. 잉

표 19-2. 영국 국가탐방로의 종류별 특징

구분	특징	표시
풋패스 (footpaths)	도보만이 가능한 길로, 말이나 자전거 이용자의 통행권은 없음	
브라이들웨이 (bridleways)	도보 이용자, 말이나 자전거 이용자 모두가 이용가능한 길이지만 차량, 말이 끄는 수레, 오토바이 이용자는 이용이 불가능함	
바이웨이 (byway)	도보, 말, 자전거, 오토바이, 자동차, 말이 끄는 수레 등 모든 교통수단이 이용가능한 길이지만 주로 도보와 말이 이용되며, 대부분 비포장이며 종종 차량이동에 적합하지 않음	

출처: 환경부(2007), p. 61.

글랜드와 웨일즈 지방에는 15개의 탐방로가 있으며, 스코틀랜드에는 4개의 탐방로가 있다. 영국의 탐방로는 상호 연결된 형태가 아닌 독립된 형태(일부 노선은 교차)이다.

국가탐방로의 운영·관리 계획의 수립과 실행은 영국 정부인 농촌청(Countryside Agency)이 담당하며 국가탐방로에 대한 질적 기준(Quality Standard)을 작성하여 지정, 운영되고 있다. 영국 국가탐방로의 질적 기준의 세 가지 원칙은 ① 가능한 한 많은 이용자들이 흥미를 가지고 접근하게 할 것, ② 각 탐방로가 지나가는 지역의 생태적, 문화적, 경관적 요소를 보호할 것, ③ 이용자들이 탐방로를 즐기고, 원하는 만큼 체류하기 위해 필요한 시설과 서비스에 대한 충분한 정보를 제공할 것 등이다. 질적기준은 노선, 탐방로 경로, 시설물, 서비스, 정보, 안내표식 등을 유지·관리할 때 만족시켜야 하는 기준과 평가항목을 제시하고 있다(환경부, 2007: 64).

(2) 일본의 장거리 자연보도

일본의 장거리 자연보도(long-distance nature trails)는 일본 전역을 종단·횡단·순환하는 길로서, 자연자원 뿐만 아니라 역사·문화 자원 등이 연결된 보행자 중심의 길을 의미한다. 산과 자연을 찾을 때 단순한 등산에서 벗어나 자연의 여러 가지 모습을 구석구석 제대로 느끼고 자연과 공존해 살아가는 각 지역 주민들의 생활공간을 탐방하는 길이다. 일본은 고도 성장기의 막바지였던 1970년대 중반부터 국민들의 여가 수요가 폭발적으로 증가함에 따라 산과 자연을 찾는 붐이 일어났고, 이때 일본 정부가 내놓은 대안이 장거리 자연보도이다. 건강에 대한 관심 고조와 더불어 일본 국토를 효과적으로 이용하기 위해 영국의 풋패스 제도를 도입한 것이다.

일본 장거리 자연보도의 목적은 다음과 같다. 첫째, 많은 사람들이

구분	계획 연도	재정비 연도	관계 도도부현	장거리 자연보도 길이(km)
도카이 자연보도	1970	1970~1974	1도 2부 8현	1,697
규슈 자연보도	1976	1975~1980	7현	2,587
주코쿠 자연보도	1978	1977~1982	5현	2,072
시코쿠 자연보도	–	1981~1989	4현	1,637
수도권 자연보도	–	1982~1987	1도 6현	1,665
도호쿠 자연보도	–	1990~1996	6현	4,374
주부호쿠리쿠 자연보도	–	1995~2000	8현	4,029
긴키 자연보도	–	1997~2003	2부 7현	3,258
홋카이도 자연보도	–	2003~2012	–	4,585

자료: 일본 환경성 내부자료.

표 19-3.
일본의 장거리 자연보도 지정현황

쉽고 즐겁고 안전하게 각 지역의 풍부한 자연환경, 역사, 문화 등을 접할 수 있도록 체험의 장소를 제공하는 것이다. 둘째, 다양한 생활 속에서 '걷기로의 회귀'를 촉진하고, 그것을 정상화시키는 것이다. 셋째, 지역의 자연과 역사, 문화를 만나는 체험을 통해 사람들의 인식을 변화시키고, 자연보호에 대한 의식을 높이는 것이다. 넷째, 인간과 자연의 교류에서 더 나아가 인간과 인간의 교류, 그리고 지역 간 교류의 기회를 창출하여 특색 있는 마을 만들기를 도모하고 지역의 정체성을 확립하는 것이다. 다섯째, 중앙 정부인 환경성의 자연보호 관련 정책에 지방정부의 참여를 유도하는 것이다.

장거리 자연보도는 1970년부터 조성되어 일본 전역에 전체 8개소가 있으며, 총길이는 약 2만 1,319킬로미터에 달한다. 장거리 자연보도는 고정된 것이 아니라 특별한 자원이 발굴되거나 이용자의 편의 등에 의해 지방자치단체의 요청이 있을 경우 기존의 길이 자연보도로 정비되거나 새롭게 선정된다. 권역(블록)은 현 이상의 경제권(생활권)이 같은 지역을 묶어서 지정하며 1970년 도카이 자연보도(東海自然步道)를 시작으로 규슈(九州), 주코쿠(中國), 시코쿠(四國), 수도권(首都

圈), 도호쿠(東北), 주부호쿠리쿠(中部北陸), 긴키(近畿) 등 8개 권역의 자연보도가 정비되어 있다(표 19-3 참조). 장거리 자연보도는 국립공원 소관의 일부 구역을 제외한 대부분 지역이 다수의 도(都) · 부(府) · 현(縣)에 걸쳐 있다(환경부, 2007: 68-69).

(3) 미국의 국가탐방로시스템

미국의 국가탐방로시스템(National Trail System, NTS)은 야외 휴양활동에 대한 욕구충족과 자연자원 및 역사적 자원의 보존을 조화롭게 도모하면서 공공의 접근과 시민의 참여를 촉진시키기 위한 탐방로이다. 또한 지역에 적합한 특징적인 세 가지 유형의 탐방로(National Scenic Trails, National Historic Trails, National Recreation Trail)의 네트워크를 의미한다.

국가탐방로시스템은 코스의 길이와 성격, 자원유형 등에 따라서는 National Scenic Trails, National Historic Trails, National Recreation Trails, Side-and-Connecting Trails 등으로 나뉜다(환경부, 2007: 76).

표 19-4. 미국의 국가탐방로시스템

종류	성격
National Recreation Trails (900여 개소)	• 다양한 야외휴양활동을 목적으로 도시지역 내 또는 도시에서 접근 가능한 탐방로 • 농림부장관이나 내무부장관에 의해 승인되는 지방 특유의 길
National Scenic Trails (8개소)	• 야외휴양활동의 가능성이 최대한으로 제공되는 동시에, 탐방로가 지나는 지역의 경관, 자연, 역사, 문화의 보존과 향유가 이루어질 수 있는 100마일 이상의 연속적인 탐방로 • 사막, 습지, 산악, 협곡, 강, 숲, 특징적인 지형 등을 대표하는 지역을 지나는 탐방로 • NTS법에 의해 의회에서 지정됨
National Historic Trails (16개소)	• 국가적으로 의미 있는 역사적인 통행로나 선사시대의 통행로를 기념하기 위해 지정한 100마일 이상의 연속적인 탐방로 • 역사적인 길, 유물, 유적 등을 보호하기 위해 지정 • NTS법에 의해 의회에서 지정됨
Side-and-Connecting Trails (2개소)	• National Recreation Trail, National Scenic Trail, National Historic Trail로의 접근로 또는 탐방로 간의 연결로

자료: 환경부(2007), p. 76.

20

기후변화에 적절히 대응하는 도시 만들기

지구의 기온상승과 폭풍의 위력 간에는 직접적인 관련이 있다. 특히 열대지역과 아열대지역에서 해수면 온도가 상승하면 대기 중으로 더 많은 열이 방사되어 더 강한 폭풍이 발생한다. 미항공우주국(NASA)의 과학자들이 〈사이언스〉지에 기고한 논문에 의하면 그린란드의 빙관이 전부 녹을 경우 해수면이 7미터나 상승하여 육지 면적이 눈에 띄게 감소하고 많은 해안도시가 물에 잠길 것이라고 한다. 1990년을 전후하여 미국에서 재난에 취약한 도시에 거주하는 사람 수가 많아지면서 재난피해가 동시에 증가한다는 미국 연방위기관리청(FEMA) 정책연구팀의 연구결과는 매우 흥미롭다. 더욱 심각한 상황은 재난으로부터 취약한 도시의 인구증가율이 재난으로부터 안전한 지역에 비해 더 높다는 것이다. 이러한 재난위험지역의 인구증가는 인명피해와 재산피해의 증가를 초래하고, 결과적으로 지방자치단체의 인력과 예산을 매몰비용(sunken cost) 부문에 반복해서 과도하게 투자하도록 만든다. 따라서 이 장에서는 기후변화에 적절히 대응하는 도시를 계획하기 위해서 어떠한 요소와 과정이 필요한지를 살펴보겠다.

도시의 취약성

전 세계 100대 인구과밀도시에 대한 분석에 의하면 78%의 인구가 지진, 쓰나미, 화산폭발, 태풍이라는 네 가지 주요 자연재해 중 하나에 노출되어 있고, 개발도상국은 86%의 인구가 하나 이상의 위협에 직면해 있는 것으로 나타났다(Quarantelli, 2003: 213).

IPCC의 그룹II는 취약성(vulnerability)을 '자연과 사회체제가 기후변화로부터 지속적인 피해를 받기 쉬운 정도'로 정의하고 있다. 취약성이란 재해요소에 대한 노출뿐 아니라 피해의 영향에서 복구되는 능력까지도 의미한다. 변화되는 도시환경 때문에 생기는 이러한 취약성은 발생원을 통제해 예방하거나, 재해에 견딜 수 있도록 건설해서 보호하거나, 토지이용계획과 지역지구제를 통해 통제할 필요가 있다(Srinivas, 2007: 2).

기후변화에 취약한 도시에서는 ① 홍수배수시스템, 상수도 공급, 하수처리장 등 인프라 시스템의 견고화, ② 쓰레기 처리장 시설, 발전시설과 배전시설의 보호와 이전, ③ 수리·지질학적으로 취약한 지역의 강화 등에 투자가 이루어져야 한다. 해안도시는 해수면 상승과 관련해 견고한 물리적 인프라(댐과 장벽, 항구시설의 재건설, 홍수방지장벽, 쓰나미 방지시설 등)에 투자할 필요가 있다.

기후변화에 따른 지하수와 강 하구의 염류축적과 같은 항구적인 변화는 지역의 경제기반을 변화시킨다. 기후변화에 대응하는 통합적 방안으로 연안역 보존, 어류산란장의 신규 조성, 관개농업의 확대, 신규 공중보건대책의 시행, 적절한 토지이용계획, 기후변화 제약요인을 내부화하는 건축조례 등을 들 수 있다. 개발도상국에서는 주민이나 경제활동을 도시 내의 취약성이 적은 다른 지역으로 이전하거나 철수하는 방안도 시간을 두고 시행해야 할 것이다(Bigio, 2003: 94).

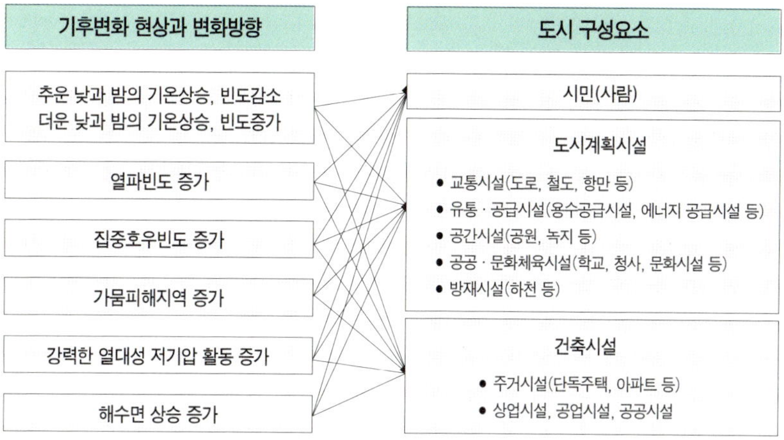

출처: 심우배 외(2009), p. 159.

그림 20-1. 기후변화 현상과 도시시스템 구성요소의 영향관계

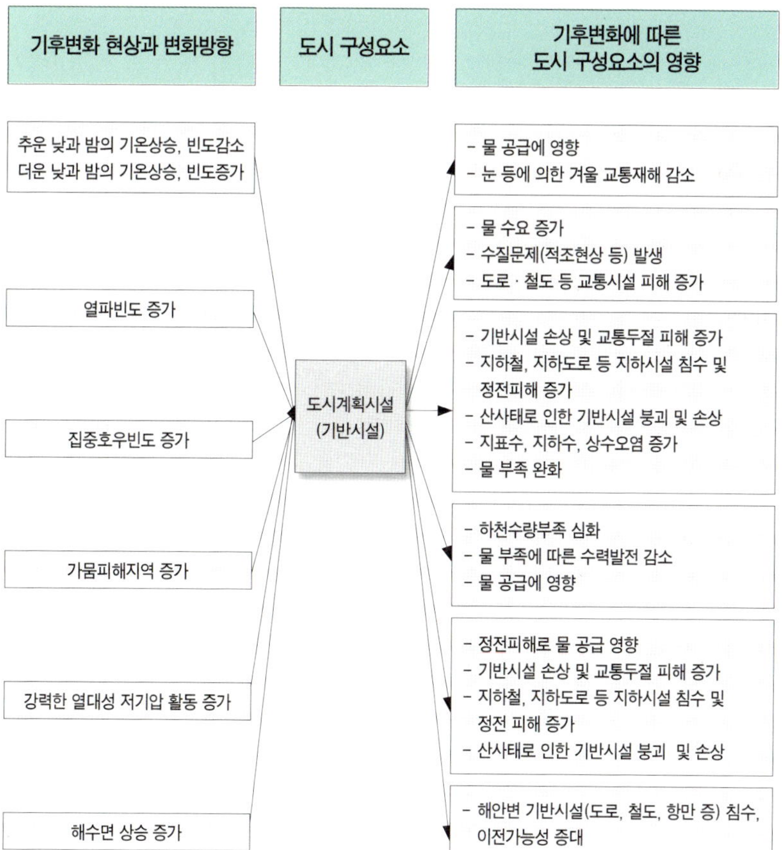

출처: 심우배 외(2009), p. 162.

그림 20-2. 기후변화가 도시계획시설에 미치는 영향

기후변화로 전망되는 극단적인 기후변화 현상은 시민(사람)과 시설(도시계획시설, 건축시설) 같은 도시시스템의 구성요소 각각에 영향을 미친다(그림 20-1 참조). 그중에서 도시계획시설에 미치는 영향을 구체적으로 살펴보면 그림 20-2와 같다.

우리나라의 기후변화대응책

우리나라는 '국토의 계획 및 이용에 관한 법률' 제19조와 동법 시행령 제15조에 의해 도시·군기본계획에서 다루어야 하는 부문으로 기후변화 대응 및 에너지 절약에 관한 사항과 방재 및 안전에 관한 사항을 규정하고 있으며, 광역계획권을 대상으로 작성되는 광역도시계획에서도 방재계획을 부문계획으로 포함되도록 규정하고 있다.

도시·군관리계획의 용도지역계획에서 제시하는 방재와 관련하여 수해 등 재해빈발지역에 대해 가급적 '개발용도지역'을 부여하지 않도록 하고 있으며, 하천 상류지역에 대해서도 개발에 따른 하류지역의 재해유발 가능성을 고려하여 적절한 용도지역을 부여하는 기본 원칙을 제시하고 있다.

도시·군관리계획으로 결정하는 용도지구의 지정 또는 변경에 대해서는 도시의 정비가 이루어지지 않고 건축물이 밀집된 지역과 화재 발생 시 소방에 지장이 있는 지역이나 폭발, 유독가스 등으로 주변지역에 막대한 피해가 예상되는 공장이나 시설의 주변지역을 '방화지구'로 지정한다. 또한 풍수해, 산사태, 지반붕괴와 그 밖의 재해를 예방하기 위해 필요한 지구로서 풍수해 시 침수 등으로 재해의 위험이 예상되는 지역, 지반이 약하여 산사태나 지반 붕괴의 위험이 예상되는 지역, 지진과 해일 발생이 우려되어 예방대책을 마련할 필요가 있는 지역을 '방재지구'로 지정하고 있다.

재해영향평가제는 개발계획이 수립·입안되는 과정에서 해당 개발행위가 유역의 치수능력에 미치는 영향을 사전에 평가하고, 홍수피해의 요인을 분석하여 재해유발 요인에 대해 개발자가 스스로 경감대책을 강구하도록 함으로써 재해 요인을 최소화하는 방향으로 계획을 추진하도록 하는 제도이다. 즉 종래에는 개발자가 개발지구 내 침수피해를 경감하기 위해 공공하천에 무단으로 배수하고 정부는 예산을 투자하여 하천개수작업을 추진해왔으나, 대규모 개발사업이 급격히 증가함에 따라 하천통수능력에 대한 부담이 통상적 범위를 벗어나는 경우가 점차 증가하고 있어 일정 재해영향률 이상을 초래하는 개발자에 대해서는 원인자 부담 원칙에 따라 재해경감대책을 강구하도록 하기 위해 재해영향평가제를 도입하였다(강양석 · 김현주, 2005: 151).

이와 같은 방재도시계획의 개념 중 먼저 도시계획 법령의 틀 속에서 직접적으로 이루어지는 방재도시계획을 보면 도시계획에 관한 기본법인 '국토의 계획 및 이용에 관한 법률'을 비롯하여 '도시개발법'이나 '택지개발촉진법' 등 도시계획사업의 시행을 뒷받침하기 위한 제도 등이 해당된다. 다음으로 재해대책 관련 법령 속에서 간접적으로 이루어지는 방재도시계획에는 재해대책의 가장 기본법이라고 할 수 있는 '재난 및 안전관리 기본법'에 의해 도시를 대상으로 수립되는 '시·군·구 안전관리계획'과 '자연재해대책법'에 따라 10년마다 시·군 자연재해저감 종합계획과 매년 자연재해저감 시행계획을 수립하고, 우수유출저감대책을 5년마다 수립해야 한다. 또한 재해가 발생할 우려가 있는 지구에 대해 지정하는 '자연재해위험개선지구'와 2005년 8월 새롭게 제도화된 '재해영향성검토 및 재해영향평가' 제도 등이 방재도시계획에 해당된다.

방재도시계획은 대상이 되는 공간적 범위에 따라 크게 도시 단위의 방재도시계획과 지구 단위의 방재도시계획으로 나눌 수 있다. 도시 단위의 방재도시계획은 광역도시 계획이나 도시기본계획상의 '방재계획', '방재 및 안전에 관한 계획' 등 도시 전체를 대상으로 하는 마스터플랜이나 도시방재구조화대책사업 등 도시 전체를 대상으로 하는 방재대책을 말하며, 지구 단위의 방재도시계획은 이와 같은 도시 전체를 대상으로 하는 방재대책을 실질적으로 실현하기 위한 개별 지구단위계획이나 도시계획사업, 도시계획시설사업 등의 세부 실행프로그램을 의미한다고 할 수 있다(김근영 · 문채, 2007: 12)

우리나라의 기후변화대응계획에서 도시방재계획의 핵심적인 역할을 담당하는 도시·군기본계획의 방재 및 안전 부문은 기본계획을 바탕으로 지역의 특성과 방재 여건을 고려하여 다양한 방재대책을 제시해야 하며 이러한 대책을 도시계획에 의해 실현해야 한다. 그러나 두 계획 간의 논리성과 연계성이 결여되고 추상적인 내용만을 열거함으로써 실천계획이 제시되지 못하고 있는 실정이다.

한반도의 평균기온은 약 100년간(1912~2008년) 1.7℃ 상승했는데 이는 지구 평균기온 상승폭(0.7℃)의 2배가 넘는 수치이다. 지난 43년간(1964~2006년) 한반도 연안 해수면은 약 8센티미터 상승했으며, 제주지역은 같은 기간에 해수면이 무려 22센티미터(매년 5.1밀리미터) 상승한 것으로 나타났다(환경부, 2010a).

한국환경정책평가연구원의 연구에 의하면 산출된 시나리오 중 조석 · 태풍 · 해일을 고려할 때 해수면이 1미터 상승하면 한반도의 최대 범람가능면적은 약 2,643제곱킬로미터로서, 한반도 전체 면적의 약 1.2% 정도가 취약하며 이런 취약지대에 거주하는 인구는 약 125만 5천 명으로 한반도 전체 인구의 약 2.6%인 것으로 나타났다. 이 가운데 남한의 최대 범람가능면적은 약 984제곱킬로미터이고 이런 지역에

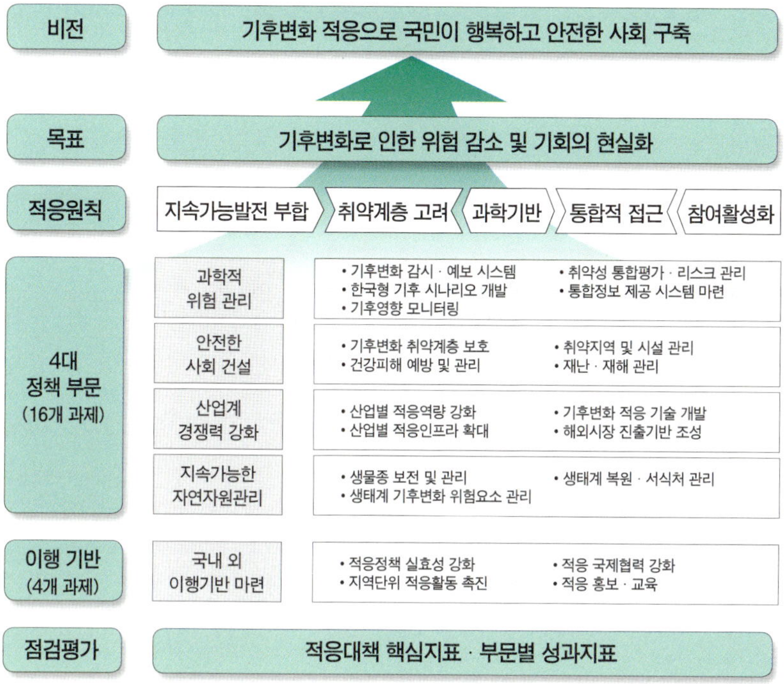

출처: 관계부처합동(2015).

그림 20-3.
2차 국가 기후변화 적응대책

거주하는 인구는 약 31만 3천 명으로 나타났다. 지리적으로는 서해안이 남해안과 동해안보다 훨씬 취약하고, 서해안 중에서도 북한이 남한보다 더 취약한 것으로 나타났다(조광우 외, 2002).

'저탄소녹색성장기본법' 제48조 제4항과 시행령 38조에 의거해 관계부처 합동으로 2010년 최초의 법정 '국가 기후변화 적응대책(2011-2015)'을 수립한 바 있으며, 2015년 '2차 국가기후변화적응대책(2016-2020)'을 수립해 시행 중이다. 2차 적응대책에서 우리나라 해수면의 상승을 예측하기를 2008년 대비 2100년에는 남해안과 서해안 해수면은 65센티미터, 동해안은 99센티미터 상승할 것으로 전망하였다(RCP8.5 기준). 이 대책은 그림 20-3에서 보는 바와 같이 4대 정책부문 16개 과제, 이행기반 4개 과제, 점검평가로 구분해 수립되었다.

기후변화 취약지역 및 취약시설의 피해 최소화 대책으로 안전한 국토기반 조성을 위한 재해 예방사업 추진, 연안도시 재해 대응방안 마련, 기후변화 대응시설 설치 확대를 제시하였다. 재난 재해관리 분야 대책으로는 도시의 기후변화 적응력 향상을 위한 방재기능 강화, 기후변화 대응 시설물 설계기준 강화, 산사태 및 홍수 등 자연재해 피해저감 및 복구 기술 개발, 재해피해 예방체계 마련 및 재난안전관리 시스템 구축 · 운영이 포함되었다. 기후변화 적응기술 개발 대책으로는 도시지역 기후변화 피해저감 기술 개발, 기후변화 적응을 위한 업사이클 고부가가치화 기술 개발이 제시되었다. 생태계 복원 및 생물서식처 관리 대책으로는 도시 내 다양한 생태공간 조성이 포함되었다(관계부처합동, 2015). 또한 '저탄소 녹색성장 기본법' 제40조에 근거해 2019년에 '2차 기후변화대응 기본계획'을 관계부처합동으로 수립해 발표했는데, 이 계획은 20년을 계획기간으로 하고 5년마다 연동계획으로 수립 · 시행한다.

기후변화에 따른 한반도의 평균기온 상승은 한반도의 생태계에 큰 변화를 가져올 것이다. 그동안의 생태계 변화를 보더라도 최근 30년간 봄꽃(개나리, 벚꽃)과 주요 수종의 개화시기가 6~8일이 앞당겨졌으며, 1990년 이후 우리나라 특산 고산종인 구상나무림의 쇠퇴가 가속화되고 있다. 한반도의 기온이 평균 2℃ 상승하면 전남, 경남, 충북, 경북, 경기도 일부는 난대기후로 변화할 것으로 전망된다. 그러한 상황이 되면 소나무의 적정 생육분포가 경기북부, 강원도와 남부 산악지로 한정될 것으로 예상된다(환경부, 2010a).

외국의 기후변화대응책

외국의 기후변화대응전략과 기법을 종합해보면 다음과 같은 특징과 시사점이 있다. 첫째, 도시계획과 개발사업 등을 통해 통합적으로 접근하여 도시의 기후변화적응능력을 강화하고 있으며, 도시녹화와 수공간 확보를 주된 전략으로 활용하고 있다. 둘째, 홍수 위험도 분석 등을 통해 토지이용과 개발을 제한하거나 이동전략을 활용하고 있다. 셋째, 위기관리를 통해 정보의 신속한 전달과 대피체계를 구축하고 있다. 넷째, 기후변화 적응을 고려하여 건물 설계와 디자인을 종합한 시스템적 접근을 하고 있다(심우배 외, 2009: 143).

영국의 기후변화법은 장기적인 기후변화의 위험에 대처하기 위한 법적 구속력을 가진 세계 최초의 법으로, 영국 정부가 기후변화에 대한 적응을 얼마나 중시하고 있는지를 보여준다. 법령의 중요한 목적은 이산화탄소 배출량의 관리를 개선하고 영국의 저탄소 경제체제로의 전환을 도모하는 것과 국제적으로 기후변화 부문에서 영국의 리더십을 강화하는 것이다. 이를 위해 구속력 있는 법적 목표 수립, 탄소예산제도 수립, 기후변화위원회 설립 등을 추진하고 있다(심우배 외, 2009: 116). 영국 런던 시의 경우 2008년 런던 기후변화적응전략(London Climate Change Adaptation Strategy)을 수립해 시행하고 있는데, 런던의 장래 기후전망과 그에 따른 홍수, 가뭄, 폭염, 건강, 환경, 경제, 기반시설 등에 대한 위험도 평가와 그 영향, 적응전략이 주요 내용이다(표 20-1 참조).

미국의 연방정부, 주정부와 지방정부, 토지소유자들은 해수면 상승에 대비해 대책을 취하기 시작하였다. 미국의 해안에 있는 주는 대부분 해안침식을 보완하기 위해 해변에 모래를 쌓고 토지소유자들은 보험료가 인하되는 것에 자극을 받아 저지대의 기존 구조물을 높여

표 20-1. 기후변화에 대비한 런던의 적응전략

구분	홍수	가뭄	폭염
발생 확률	증가 • 해수면 상승 • 강우 증가 • 불투수층 증가 • 제한된 배수시설용량 등	증가 • 여름철 강우 및 노면수 저류 감소 • 증발산, 누수, 물수요 증가 • 대수층 및 우수는 이미 과다사용	증가 • 여름철 평균기온 상승 • 야간 온도 상승
결과	높음 • 런던의 15%는 위험도가 '높은' 홍수구역(Flood Zone)에 있음 • 많은 신규개발이 홍수 위험 지역에서 발생	높음 • 심각한 가뭄은 심대한 사회경제적, 환경적 영향 초래	높음 • 2003년 600명이 폭염으로 사망 • 폭염에 취약한 인구가 많은 반면, 개발지역과 기반시설은 이상고온에 대응하여 설계되어 있지 않음
취약성	높음 • 상당 부분의 재해취약인구 및 자산이 홍수 위험에 처해 있음 • 홍수 예경보 여유시간이 짧고, 시민들의 인식은 낮음	높음 • 가뭄취약인구 및 자산이 많음	높음 • 폭염취약인구 및 자산이 많음 • 이상고온 시의 낮은 공기질은 건강에 악영향
위험 관리 전략	준비해야 함 • 해일로 인한 재앙의 가능성은 낮으므로, 하천 및 내수범람 위험을 줄이고 핵심 기반시설을 보호하기 위한 대책에 우선순위 부여	준비해야 함 • 물 수요를 줄임으로써 가뭄 기간 단축 가능	준비해야 함 • 폭염의 강도를 감소하고 취약성을 줄임으로써 이상고온에 대한 노출 정도를 감소시킬 수 있음
우선 필요 조치	• 도시 전역에 대해 녹화사업 전개 • 정보제공을 통한 시민들의 홍수위험에 대한 인식 제고 • 홍수위험관리를 개선하기 위해 환경청(Environment Agency)과 협력 • 홍수위험에 처한 핵심기반시설과 취약지역 식별 및 보호 • 런던의 배수체계를 지도화하고, 노면수 홍수위험을 줄이기 위한 계획 수립	• 주요 상수관망의 누수감소 • 모든 지역에 대해 수도계량기 설치 의무화 • 물 효율적인 주택 개량 • 신규건물에 대해 빗물활용과 오수 재활용 촉진 • 기후변화에 회복력을 갖추도록 보다 지속가능한 물 수급균형 달성을 위한 전략 마련	• 도시 전역에 대해 녹화사업 전개 • 신규개발로 하여금 도시 온도 감소에 기여하도록 하는 '도시열섬행동지역(Urban Heat Island Action Area)' 지정 • 기상고온 시 시민들의 냉방빌딩에 대한 접근성 제고 • 신규개발지역에서 장래 여름철 이상고온 위험을 줄이도록 런던에 맞는 건축설계기준 마련

출처: Mayor of London(2008), 심우배 외 (2009), p. 82에서 재인용.

가고 있다. 몇몇 주에서는 해수면이 상승함에 따라 백사장, 사구, 습지 등을 내륙으로 이동시키는 정책을 채택하고 있다. 노스캐롤라이나 주는 향후 30~60년 후에 침식될 가능성이 있는 지역에서는 주택의 신

축을 금하고 있다. 메인, 로드아일랜드, 사우스캐롤라이나, 텍사스 등에서는 재산권을 보호하기 위해 해안선이 내륙으로 침식해 위협이 될 경우 구조물을 철거하는 조건으로 건축을 허용하는 '순환경감(rolling easement)'을 시행하고 있다.

노스캐롤라이나주의 해안자원위원회(N.C. Coastal Resources Commission, CRC)에서는 주민들의 생명과 재산을 보호하기 위해 개발기준과 규정을 제정했다. 해안에서의 건물을 신축할 때는 건물후퇴선(setback)을 정해서 해안 침식으로 피해를 입지 않도록 해안선에서 일정 거리를 후퇴해서 신축하도록 규정하고 있다. 후퇴거리는 해안침식 실태를 장기간 측정조사한 자료를 토대로 연간 침식률을 산정한 후 연면적 5천평방피트 이하의 건물은 연간 침식률 30배의 거리를 후퇴거리(최소 후퇴거리: 60피트)로 하고 5천~1만 평방피트의 건물은 60배의 거리를, 10만 평방피트 이상의 건물은 90배의 거리를 후퇴거리로 설정하였다.

싱가포르의 공공시설국(Public Utilities Board, PUB)은 1991년 이후 새로운 매립 프로젝트에 대해서 최고해수면보다 125센티미터 높게 지반고(地盤高)를 설정하도록 권고하고 있다. 이는 IPCC에서 예측하고 있는 해수면 상승 최악의 시나리오인 59센티미터 상승 예측치를 반영하여 설정한 것이다(이범현, 2010: 103). 미국의 뉴올리언스의 경우 홍수에 대비하기 위해 건물 1층을 기둥으로 세우고 2층부터 거주공간을 짓거나 물에 뜨는 자재, 홍수 시 제거가 용이한 자재, 물을 빠르게 흡수하여 지반으로 전달하는 자재 등 다양한 신소재를 적용하고 있다.

한편 프랑스 정부는 대서양 해안의 홍수발생지역 개발에 대해 해변지대의 주택지역은 주거지역으로 부적당하므로 복구하기보다는 폐쇄할 것을 대통령이 지시하기도 했다(이수진, 2010: 108-109). 덴마크 헤덴스테드의 지방계획은 홍수에 초점을 맞추어, 100년간의 IPCC

홍수 시나리오에서 위험지역으로 분류된 지역에 대해 신규 개발을 금지한다. 핀란드 에스포와 헬싱키의 새로운 계획지역은 홍수에 대비해 해발고도 2.6미터 이상이어야 하며, 신축건물의 가장 아래층은 해발고도 3미터 이상이어야 한다고 규정하고 있다(카말차우이 · 로버트, 2010: 111).

외국의 경우 해안지역을 위주로 하여 해수면 상승에 의한 피해를 최소화하기 위한 조치들이 이루어지고 있다. 우리나라도 해안지역이 물류, 항만, 교통, 관광 등의 기능을 지원하거나 주요 경제적인 수단으로 삼는 도시가 발달한 만큼 해당 지역에 대한 기후변화대책이 절실히 요구된다.

해안지역에 쓰나미와 같은 재난이 발생하면 내륙 도시에서 발생하는 재난과 그 규모, 피해 정도를 비교할 수 없을 정도로 막대하다. 따라서 회복이 거의 불가능할 정도로 도시가 파괴되기 때문에 경제적인 손실은 물론 생태계를 포함한 인명피해도 클 수밖에 없다. 2004년 30만 명이 숨진 인도네시아 쓰나미 사태 때 진원지에서 40킬로미터밖에 떨어지지 않았던 시메우레우 섬은 맹그로브 숲이 보호해주어 사망자가 4명에 그쳤다. 2011년 3월 일본 동북지역의 지진사태로 인한 쓰나미를 보면 센다이공항에 쓰나미가 몰려왔는데도 공항시설이 안전하게 지켜진 것은 공항 주변에 방재림으로 조성된 숲의 효과 때문이었음이 밝혀졌다.

해안지역에 숲을 조성하면 쓰나미가 왔을 때 쓰나미의 강한 속도와 세력을 숲이 약화시켜줌으로써 해안지역의 피해를 줄여준다. 쓰나미에 대비한 해안림조성 연구(전근우 외, 2005)에 따르면 쓰나미의 속도는 바다의 깊이에 따라 달라지는데, 수심이 4천 미터이면 시속 708킬로미터이고 수심 200미터인 대륙붕에서는 시속 158킬로미터로 쓰나미가 몰려온다. 쓰나미를 대비해 폭 60미터의 해안림을 조성하면 쓰나미의 속도는 70%, 쓰나미의 에너지는 90%가 저감되는 것으로 밝혀졌으며, 해안림은 혼효림(混淆林)의 복층구조로 조림하는 것이 효과적인 것으로 나타났다.

따라서 국가정책적인 차원에서 사전적인 조치를 통해 해안지역에 대한 기후변화대응책을 지역별 특성에 맞도록 수립하고, 이를 철저하게 관리해야 할 것이다. 도시를 계획하고, 조성하는 차원에서도 기후변화에 대응하기 위한 계획적 수단과 방법을 다양하고 심도 있게 연구하고 실행함으로써 국가적 재난에 대비할 수 있는 방안을 모색해야 할 것이다.

도시계획 측면의 기후변화대응방안

기후변화에 대한 사전예방적 접근은 완화(mitigation)와 적응(adaptation)으로 구분할 수 있다. 즉 기후변화의 영향에 적응하고, 온실가스 배출량을 완화하여 기후변화의 속도와 크기를 감소시키는 것이다. 기후변화의 영향은 앞에서 살펴본 바와 같이 다양한 자연재해로 나타나기 때문에 이에 대한 대응책이 필요하다.

기후변화에 따른 자연재해는 토지이용, 도시구성, 공공기반시설과 자연재해에 취약한 시설물 등과 연계성이 깊기 때문에 토지이용과의 연계성, 도시개발과 정책에 저항하는 자연재해의 부정적 효과 등에 대한 대책이 마련되어야 한다(표 20-2 참조).

기후변화의 영향은 대형화되고 있고 폭염, 해수면 상승 등 새로운 위험을 출현시켜 도시의 취약공간에 더 큰 위험이 되고 있으며 개별 방재대책과 구조물적 대책만으로는 한계가 있다. 따라서 도시가 기후

표 20-2. 도시계획 측면의 기후변화 대응방향

구분	주거지역	상업지역	공업지역	오픈스페이스
홍수	• 토지이용과 조수 • 유역관련성 검토	• 유거수에 의한 홍수피해가 심화되는 지역의 건물 크기 및 유형	• 장기간에 걸친 홍수와 가뭄이 토지 균열과 연화에 미치는 영향평가 • 홍수가 생물의 생애에 미치는 영향 평가	• 홍수기간에 다시 위험이 발생할 수 있거나 심각한 피해를 일으키는 오픈스페이스를 가로지르는 오래된 하상(河床)과 수로에 대한 개선된 설계 • 홍수완화를 위한 속도지연, 하천유역 확보
해수면 상승	• 해안지역 커뮤니티의 해변침식 • 조수 차이 시나리오 검토	• 주차장을 포함한 지하시설물의 말뚝공사, 기초공사와 수변지역 건물 입지	• 연안지역 건축물 조례 • 위험도가 높은 지역의 거주지 이전에 대한 검토	• 해수면 상승에 따른 연안지역의 식물상과 동물상 검토 • 불안정한 해변 모래언덕 검토
혹서(열파)	• 에너지시스템의 지속적 혹서에 의한 영향 • 건축물 및 지붕자재, 태양을 향한 건물입지	• 건물에너지 사용 • 지붕자재 • 비상시 엘리베이터 시스템	• 지붕자재를 에너지 효율적 자재로 교체하기 위한 장기적 도시행정계획과 규제 실행	• 혹서 기간에 운동장과 같은 오픈스페이스의 성능과 수목의 종류에 따른 냉각작용 검토
바람과 폭풍우	• 보호장치 또는 위험요소로서 주거지역에서의 건물, 가로수, 다른 시설의 설계	• 건물의 생태발자국 • 바람통로효과	• 바람과 폭풍우가 도시에 미치는 영향을 측정하는 도시 내 바람통로 검토	• 바람을 동반하는 바람통로 역할을 하는 또는 바람을 막는 오픈스페이스의 검토

출처: 국토해양부(2008a).

변화에 적응하기 위해서는 도시 자체의 적응능력을 강화하는 것이 효과적이며, 이 경우 각 도시의 특성을 고려하여 차별적인 대책을 세워야 한다. 그리고 구조물적 대책과 함께 토지이용제한, 위기관리 등 비구조물적 대책이 필요하다. 도시계획 및 개발사업에서 위험지역에 대한 토지이용을 제한하기 위해서는 재해 위험도 분석 절차를 도입해야 할 것이다. 우리나라는 여러 가지 기후재해 중 홍수에 의한 위험이 지배적이므로 우선 홍수 위험도 분석을 도입하여 홍수위험지역에 인구나 시설이 입지하지 못하도록 토지이용계획을 수립해 홍수위험을 원천적으로 막을 필요가 있다.

우리나라도 지구온난화에 의한 해수면 상승 시 해안지역이 침수될

우려가 있기 때문에 해수면 상승 영향도 분석을 통해 침수가능지역에는 주택이나 인구밀집시설이 입지하지 않도록 하거나 해수면 상승으로 인한 피해를 최소화할 수 있는 대책이 필요하다. 따라서 기후변화에 안전한 재해통합대응도시를 구축하는 방향은 ① 기후재해에 통합적이고 도시계획적인 대응, ② 도시의 차별적 적응능력 강화, ③ 위기관리를 통한 대응 등 세 가지로 설정할 수 있다.

도시의 적응능력을 강화하기 위해서는 녹지체계와 수체계를 잘 갖춘 도시를 조성해야 한다. 도시녹화 및 녹지 확보, 녹지와 오픈스페이스를 통한 바람통로 조성, 빗물침투를 통한 투수율 제고 등 녹지공간 확보와 하천 고수부지를 활용하거나 저류지 조성 등을 통한 수공간을 확보하여 녹지와 수체계를 기반으로 한 도시를 조성하면 도시 자체의 적응능력을 높일 수 있다. 그리고 기존 구조물의 복합적 활용과 건물 적응을 위한 생태디자인을 통해 도시 건물의 적응능력을 강화한다. 재해정보의 신속한 전달체계와 예보 및 경보시스템을 구축하고 시민들이 실시간으로 재해정보를 공유할 수 있도록 해야 한다. 또한 과거의 재해와 미래의 위험을 예측하여 재해지도를 작성하여 보급하고 대피소를 사전에 지정하여 재해가 발생했을 때 시민이 안전하게 대피할 수 있도록 사전대피체계를 구축해야 한다. 특히 고령자, 유아, 장애인 등 재해취약계층을 파악하여 관리하고 재해가 발생했을 때 재해취약계층의 대피를 돕는 체계를 구축하는 것이 필요하다(심우배 외, 2009: 202–205).

맺음말

우리나라에서는 대통령이 2008년 8월 15일 저탄소녹색성장을 정부의 주요 비전으로 제시하고 정부의 후속적인 주요 정책들이 마련됨으로써 녹색성장이라는 말과 그 의미가 국민들에게 널리 알려졌다. 이제는 '녹색(green)'이라는 용어가 너무 많이 사용되어 일종의 유행어 같다는 느낌을 주기도 한다. 2009년에 제정되고 일부 개정된 '저탄소 녹색도시 조성을 위한 도시·군계획수립 지침'에서는 녹색도시를 '압축형 도시공간구조, 복합토지이용, 대중교통 중심의 교통체계, 신·재생에너지 활용, 물·자원순환구조 등의 환경오염과 온실가스 배출을 최소화한 녹색성장의 요소들을 갖춘 도시'라고 규정하고 있다. 이 지침에서 규정한 녹색도시는 저탄소에 초점을 맞춰 온실가스를 최소화하는 도시라고 볼 수 있다.

필자가 20여 년 전부터 생태도시(ecopolis)를 우리나라에 소개하면서 우리나라의 도시도 이제는 생태도시로 바뀌어야 한다는 점을 누차 주장한 바 있다. 그 당시에는 서구에서 사용하던 ecopolis라는 용어를 번역해 사용하다 보니 환경보전도시, 환경도시, 생태도시, 녹색도시 등 여러 가지 용어가 통용되었다. 지난 20여 년을 되돌아볼 때 녹색도시를 만들어야 한다는 당위성은 많이 확산된 데 반해 우리나라에서 실제적으로 내세울 만한 모범적인 녹색도시를 조성한 사례는 아직 없는 실정이다.

우리나라에서 녹색도시가 제대로 만들어지지 못한 것은 여러 가지 제약요소 때문이다.

첫째는 기술적 요소로서 녹색도시를 위한 다양한 환경기술과 생태기술이 충분히 개발되어 있지 않았을 뿐만 아니라 개발된 기술도 비용이 많이 소요되어 시민들에게 보급이 어려운 실정이다.

둘째는 경제적 요소로서 높은 지가가 저밀도 도시개발에 제약을 주고 있다. 또한 생태요소의 도입에 따른 추가 비용으로 인해 녹색도시로 만드는 데 제약이 되고 있다.

셋째는 제도적 요소로 '국토의 계획 및 이용에 관한 법률'과 '자연환경보전법'에 생태도시에 관한 규정이 있으나 적극적으로 시행되고 있지 않은 점을 들 수 있다. 또한 2003년부터 친환경건축물 인증제도가 도입되어 시행되고 '녹색건물 조성 지원법'이 제정되어 있으나 인센티브가 많지 않아 활성화가 이루어지지 않고 있다. 2009년에 국토해양부에서 제정한 '저탄소녹색도시 조성을 위한 도시계획수립 지침'은 광역도시계획·도시기본계획·도시관리계획의 수립기준을 정하는 데 그 목적이 있다. 또한 국토해양부에서는 지속가능한 녹색성장이 이루어지도록 하기 위해 기존의 '지속가능한 신도시 계획기준'을 2010년 1월에 개정한 바 있다. 이러한 지침이나 기준은 정부의 시행의지가 없으면 유명무실하게 될 가능성이 있다.

넷째는 시민의식의 문제이다. 생태적 고려에 대한 관심은 있으나 추가 비용 부담에 난색을 표하는 시민들이 많고 생태적 삶에 따른 불편 감수를 꺼리는 것 또한 녹색도시 조성에 제약으로 작용하고 있다. 이에 더하여 기존의 도시계획이론과 실무에서는 녹색도시에 관한 인식이 미흡한 실정이다.

우리나라에서 녹색도시가 조성되기 위해서는 다음과 같은 과제가 해결되어야 한다.

첫째, 녹색도시를 위한 도시구조와 시스템의 구축이 필요하다. 도시가 하나의 생태계로서 생태적인 원리에 의해 조성·운영되고 도시의 형태와 구조, 기능과 시스템을 생태적으로 건전하게 개편할 필요가 있다. 또한 도시의 자연환경 용량의 범위 내에서 도시를 조성해야 한다. 제정된 '저탄소녹색도시 조성을 위한 도시계획수립 지침'이 잘 시행되어 법정계획에 녹색도시계획이 반영되어야 한다. 더 나아가서는 경제적 유인책과 시민참여가 원활하게 이루어질 수 있는 정치시스템까지 마련할 필요가 있다.

둘째, 도시민들의 삶이 생태적인 삶으로 전환되어야 한다. 불편하기도 하고 부족하고 절약하는 삶을 시민들이 감수해야 하고 이를 위해서는 시민들에 대한 생태교육을 활성화하는 것이 필요하다. 도시민들이 생태적인 삶을 살도록 유도하기 위해서는 소비생활에서 생태적 소비가 이루어지도록 하는 것이 무엇보다 중요하다. 제품을 생산하는 과정이 친환경적이어야 하며 생산된 제품이 친환경적인 제품이 되어야 한다. 또한 소비자가 친환경적 제품을 많이 찾도록 하기 위해서는 소비자들의 기호에 맞도록 디자인이 우수해야 한다. 즉 친환경과 디자인이 결합됨으로써 소비자들에게 매력을 주는 제품이 되어야 소비자들이 친환경제품을 많이 찾게 될 것이다. 이미 디자인이 우수한 친환경제품을 개발해 높은 가격으로 판매함으로써 고급제품으로 인정받는 사례가 나타나고 있음을 주목할 필요가 있다.

셋째, 녹색도시 활성화를 위한 제도적 장치가 필요하다. 광역도시계획, 도시기본계획, 도시관리계획 등에 녹색도시계획이 반영되도록 법규에 명문화하는 것이 필요하다. 환경부는 전략환경영향평가와 환경영향평가 대상사업에 대해 생태면적률 제도를 시행하고 있다. 2011년 2월 25일 국토해양부는 녹색도시 개발을 촉진하기 위해 '녹색도시 개발 계획수립 및 평가기준'을 마련하고 이 기준을 '도시개발업무지침'에 포함시켜 시행하고 있다. 도시개발구역을 지정하는 지정권자는 도시개발계획을 평가하여 녹색도시 등급을 정하고 우수 등급 사업에 대하여 건축 규제 완화 등 다양한 인센티브를 줄 수 있도록 했다. 이 기준은 국토교통부의 훈령이기 때문에 구속력이 약하지만 이 기준이 제대로만 시행된다면 녹색도시 사업이 보다 촉진될 것으로 기대된다.

넷째, 녹색도시에 필요한 생태기술의 발전이 필요하다. 생태기술은 경제성이 있고 시공이 용이해야 기술보급이 활성화될 수 있다. 또한 생태기술의 신뢰성을 확보할 수 있도록 생태기술인증제도가 필요하다. 생태기술이 발전하기 위해서는 산·학·관이 공동으로 생태기술을 개발하는 시스템이 구축되어야 한다. 또한 생태기술이 우리나라가 앞선 분야인 IT 기술과 융합되어 새로운 기술과 제품이 탄생함으로써 이를 통해 생태기술이 널리 보급될 수 있을 것이다.

다섯째, 녹색도시 평가시스템에 의한 모니터링이 필요하다. 도시의 개발이 녹색도시를 지향하고 있는지를 검토할 수 있는 지속가능성 지표를 개발하여 평가와 모니터링을 시행해야 한다. 지속가능성을 평가할 수 있는 지표를 개발한 연구가 축적되어 있기 때문에 이 지표를 활용하는 방안과 제도가 마련되는 것이 필요하다.

전 세계의 인구는 지구의 생태적 수용능력(biocapacity)을 초과해서 자원을 소비하며 살아가고 있다. 지구생태발자국네트워크(Global Footprint Network)에 의하면 최근의 자료인 2016년 현재 전 세계의 생태적 수용능력은 1.63gha(global hectares per capita)로 산출된 데 반해 생태발자국은 2.75gha로 산출되어 전 세계 인류의 삶이 생태적 수용능력을 훨씬 초과하고 있다. 생태발자국을 국가의 소득그룹별로 분류해 살펴보면 우리나라처럼 고소득국가의 생태발자국은 6.1gha인데 반해 저소득국가의 생태발자국은 1.2gha로 나타나 5배의 차이를 보이고 있다. 우리나라의 2016년 생태발자국 지수는 6gha로 일본보다 높은 수준이다. 이러한 생태발자국 지수로 볼 때 고소득국가들이 자원소비를 어떻게 줄여가느냐 하는 것이 지구환경문제를 해결하는 데 관건임을 알 수 있다. 지구의 인류가 지속가능하게 살아가기 위해서는 우리의 생태발자국이 지구의 생태적 수용능력인 1.63gha 이하로 되어야 한다. 도시의 설계는 시민들의 생태발자국에 70% 이상 영향을 미치고 있다. 높은 발자국을 가진 도시는 기존의 기술로 자연에 대한 수요를 크게 감소시킬 수 있다. 도시의 인프라는 오래가고 앞으로의 자원 수요에 영향을 주기 때문에 인프라의 결정은 도시의 미래를 좌우할 것이다(Global Footprint Network 홈페이지). 따라서 녹색도시를 만드는 것은 도시의 생태발자국을 줄여가기 위한 중요한 방안이라고 할 수 있다.

Thayer는 오늘날의 환경위기의 핵심에는 '토포필리아(topophilia)'(토지와 자연에 대한 애착), '테크노필리아(technophilia)'(기술에 대한 애착과 의존)와 '테크노포비아(technophobia)'(기술의 부작용에 대한 두려움)라는 세 가지 상충되는 힘이 작용하고 있다고 주장하고 있다(Thayer, 1994: 4-79; 세이어, 2000: 4-94). 그는 환경위기의 해결대안으로 '지속가능한 경관(sustainable landscape)'을 제안하고 있다. 지속가능한 경관은 다음과 같은 몇 가지 특징을 가지고 있다. 첫째, 생태적 불안정성이 없이 주로 재생가능하고 수평적인 에너지를 재생가능한 비율로 이용하는 것이다. 둘째, 자원 · 영양소 · 부산물의 재순환을 최대화하고 쓰레기를 최소화하거나 물질을 쓸모없는 장소나 형태로 전환하는 것을 최소화하는 것이다. 셋째, 지역의 구조와 기능을 유지하고 주변생태계의 다양성 혹은 안정성을 감소시키지 않는 것이다. 넷째, 지역의 인간 커뮤니티를 파괴하거나 변경하기보다 보존하는 것이다. 다섯째, 이러한 목표를 지탱시키는 기술을 포함시키는 것이다. 지속가능한 경관에서는 기술은 부차적이고 이차적이다(Thayer, 1994: 243; 세이어, 2000: 293). 도시에서 Thayer가 말하는 지속가능한 경관을 만들게 될 때 우리의 도시는 녹색도시로 변모할 것이다.

강양석 · 김현주(2005). "도시성장과 재해방지." 『도시정보』 통권 279호(대한국토도시계획학회): 144–160.

건설교통부(2004a). "지속가능한 신도시 계획기준."

건설교통부(2004b). "신도시 경관계획 기준마련을 위한 연구."

건설교통부 · 환경부(2004). "환경친화적인 도로건설지침."

건설부(1993). "건축물에너지절약 설계기준개선 연구."

건설부(1994). "건물에너지절약 설계기준의 체계화 연구."

관계부처합동(2015). "제2차 국가 기후변화 적응대책(2016-2020)."

곽결호 외(2011). 『지속가능한 국토와 환경』. 박영사.

국립환경연구원(2002). "생물의 환경오염물질 정화능에 관한 연구: 수목의 대기오염 물질 정화능에 관한 조사연구."

국정홍보처(2009). 국정브리핑 2009년 2월 3일.

국토교통부(2018a). "토지의 적성평가에 관한 지침."

국토교통부 고시(2018). "경관계획수립지침."

국토해양부(2007). "지속가능한 신도시 계획기준."

국토해양부(2008a). "기후변화 대응 국토공간계획평가 및 과제."

국토해양부(2008b). "토지의 적성평가에 관한 지침."

국토해양부 4대강살리기 추진본부(2009). "4대강살리기 마스터플랜."

국토해양부 · 환경부(2011). "친환경건축물 인증기준." 국토해양부 고시 제2011–851호, 환경부 고시 제2011–181호.

김갑수(2004). 『서울시 물순환 기본계획 연구』. 서울시정개발연구원.

김경미(1997). "수생식물의 현존량 조절에 의한 생활하수의 질소와 인 제거." 서울대학교 환경대학원 석사학위논문.

김경태 · 정성관 · 유주한(2006). "Ecological Footprint를 활용한 도시의 환경용량평가." 『국토계획』 41(3): 109–120.

김귀곤(2003). "하남SCP 프로그램과 Best Practice." 『생태공원에 관한 국제심포지엄 발표집』(한국환경복원녹화기술학회 외 주최).

김근영 · 문채(2007). "21세기 방재도시계획의 위상과 역할." 『도시정보』(대한국토도시계획학회), 2007년 1월호: 7–20.

김기호 · 문국현(2006). 『도시의 생명력, 그린웨이』. 랜덤하우스코리아.

김성일 · 강미희(2002). 『생태관광』. 트레블애널리스트.

김운수 · 김학열 · 엄정희 · 조명호 · 오성남(2001). "기상특성을 고려한 도시계획제도의 도입과 적용가능성에 관한 연구." 『서울도시연구』(서울시정개발연구원) 2(1):

1–21.
김원 · 양병이 외(2009). 『친환경건축설계 가이드북』. 발언.
김원현(2006). "독일의 생태단지 크론스베르그의 빗물활용계획." 『조경생태시공』 2006년 3월호: 60–67.
김재봉 · 한상욱 · 배정오 · 고강석 · 김정규 · 황경섭 · 최만석 · 김동호 · 홍현주(1987). "생물의 환경오염물질 정화능에 관한 연구(I): 수목의 대기오염물질 정화능에 관한 조사연구." 『국립환경연구원보』 9: 219–229.
김준호(1997). "도시생태계의 범위와 정의." 『한국환경생태학회지』 11(2): 217–223.
김창원(2009). "저탄소녹색성장과 도시농업." 도시농업연구회 창립총회 기념 심포지엄 발표 자료.
김춘송 · 고지연 · 이재생 · 박성태 · 구연충 · 강항원(2007). "생활오폐수에 대한 정화력이 높은 수생식물 선발." 『한국환경농학회지』 26(1): 28–35.
김현수(2000). "옥상녹화의 필요성: 그 실질적 효과를 중심으로." 『'녹색 환경창조를 위한 옥상녹화의 현재와 미래' 세미나 발표논문집』(옥상녹화연구회 주관).
나수년(1994). "주택의 에너지 절약 설계기법 및 효율 평가에 관한 연구." 중앙대학교 석사학위논문.
농림축산식품부(2017). 제2차 도시농업 육성 5개년 계획(2018-2022).
대한건축사협회(1990). 『에너지절약형 건축설계 핸드북–주택편』.
대한건축사협회(1996). 『에너지절약형 건축설계 핸드북–공동주택편』.
대한주택공사(1987). 『에너지절약형 도시계획』.
던넷, 니겔 · 앤디 클레이든(2009). 『지속 가능한 도시 물 관리를 위한 Rain Gardens』〔(주)한설그린 부설 조경생태디자인연구소 옮김〕. 도서출판 조경.
도슨, 스탠리 외(2002). 『생태학』(노태호 외 옮김). 아카데미서적.
동력자원부(1990). "자연형 태양열 시스템을 이용한 기존 공동주택의 에너지개수방안에 관한 개발연구."
마즈리아, 에드워드(1989). 『자연형 태양열 주택 설계기법』(김정태 옮김). 건우사.
맥레넌, 제이슨(2009). 『지속가능한 설계 철학』(정옥희 옮김). 비즈앤비즈.
박병흔(2003). 『자연형하천정화를 위한 인공습지 조성방안』. 환경관리공단.
박석봉(2007). "바람길계획관련 국내외기술동향분석." 『광주지역의 바람길 조성에 관한 세미나 자료집』(광주지역환경기술개발센터와 광주대학교 주최).
박양우(1983). "아파트단지계획의 에너지절약방안." 『월간 주택정보』(한국주택사업협회) 통권 46호: 19–26.
박용남(2005). 『꿈의 도시 꾸리찌바』(개정증보판). 녹색평론사.

박희경(2009). "녹색기술과 녹색도시 조성사례." 『국토』(국토연구원), 2009년 1월호: 52-61.

반영운 · 이재준 · 김정곤 · 오용선 · 설영선 · 최정석(2008). "기후변화에 대응한 국토 및 도시개발전략." 『도시정보』(대한국토도시계획학회) 통권 318호: 317.

배스킨, 이본(2003). 『아름다운 생명의 그물』(이한음 옮김). 돌베개.

브라운, 레스터(2003). 『에코이코노미』(한국생태경제연구회 옮김). 도요새.

블랩, 조세프(1999). 『비오토프의 이해』(이동근 옮김). 대윤.

서승희 · 조강현(2002). "쓰레기 매립지의 토양에서 단풍잎돼지풀에 의한 중금속 제거효율." 『한국생태학회지』 25(1): 51-55.

서울시설공단(2019). 공공자전거 종합현황.

서울시정개발연구원(2004). "서울시 물순환기본계획 연구보고서."

서울특별시(2000a). "서울시 비오톱 현황조사 및 생태도시 조성지침 수립."

서울특별시(2000b). "건물옥상녹화학술용역."

서울특별시(2004). "생태기반지표의 도시계획 활용방안."

서울특별시(2005). "서울시 경관관리 기본계획."

서울특별시 도시계획국(2016). "서울특별시 생태면적률 운영지침."

세이어, R. L. (2000). 『지속가능한 경관론』(양병이 · 장병관 옮김). 태림문화사.

송영배(2002). "도시기후지도의 작성." 『한국조경학회지』 29(6): 27-36.

송영배(2007). 『건강도시를 위한 기후환경계획, 바람통로 계획과 설계방법』. 도서출판 그린토마토.

송인주(2006). "생태학에서의 시스템과 상호의존성." 에코포럼 편. 『생태적 상호의존성과 인간의 욕망』. 동국대학교출판부.

송정섭(2009). "우리나라 도시농업 현황 및 발전방안." 도시농업연구회 창립총회 기념 심포지엄 발표자료.

송정섭 외(2011). "도시농업의 매력과 가치." 『RDA Interrobang』 5(농총진흥청): 1-24.

수원시(1998). "수원시 어메니티 플랜."

시모무라 다카시, 호야노 아키라, 코시미즈 하지메 (2006). 『입체 녹화에 의한 환경 공생』 〔(주)한설그린 부설 조경생태디자인연구소 옮김〕. 보문당.

심우배 외(2009). "기후변화에 안전한 재해통합대응 도시 구축방안 연구(I) 총괄보고서." 국토연구원.

심우배 외(2010). "기후변화에 안전한 재해통합대응 도시 구축방안 연구(II)." 국토연구원.

안태경 · 김현수 · 강재식 · 변혜선(1997). "Green Town 개발사업 II(건축분야)." 한국건설기술연구원.

양병이(1981). "태양열을 활용하기 위한 주택단지 설계."『주택』 41: 206–214.

양병이 외(2007).『양주옥정지구 환경생태시범도시 조성계획 연구』. 한국토지공사.

양병이 · 김기호(1984). "에너지절약형 주택단지 설계기법에 관한 연구(I)."『한국조경학회지』 12(2): 1–13.

양병이 · 김현수(2005).『인공지반녹화 아카데미 교재』. 한국인공지반녹화협회.

에너지관리공단(2010).『탄소중립 가이드라인』.

여홍구 · 임종훈(2004). "토지적성평가 개선방안에 관한 연구."『국토계획』 39(2): 107–116.

오구균 · 박석곤 · 송재탁 · 정종일(2008).『자연재생과 환경정비를 위한 생태조경공학』. 광일문화사.

오대민 · 최영애(2006).『자연과의 만남으로 나와 세상을 치유하는 도시농업』. 학지사.

오덤, 유진(2009).『생태학』(이도원 외 옮김). 사이언스북스.

오스먼슨, T.(2000).『옥상정원』(심우경 옮김). 보문당.

외교통상부(2004).『지구환경외교편람』.

윤양수(1998). "온실가스배출저감을 위한 도시개발방향."『국토』 통권 201호: 14–22.

윤용상(2010). "녹색건축에 유용한 신·재생에너지." 조용주 외,『녹색도시를 선도하는 기술전략』. 한국건설기술연구원.

윤용한 · 송태갑(1998), "공원녹지가 주변 열환경에 미치는 영향."『국토계획』(대한국토도시 계획학회지) 33(1): 92–98.

윤춘경 · 김형중 · 류재현 · 여운식(1997). "물옥잠을 이용한 수중처리방법에 의한 농공단지 폐수처리에 관한 연구."『한국농공학회지』 39(3): 64–71.

이광훈 · 정남지 · 변지해(1997).『서울시 자전거이용시설 기본구상』. 서울시정개발연구원.

이도원(2001).『경관생태학』. 서울대학교출판부.

이범현(2010). "싱가포르의 기후변화 대응정책."『국토』(국토연구원) 통권 342호: 98–105.

이병설 · 정문호 · 두옥주(1995). "미나리에 의한 수중 중금속 Cd와 Pb의 제거에 관한 연구."『한국환경위생학회지』 21(1): 47–55.

이상호 · 김영민(2008). "분산식 빗물관리 기술."『물과 미래』(한국수자원학회) 41(6): 18–22.

이수진(2010). "글로벌정보(프랑스)."『국토』(국토연구원) 통권 342호: 108–109.

이승복(1984). "에너지절약형 주택의 디자인 방법에 관한 연구." 연세대학교 석사학위논문.

이시 히로유끼 · 아스다 요시노리 · 유아사 다케오(2003).『환경은 세계사를 어떻게 바꾸었는가』(이하준 옮김). 경당.

이영무(1991). 『자원절약형 단지계획』. 기문당.

이은희(2009). "유럽의 도시농업현황." 도시농업연구회 창립총회 기념 심포지엄 발표자료.

이응직(2009). "친환경에너지." 김원 · 양병이 외, 『친환경건축설계 가이드북』. 발언.

이종성 · 김기남(2005). "현장실험을 통한 수생식물의 수질정화효과에 관한 연구." 『한국환경과학회지』 14(10): 937–944.

이준미(2006). "농촌의 생물지역계획에 관한 연구." 서울시립대학교 박사학위논문.

일본대장성 인쇄국(2002). 『옥상 · 벽면녹화기술가이드』(신문식 옮김). 건축시대.

일본도시녹화기술개발기구 엮음(2002). 『도시 생태네트워크 계획』(이승은 · 홍선기 옮김). 시그마프레스.

일본도시녹화기술개발기구 특수녹화공동연구회(1995). 『옥상녹화의 Q & A』(조용현 · 한규희 옮김). 기문당.

임영태 외(2008). "자전거 이용 활성화 방안 연구." 국토연구원.

전근우 외(2005). "쓰나미에 대비한 해안림 조성과 비구조물 대책–일본의 사례를 중심으로." 『한국임학회지』 94(3): 197–204.

조광우 · 김지혜 · 정휘철 · Nobuo Mimura · R. J. Nicholls(2002). "지구온난화에 따른 한 반도주변의 해수면변화와 그 영향에 관한 연구(II)." 한국환경정책평가연구원.

조동길(2003). "생태조경과 생태복원: 몇 가지 개념과 원칙." 『조경수』 74(5): 26–29.

조선일보. 2009. 2. 5.

조용주 외(2010). 『녹색도시를 선도하는 기술전략』. 한국건설기술연구원.

조항문 · 진상현 · 김민경(2009). 『저탄소사회를 향한 서울시 건물에너지 저감전략』. 서울시정개발연구원.

조현길(1999). "강원도 일부도시의 경관내 탄소흡수 및 배출과 도시녹지의 역할." 『한국조경학회지』 27(1): 39–53.

조현길 · 조동하(1998). "도시 주요조경수종의 연간 CO_2 흡수." 『한국조경학회지』 26(2): 38–53.

존스, 반(2009). 『그린컬러 이코노미』(함규진 · 유영희 옮김). 페이퍼로드.

주간조선. 2011. 1. 24.

지식경제부(2008). "에너지총조사보고서."

지식경제부 · 에너지관리공단(2008). "탄소중립프로그램."

카말차우이, 라미아 · 알렉시스 로버트 엮음(2010). 『도시경쟁력과 기후변화』(국토연구원 옮김). 국토연구원.

프리드먼, 토머스 X.(2008). 『코드그린』(최정임 · 이영민 옮김). 21세기북스.

한국건설기술연구원(2002). 『보급형 옥상녹화가이드북』.

한국건설신문. 2010. 5. 17.

한국동력자원연구소(1984). "주거용건물의 에너지절약 연구(II)."

한국수자원공사(2003). "환경친화적설계지침."

한국토지개발공사(1990). "자원절약형 주거단지 계획기법."

한영해 외(2005). "생태적 도시개발을 위한 물순환 체계 확보방안 연구: 분산식 빗물관리를 중심으로." 국토연구원.

행정자치부 · 문화관광부 · 농림부 · 환경부 · 건설교통부 · 해양수산부 · 산림청(2007). "경관계획수립지침."

현경학 외(2008). "자연순응형 빗물관리에 의한 빗물 오염부하 및 유출량 저감효과." HURI FOCUS 32.

환경부(2002). "하천복원가이드라인(시안)."

환경부(2003). "자연생태계 복원을 위한 생태통로 설치 및 관리지침."

환경부(2007). "전국단위 국토생태탐방로 조성계획 연구."

환경부(2008). "도시생태축 구축을 위한 가이드라인(안)."

환경부(2009a). "전국 폐기물 발생 및 처리현황."

환경부(2009b). "생태 · 자연도 작성지침."

환경부(2010a). "국가 기후변화 적응대책."

환경부(2010b). "생태통로 설치 및 관리지침."

환경부(2016). "생태면적률 적용지침."

환경부(2019). "환경백서."

환경부(2020). "생태계교란 생물 지정고시."

환경부 · 환경관리공단(2007). "천생인생, 생태계가 살아숨쉬는 건강한 하천만들기."

환경부, 한국환경공단 (2019), "전국 폐기물 발생 및 처리 현황(2018년도)."

환경부 자연보전국(2003). "단절된 생태계복원을 위한 생태통로 설치 및 관리지침."

황지욱(2006). "자전거와 교통: 독일의 경우." 사단법인 자전거학회창립기념 '자전거를 통한 대도시의 교통과 환경 개선' 학술토론회.

Hough, M. (2006). 『도시경관 · 생태론』(오구균 · 신용석 · 최승 옮김). 기문당.

龜山章 · 倉本宣 편저(2004). 『생태공원』(이명균 외 편역). 보문당.

mm野良明(2011). "일본의 공원녹지 · 도시녹화시책의 동향." 『건축물 녹화기본계획, 어떻게 할 것인가?』〔한국건설기술연구원 · (사)한국인공지반녹화협회 주최 세미나 발표집〕.

外崎公知(2011). "일본의 건축물 녹화 추이와 전망." 『건축물 녹화기본계획, 어떻게 할 것인가?』(한국건설기술연구원 · (사)한국인공지반 녹화협회 주최 세미나 발표집).

(財)都市緑化技術開發機構 特殊緑化共同研究會(1995). 『Neo-Green Space Design 1』. 東京: 誠文堂新光社.

Aberley, D. (1999). "Interpreting Bioregionalism: A Story from Many Voices." In M.V. McGinnis (ed.), *Bioregionalism*. London: Routledge.

Adams, L. W. (1994). *Urban Wildlife Habitats*. Minneapolis: University of Minnesota Press.

Ahern, J. (1995). "Greenways as a Planning Strategy." *Landscape and Urban Planning* 33(1-3): 131-155.

Ahern, J. et al. (2006). *Biodiversity Planning and Design*. Washington, DC: Island Press.

Akbari, H., S. Davis, S. Dorsano, J. Huang, and S. Winnett (eds.) (1992). *Cooling Our Communities*. Washington, DC: U.S. Environmental Protection Agency.

American Planning Association (1979). *Site Planning for Solar Access*. U.S. Dept. of Housing and Urban Development.

Applegate, J. E. and K. E. Clark (1987). "Satisfaction Levels of Birdwatchers: An Observation on the Consumptive-Nonconsumptive Continuum." *Leisure Sciences* 9: 129-134.

Barnes D. and L. Rankin (1975). "The Energy Economics of Building Construction." *Building International* 8: 31-42.

Beatley, T. (2000). *Green Urbanism-Learning from European Cities*. Washington, DC: Island Press.

Benedict, M. and E. McMohan (2002). *Green Infrastructure: Smart Conservation for the 21st Century*. Washington, DC: The Conservation Fund.

Berry, Brian J. L. and F. E. Horton (1974). *Urban Environmental Management*. Englewood Cliffs: Prentice-Hall, Inc.

Bigio, A. G. (2003). "Cities and Climate Change." In Alcira Kreimer et al. (eds.), *Building Safer Cities: The Future of Disaster Risk*. Washington, DC: World Bank.

Binford, M. W. and M. J. Buchenau (1993). "Riparian Greenways and Water Resources." In D. S. Smith and P. C. Hellmund (eds.), *Ecology of Greenways*. Minneapolis: University of Minnesota Press.

Bischoff, Annaliese (1995). "Greenways as Vehicles for Expression." *Landscape and Urban Planning* 33(1-3): 315-317.

Botkin, D. B. (1997). "Cities as Environments." *Urban Ecosystems* 1(1): 3–19.

Botkin, D. B. and E. A. Keller (1995). *Environmental Science: Earth as a Living Planet*. New York: John Wiley & Sons.

Bouwma, I. M. et al. (2004). "Ecological Corridors on a European Scale: A Typology and Identification of Target Species." In Jongman, Rob H. G. et al. (eds.), *Ecological Networks and Greenways*. Cambridge: Cambridge University Press.

Breheny, M. J. (1992). "The Contradiction of the Compact City: A Review." In M. J. Breheny (ed.), *Sustainable Development and Urban Form*. London: Pion Limited.

Brown, G. Z. (1985). *Sun, Wind, and Light*. New York: John Wiley & Sons.

Budd, W. W. et al. (1987). "Stream Corridor Management in the Pacific Northwest: Determination of Stream Corridor Widths." *Environmental Management* 11: 587–597.

Bueno, J. A. et al. (1995). "South Florida Greenways: A Conceptual Framework for the Ecological Reconnectivity of the Region." *Landscape and Urban Planning* 33(1–3): 247–266.

Cantor, S. L. (2008). *Green Roofs in Sustainable Landscape Design*. New York: W. W. Norton & Co.

Carmona, M. et al. (2003). *Public Places–Urban Spaces*. Oxford: Architectural Press.

Chambers, N., Heap, R., Jenkin, N., Lewis, K., Simmons, C., Tamai, B., Vergonlas, G., Vernon, P. (2002). City Limits: *a Resource Flow and Ecological Footprint Analysis of Greater London*. London: Chartered Institute of Wastes Management.

City of Chicago (2005). "City Launches Green Roof Grants Program." City of Chicago Website.

City of New York (2007). *PlaNYC: A Greener, Greater New York*. City of New York, United States.

Cook, D. I. and D. F. Van Haverbeke (1971). "Trees and Shrubs for Noise Abatement." *University of Nebraska Research Bulletin* 246: 1–77.

Corbett, E. S., J. A. Lynch, and W. E. Sopper (1978). "Timber harvesting practices and water quality in the eastern United States." *Journal of Forestry* 76(8): 184–488.

Dahl-Jensen, D. (2000). "The Greenland Ice Sheet Reacts." *Science* 289: 404–405.

Duhme, F. and S. Pauleit (2000). "A landscape Ecological Masterplan for the City of Munich." In J. O. Riley and S. E. Page (eds.), *Habitat Creation and Wildlife Conservation in Urban and Post-Industrial Environments*. Chichester, UK:

Packard Publishing.

Edwards, B. (1999). *Sustainable Architecture*. Oxford: Architectural Press.

Ehrlich, P. and A. Ehrlich (1991). *Healing the Planet*. Reading, Mass: Addison–Wesley.

Erickson, D. L. (2006). *MetroGreen*. Washington, DC: Island Press.

Eversham, B. C., D. B. Roy, and M. G. Telfer (1996). "Urban Industrial and Other Manmade Sites as Analogues of Natural Habitats for Carabidae." *Ann. Zool. Fennici* 33: 149–156.

FEMA (2000). *Planning for A Sustainable Future: The Link between Hazard Mitigation and Livability*.

Fennell, D. A. (1999). *Ecotourism*. London: Routledge.

Field, R., A. N. Tafuri, S. Muthukrishnan, B. A. Acquisto, and A. Selvakumar (eds.) (2006). *The Use of Best Management Practices (BMPs) in Urban Watersheds*. Pennsylvania: DEStech Publications Inc.

Forman, R., T. T. and Michel Godron (1986). *Landscape Ecology*. New York: John Wiley & Sons.

Franta, G. E. and K. R. Olson (eds.) (1978). *Solar Architecture*. Ann Arbor: Ann Arbor Science.

Givoni, B.(1998). *Climate Considerations in Building and Urban Design*. New York: Van Nostrand Reinhold.

Global Footprint Network (2010). *Ecological Footprint Atlas 2010*.

Godo, S. (2009). *The Carbon Charter: Blueprint for a Carbon–Free Future*. British Columbia: New Society Publishers.

Grenier, Dale et al. (1993). "Ecotourism, Landscape Architecture and Urban Planning." *Landscape and Urban Planning* 25: 1–16.

Hansson, L., L. Fahrig, and G. Merriam (1995). *Mosaic Landscapes and Ecological Processes*. London: Chapman & Hall.

Hioki, Yoshiyuki (2003). "Estimating Ecological Potential, Efficient Methods for Creation in Eco Parks." 『생태공원에 관한 국제심포지엄 발표집』(한국환경복원녹화기술학회 외 주최).

Hollander, J. B., N. Kirkwood, and J. L. Gold (2010). *Principles of Brownfield Regeneration: Cleanup, Design, and Reuse of Derelict Land*. Washington, DC: Island Press.

Hopper, L. J. (2007). *Landscape Architectural Graphic Standards*. New York: John Wiley

& Sons.

Hou, J., J. Johnson, and L. Lawson (2009). *Greening Cities, Growing Communities: Learning from Seattle's Urban Community Gardens*. Landscape Architecture Foundation in association with University of Washington Press.

IEA (2009). *Cities and Towns and Renewable Energy–YIMFY: Yes In My Front Yard*. Paris: OECD/IEA.

IPCC (2014). *IPCC Fifth Assessment Report: Climate Change 2014-Synthesis Report & Full Report*.

IUCN (2001). IUCN Red List Categories and Criteria: Version 3.1.

Jubenville, A. (1976). *Outdoor Recreation Planning*. Philadelphia: W. B. Saunders Co.

Kellert, S. R. and E. O. Wilson (eds.) (1993). *The Biophilia Hypothesis*. Washington, DC: Island Press.

Klanten, R. et al. (eds.) (2011). *My Green City*. Berlin: Gestalten.

Koehn, J. D., G. J. Brierley, B. L. Cant, and A. M. Lucas (2001). *River Restoration Framework*. Land & Water Australia.

Kreimer, A., M. Arnold, and A. Carlin (eds.) (2003). *Building Safer Cities: The Future of Disaster Risk*. Washington, DC: World Bank.

LaGro, J. A. Jr. (2008). *Site Analysis*, 2nd. ed. New Jersey: John Wiley & Sons.

Lebens, R. M. (1980). *Passive Solar Heating Design*. London: Applied Science Publishers.

Leccese, M. (1992). "Can Sightseeing Save the Planet?" *Landscape Architecture* 82(8): 53–56.

Linehan, J. et al. (1995). "Greenway Planning: Developing a Landscape Ecological Network Approach." *Landscape and Urban Planning* 33(1–3): 179–193.

Little, C. (1990). *Greenways for America*. Baltimore: Johns Hopkins University Press.

Lowrance, R. et al. (1988). "Erosion and Deposition in a Field/Forest System Estimated Using Cesium–137 Activity." *Journal of Soil and Water Conservation* 43(2): 195–199.

Lyle, J. T. (1985). *Design for Human Ecosystems*. New York: Van Nostrand Reinhold Company Inc.

Maas, W., U. Hackauf, and P. Haikola (2010). *Green Dreams*. Rotterdam: NAi Publishers.

Manning, O. (1979). "Designing for Nature in Cities." In Ian C. Laurie (ed.), *Nature in Cities*. New York: John Wiley & Sons.

Margolis, L. and A. Robinson (2007). *Living Systems*. Basel: Birkhauser.

Marsalek, J., D. Sztruhar, M. Giulianelli, and B. Urbonas, (eds.) (2004). *Enhancing Urban Environment by Environmental Upgrading and Restoration*. Dordrecht: Kluwer Academic Pub.

Marsh, W. M. (1978). *Environmental Analysis for Land Use and Site Planning*. New York: McGraw–Hill Book Co.

Martini, P. and W. Chesworth (2010). *Landscapes and Societies: Selected Cases*. New York: Springer Verlag.

Marzluff, J. M. (2008). *Urban Ecology: An International Perspective on the Interaction between Humans and Nature*. New York: Springer Verlag.

Matsch, M. (2010). "Zero Waste: A New Systems Approach Gaining Global Ground." Eco–cycle Homepage.

McHarg, I. and I. Sutton (1975). "Ecological Plumbing for the Texas Coastal Plain." *Landscape Architecture* 65(1): 78–89.

McKelvey, K., B. R. Noon, and R. H. Lamberson (1993). *Conservation Planning for Species Occupying Fragmented Landscapes: The Case of the Northern Spotted Owl, Biotic Interactions and Global Change*. Sunderland, Mass: Sinauer Assoc. Inc.

McPherson, E. G. (1998). "Atmospheric Carbon Dioxide Reduction by Sacramento's Urban Forestry." *Journal of Arboriculture* 24(4): 215–223.

Miller, G. T. and S. E. Spoolman (2009). *Living in the Environment: Principles, Connections, and Solutions*. Belmont: Brooks/Cole.

Min, Seung–Ki, Xuebin Zhang, F. W. Zwiers, and G. C. Hegerl (2011). "Human Contribution to More–Intense Precipitation Extremes." *Nature* 470: 378–381.

Mitsch, W. J. and J. G. Gosselink (2007). *Wetlands*. New Jersey: John Wiley & Sons.

Mitsch, W. J., J. G. Gosselink, C. J. Anderson, and Li Zhang (2009). *Wetland Ecosystems*. New Jersey: John Wiley & Sons.

Morrisonan, M. L. (2002). *Wildlife Restoration: Techniques for Habitat Analysis and Animal Monitoring*. Washington, DC: Island Press.

Motloch, J. L. (2001). *Introduction to Landscape Design*, 2nd ed. New York: John Wiley & Sons.

Newbold, J. D., D. C. Erman, and K. B. Roby (1980). "Effects of Logging on Macroinvertebrates in Streams with and without Buffer Strips." *Canadian Journal of Fisheries and Aqatic Sciences* 37(7): 1076–1085.

Newman, P. W. and J. R. Kenworthy (1989). "Gasoline consumption and cities: a comparison of US cities with a global survey." *Journal of the American Planning Association*, 55(1): 24-37.

O'Meara, S. (1999). *Reinventing Cities for People and the Planet*. Worldwatch Institute Paper 147.

Olgyay, V. (1963). *Design with Climate*. Princeton: Princeton University Press.

Owens, S. E. (1992), "Energy, Environmental Sustainability and Land Use Planning." In M. J. Breheny, *Sustainable Development and Urban Form*. London: Pion Limited.

Pall, P., T. Aina, D. A. Stone, P. A. Stott, Toru Nozawa, A. G. J. Hilberts, D. Lohmann, and M. R. Allen (2011). "Anthropogenic Greenhouse Gas Contribution to Flood Risk in England and Wales in Autumn 2000." *Nature* 470: 382–385.

Pitt, D., K. Soergell II, and E. Zube (1979). "Trees in the City." In Ian C. Laurie (ed.), *Nature in Cities*. New York: John Wiley & Sons.

Platt, R. H. (1991). *Land Use Control: Geography, Law and Public Policy*. Englewood Cliffs, NJ: Prentice Hall.

Platt, R. H., R. A. Rowntree, and P. C. Muick (1994). *The Ecological City: Preserving and Restoring Urban Biodiversity*. Amherst, MA: University of Massachusetts Press.

Prince George's County, Maryland (1999). *Low–Impact Development: An Integrated Design Approach*.

Quarantelli, E. L. (2003). "Urban Vulnerability to Disasters in Developing Countries: Managing Risks." In Alcira Kreimer et al. (eds.), *Building Safer Cities: The Future of Disaster Risk*. Washington, DC: World Bank.

Randolph, J. (2004). *Environmental Land Use Planning and Management*. Washington, DC: Island Press.

Register, R. (2006). *Ecocities*, revised edition. New Society Publishers.

Reiniger, C. (1997). "Bioregional Planning and Ecosystem Protection." In G. F. Thompson and F. R. Steiner (eds.), *Ecological Design and Planning*. New York: John Wiley & Sons.

Robinette, G. O. (1972). *Plants/People/and Environmental Quality*. U.S. National Park Service.

Robinette, G. O. (1977). *Landscape Planning for Energy Conservation*. Reston: Environmental Design Press.

Ross, S. and G. Wall (1999). "Ecotourism: Towards Congruence Between Theory and Practice." *Tourism Management* 20(1): 123–132.

Sadler, B. (1990). "Sustainable Development, Northern Realities and the Design and Implementation of Regional Conservation Strategies." In *Achieving Sustainable Development through Northern Conservation Strategies*. Calgary Alberta: University of Calgary Press.

Sale, K. (1985). *Dwellers in the Land: The Bioregional Vision*. San Francisco: Sierra Club Books.

Santamouris, M. (2006). *Environmental Design of Urban Buildings: An Integrated Approach*. Earthscan.

Savard, Jean-Pierre L., P. Clergeaub, and G. Mennechez (2000). "Biodiversity Concepts and Urban Ecosystems." *Landscape and Urban Planning* 48(3-4): 131-142.

Schiermeier, Q. (2011). "Increased Flood Risk Linked to Global Warming." *Nature* 470: 316.

Searns, R. (1995) "The Evolution of Greenways as an Adaptive Urban Landscape Forms." *Landscape and Urban Planning* 33(1-3): 65-80.

Secretariat of the Convention on Biological Diversity (2000). *Sustaining Life on Earth*. UNEP.

Seymour, J. (1980). *The Architect's Guide to Energy Conservation*. New York: McGraw-Hill Book Co.

Sims, M., C. W. Ward, and T. Clark (1991). *Bioremediation: Nature's Cleanup Tool*. Pennsylvania: DIANE Publishing.

Smith, Daniel S. and Paul Cawood Hellmund (eds.) (1993). *Ecology of Greenways*. Minneapolis: University of Minnesota Press.

Society for Ecological Restoration, International Science & Policy Working Group (2004). *International Primer on Ecological Restoration*, Version 2.

Spirn, A. W. (1984). *The Granite Garden*. New York: Basic Books, Inc., Publishers.

Srinivas, H. (2007). "Cities and Urban Vulnerability in the Context of Urban Environmental Management." UNEP.

Stoyke, G. (2009). *The Carbon Charter: Blueprint for a Carbon-Free Future*. New Society Publishers.

Susan, K. W. and S. Katrin (2009). *Green Roof Systems*. New Jersey: John Wiley & Sons.

Suzuki, H., A. Dastur, S. Moffatt, N. Yabuki, and H. Maruyama (2010). *Eco_2 Cities: Ecological Cities as Economic Cities*. Washington, DC: World Bank.

Thayer, R. (1994). *Gray World Green Heart*. New York: John Wiley & Sons.

Thayer, R. (2003). *LifePlace*. Berkeley: University of California Press.

Thompson, J. W. (1998). "Grass-rooFs Movements." *Landscape Architecture* 88(5): 48–51.

Thompson, J. W. and K. Sorvig (2008). *Sustainable Landscape Construction*. Washington DC: Island Press.

Toth, R. E. (1990). "Hydrologic and Riparian Systems: The Foundation Network for Landscape Planning." Paper presented at International Conference on Landscape Planning, University of Hannover, Federal Republic of Germany, 6–8 June.

Trepl, L. (1995). "Towards a Theory of Urban Biocoenoses." In H. Sukopp, M. Numata and A. Huber (eds.), *Urban Ecology as the Basis for Urban Planning*. The Hague: SPB Academic Publishing.

Tudor, T., E. Adam, and M. Bates (2006). "Drivers and Limitations for the Successful Development and Functioning of EIPs (eco-industrial parks): A Literature Review." *Ecological Economics* 61(2–3): 199–207.

Turner, T. (1998). *Landscape Planning and Environmental Impact Design*. London: UCL Press.

U.K. Department for Environment, Food and Rural Affairs (2007). *Conserving Biodiversity –The UK Approach*.

U.N. (2001). *World Population Prospects: The 2000 Revision*. New York.

U.S. EPA (2000a). *Constructed Wetlands Treatment for Municipal Wastewaters Manual*.

U.S. EPA (2000b). *Introduction to Phytoremediation* (EPA/600/R-99/107). National Risk Management Research Laboratory, February.

U.S. EPA (2001). *Brownfields Technology Primer: Selecting and Using Phytoremediation for Site Cleanup*. EPA 542-R-01-00.

U.S. EPA (2008). *Reducing Urban Heat Islands: Compendium of Strategies*.

Wackernagel, M., N. B. Schulz, D. Deumling, A.C. Linares, M. Jenkins, V. Kapos, C. Monfreda, and J. Loh et al. (2002). "Tracking the Ecological Overshoot of the Human Economy." *Proc. Natl. Acad. Sci.* 99(14): 9266–9271.

Wackernagel, M. and W. E. Rees (1995). *Our Ecological Footprint*. New Society Publishers.

Walbridge, M. R. (1997). "Urban Ecosystems." *Urban Ecosystems* 1: 1–2.

Walker, L. A. and W. E. Rees (1997). "Urban Density and Ecological Footprint." In Mark Roseland (ed.), *Eco-city Dimensions*. New Society Publishers.

Wallace, D. R. (1992). "Is Ecotourism for Real?" *Landscape Architecture* 82(8): 35–36.

Wallace, G. N. and S. N. Pierce (1996), "An Evaluation of Ecotourism in Amazons, Brazil." *Annals of Tourism Research* 23(4): 843–873.

Walmsley, A. (2006). "Greenways: Multiplying and Diversifying in the 21st Century." *Landcape and Urban Planning* 76: 257–259.

Wanielista, M. P. and Y. A. Yousef (1992). *Stormwater Management*. New Jersey: John Wiley & Sons.

Wasowski, A. and S. Wasowski (2000). *Building Inside Nature's Envelope*. New York: Oxford University Press.

Weiler, S. and K. Scholz–Barth (2009). *Green Roof Systems*. New Jersey: John Wiley & Sons.

Widemann, T. and J. Minx (2007). *Definition of Carbon Footprint*. ISA Research Report.

WWF (2008). *A Roadmap for a Living Planet*.

WWF and GFN (2010). *Hong Kong Ecological Footprint Report*.

Yeang, Ken (1995). *Designing with Nature*. New York: McGraw–Hill Book Co.

Yeang, Ken (2006). *Ecodesign*. London: Wiley–Academy.

서울시정개발연구원 http://www.sdi.re.kr/

Carbon Trust http://carbontrust.co.uk/

Eco–cycle http://www.ecocycle.org/

Environmental Energy Technologies Division http://eetd.lbl.gov

EPA http://www.epa.gov/

Global Footprint Network http://www.footprintnetwork.org/

Sorgenia http://sorgenia.wordpress.com/

The Verticalfarm http://www.verticalfarm.com/

U.S. EPA(Environmental Protection Agency) http://www.epa.gov/

U.S. North Carolina Department of Environment and Natural Resources, Division of Coastal Management http://deq.nc.gov/

Web Urbanist http://weburbanist.com/

Work Architecture Company http://www.work.ac/

에너지관리공단 신·재생에너지센터 http://www.energy.or.kr/

인천도시농업네트워크 http://cafe.naver.com/dosinongup/

창원시청 홈페이지 http://www.changwon.go.kr/

찾아보기

[ㅅ]

저자소개

양병이

서울대학교 농경제학과를 졸업하고 동 대학교 행정대학원에서 석사학위(도시계획학)를 받았다. 미국 캘리포니아 버클리대학교에서 석사학위(조경학)를, 미시간대학교에서 박사학위(조경학)를 받았다. 서울대학교 환경대학원 원장, 한국조경학회 회장, 한국생태환경건축학회 회장, 건설교통부 중앙도시계획위원회 위원을 지냈고, 총괄계획가로 화성시 동탄신도시와 위례신도시의 계획과정에 참여했으며, 한국내셔널트러스트 이사장, 서울그린트러스트 이사장, 국토해양부 신도시자문위원회 위원으로 활동한 바 있다. 현재 서울대학교 환경대학원 명예교수이다.

공동으로 저술한 책으로 『조경사전』, 『한국전통조경』, 『인간과 자연이 함께 하는 생태마을 길잡이』, 『구석구석 놀라운 우리나라』, 『친환경 건축설계 가이드북』, 『지속가능한 국토와 환경』 등이 있다.